高等院校十二五工业设计专业规划教材

丛书主编　刘文金

THE DESIGN EXPRESSIVE OF MATERIAL

材料的设计表现力

张宗登　刘文金　张红颖　编著

合肥工业大学出版社

图书在版编目（CIP）数据

材料的设计表现力/张宗登，刘文金，张红颖编著.—合肥：合肥工业大学出版社，2011.5
ISBN 978-7-5650-0372-1

Ⅰ.①材…　Ⅱ.①张…　Ⅲ.①工业设计　Ⅳ.①TB47

中国版本图书馆CIP数据核字（2011）第026826号

丛 书 顾 问： 张福昌　欧绍华　唐川林
丛 书 主 编： 刘文金
丛书副主编： 刘宗明　张宗登　张　华
丛 书 编 委： 王以华　王艳群　王菊槐　王　超　包　泓　刘子建　刘文金　刘李明　刘宗明　安尊志　朱云峰　许继峰　许慧珍　吴雪松　张小开　张　华　张红颖　张宗登　张寒凝　杨　韵　邹伟华　陈建荣　陈朝杰　孟　燕　范　伟　郑铭磊　金海明　胡文娟　胡　东　胡俊红　赵　娟　莫志娟　高建华　黄黎清　曾　莹　谭娘娘　穆荣兵

材料的设计表现力

编　　著： 张宗登　刘文金　张红颖
责任编辑： 方立松　王　磊
封面设计： 刘葶葶
内文设计： 李辉周
技术编辑： 程玉平
书　　名： 高等院校十二五工业设计专业规划教材——材料的设计表现力
出　　版： 合肥工业大学出版社
地　　址： 合肥市屯溪路193号
邮　　编： 230009
网　　址： www.hfutpress.com.cn
发　　行： 全国新华书店
印　　刷： 安徽联众印刷有限公司
开　　本： 787mm×1092mm　1/16
印　　张： 11.75
字　　数： 320千字
版　　次： 2011年8月第1版
印　　次： 2011年8月第1次印刷
标准书号： ISBN 978-7-5650-0372-1
定　　价： 52.00元（含教学光盘1张）
发行部电话： 0551-2903188

前言

PREFACE

材料是设计的物质基础，任何产品功能目标的实现都是通过可感知的材料等体现出来，设计的重要原则之一就是正确地掌握材料，赋予材料以生命。材料对设计师而言就如同文学家手中的笔，设计师用材料塑造着人造物的历史，在设计实践中无时无刻不接触各种材料，如金属、塑料、玻璃、木材、陶瓷、化纤、纸张等等。对于任何人造的实体结构与形态构成所采用的都是材料，不管是工业产品，还是生活用品或工艺制品、纯艺术品等，无疑都是由具体的材料，即可感可知的具体形态材料构成，而可感可知的材料与形态是通过具体的技术与工艺来实现的。材料的发明与应用，是一个时代的标志，它标志着科学技术的发展水平，而任何设想与计划只有融合材料自身的材性与生产规律，才可能使设想转变为理想的物品，才能保证物品的品质和成功率。设计正是通过对材料的合理使用，在充分发挥材料的材性的基础上保障了设计的完美实现。而不少失败的设计，最突出的错误正是由于对材料的误解与生疏而造成，因此，掌握设计材料与工艺应用的基本方法是一名设计师必备的素养。

《材料的设计表现力》是工业设计专业的一门必修课程。本书从工业设计专业的教学特点出发，着重介绍了在工业设计实践中相关常用材料的发展、基本类型、基本属性、加工工艺、表现方式等基本知识和应用案例，同时，还从设计的角度就材料的感性属性进行了讨论。

编　者

2011年7月

目录 CONTENTS

第一章

CHAPTER ONE
工业设计材料与工艺概述

[本章学习目标与要求]

1. 了解设计与材料、工艺的关系。
2. 了解设计材料教学的发展。

[本章学习重点]

设计与材料、设计与工艺、材料与工艺的相互关系。

[本章学习难点]

设计中如何处理材料与工艺的应用问题。

第一节 工业设计中的材料要素

当人类用石头打制第一件工具时，设计诞生了。无论是神农因天之时、地之利，制耒耜（类似于现在的犁），还是举世闻名的“四大发明”，乃至民间巨匠如鲁班、大科学家马钧、元代棉纺织家黄道婆等为本行业发展作出的卓越贡献，都向我们昭示：人类的任何创造都离不开设计。

设计是人类的造物行为，是人类为了实现一定意图的创造性活动。所谓造物，即指人工性的物态化的劳动产品，是使用一定的材料，为一定的使用目的而制成的物体和物品。任何人造物都是信息的载体，是特定时代、民族、地域的社会观念及经济基础的体现，既有人们对材料、结构、加工工艺的理解（自然科学的信息凝聚），也有人们对生活方式、社会结构的反馈（社会科学信息的记录）。

什么是材料？《迈克新百科全书》是这样解释的：“材料是从原料中取得的，为生产半成品、工件、部件和成品的初始原料，如金属、石块、木材、皮革、塑料、纸、陶瓷、天然纤维和化学纤维等。”环顾四周，材料与我们的生产生活是紧密联系的，它伴随着人类的产生而出现。诚如世界是由物质构成的一样，一切人造物都是由一定材料所组成的。材料是人类造物活动的基础，作为宇宙大千物质世界中的一部分，材料的特性使其能适用于制造工具、产品、建筑、装饰品等人造物。莫里斯·科恩在为《材料科学与材料工程基础》一书所作的序言中写道：“我们周围到处都是材料，它们不仅存在于我们的现实生活中，而且也扎根于我们的文化和思想领域。”即材料既是造物的物质基础，又是人类实现自己的目的和理想的中介物、对象物。

金属、塑料、木材、玻璃、石头等材料（图1-1），是人类构筑、造型所必不可少的物质要素，在设计造物的过程中，材料成为人类文化语言的一种符号。材料就如同其他生产力要素一样是可变的、发展的，不仅仅是自然的存在或技术的产物，选择材料、使用材料的

图1-1 生活中常用的各种材料

图1-2 胶合板椅

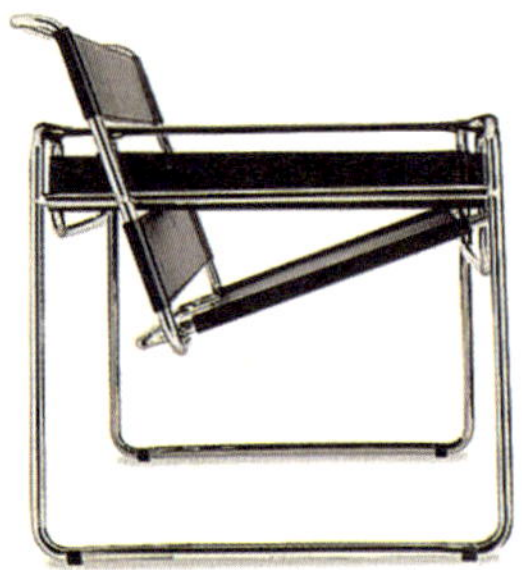

图1-3 布劳耶设计的瓦西里椅

过程也是设计造物的过程。

现今，材料科学对于人类的生存和发展依然是至关重要的，它作为现代文明的三大支柱之一，在一定程度上影响着社会发展的方向。随着材料科学的发展，各种新材料层出不穷，并且发生着日新月异的变化，这些都为人们造物活动创造了更加广阔的天地。作为一名设计师，了解材料并合理地使用材料将成为其设计过程中一个极其重要的环节，对材料的熟练掌握也是一位合格设计师应具备的职业素质之一。

材料是设计的物质基础和载体，是科学技术研究的重要方面，设计材料由比较单一的木材、陶瓷、玻璃、金属到越来越丰富的塑料、复合材料为产品设计展开了一个广阔的天地。基本功能相同的产品，由于采用了不同的材料和加工工艺，就可以带来巨大的形态变化，随后带来的是使用变化和精神功能的变化。例如中国传统家具，一般用木材来做，因为受到木材特性和加工工艺的制约，形式上很难有太多突破。然而随着材料科学的不断发展进步，塑料、金属等取代了传统家具的某些部件，使其在造型上更具有多样性。木材、金属、皮革、玻璃、塑料等材料随着成型技术的发展进步，并结合设计师的创意，展现出了不同的形态和风貌，这些典型的形态也成为时代技术发展水平和人们社会生活的象征。

在设计史上，很多知名设计师通过材料的运用，展现了无穷的创造力。如著名设计师查尔斯·埃姆斯和蕾·埃姆斯夫妇（Charles and Ray Eames）1946年设计的胶合板椅（图1–2），开创了胶合板在家具设计中的先河。1940年，他与沙里宁一道设计的胶合板椅在美国现代艺术博物馆举办的设计竞赛中获得大奖。

1925年，马歇尔·布劳耶受到自行车把手的启示，设计了第一张以标准件合成的钢管椅子（图1–3），从而首创了世界钢管椅的设计，开创了现代钢管家具的新纪元。他所设计的椅子充分利用钢管加工特点及结构方式，采用钢管与丝织品或皮革相结合，造型轻巧优雅，功能良好，成为现代家具设计的经典之作。钢管椅子至今仍是现代家具的重要流行品种，风靡了全世界。

1907年，一位叫莱奥·贝克兰的人从酚醛树胶里分解出了人类历史上第一种人造物质——塑料。从那时起，塑料开始被广泛应用于各个领域。对塑料椅子的探索开始于20世纪50年代，当时的家具设计师，如著名的查尔斯和蕾·埃姆斯夫妇以及罗宾·戴都开始使用新发明的塑料来制作椅子。第一把纯塑料椅子“Universale”是由乔·科伦坡于1965年制造出来的（图1–4）。两年之后，维奈·潘顿（Verner Panton）设计出了“潘顿椅”（图1–5），它是首次使用单块模塑技术制作出来的塑料椅。“潘顿椅”光滑顺溜又造型迷人，堪称一件完美的工业制品，但它却需要借助手工才能制作出来。业内人士花费了20年的研究工夫，才最终开始了“潘顿椅”的大批量生产。

1987年，意大利菲亚姆公司设计了一个“幽灵椅”（图1–6）。该款椅子是由水晶玻璃制成的，设计师对玻璃的成型可能性进行了研究，在一块玻璃板上用每秒钟1000米的混合磨料的高压水柱制造了一道缝隙，然后用玻璃弯曲技术加以弯曲，使它获得了连续、透明、优雅的造型。它是复杂现代技术和简单造型方法的完美结合。

工艺与材料一样，是产品设计的物质技术条件，是实现产品设计的必要条件。设计通过材料和工艺转化为实体产品，材料和工艺又通过设计实现自己的价值。任何一个产品设计，只有选用材料的性能特点与其加工工艺性能相一致，才能实现设计的目的和要求。材料总是能够为设计师带来很多新的思路。新材料对设计的影响不仅限于技术性应用的范畴，而是包含了整体质感。一直对设计流行趋势的形成起着激发作用。在材料日益丰富、材料技术不断发展的今天，“材料设计”成为了设计创新的重要手段。设计师不必受到材料的限制，或者被动地接收材料科学的研究成果，而是积极地评价和探索各种材料在设计中的应用价值，发掘材料在设计造型中的潜力。

Emilio Ambasz在20世纪90年代提出了“软技术材料”的观念，并基于微型化技术设计了一款手帕电视。他打破了一般电视机的外观面貌和使用方式，让人感到异常的柔软和亲切。

“人与机器”设计公司设计的软键盘（图1–7），是用柔软的、易弯曲的聚氨酯泡沫制成。聚氨酯被公认为有高度的隔热性和绝缘性。既可以坚硬的形式，也可以柔软的形式进行生产，应用领域十分宽广。键盘由镭射蚀刻而成，省去了不同的语言版本的模具修改成本。

赤陶土（一种声学陶瓷）在高温烘烤后再施釉，完全能达到音响的硬度要求，并能强化声音的频率。在这个基础上，意大利米兰设计师设计的生态学喇叭kirikabu（图1–8），采用

图1-4 乔•科伦坡设计的纯塑料椅

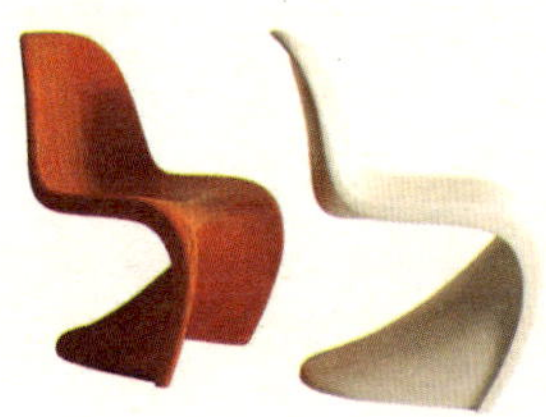
图1-5 维奈•潘顿设计的“潘顿椅”

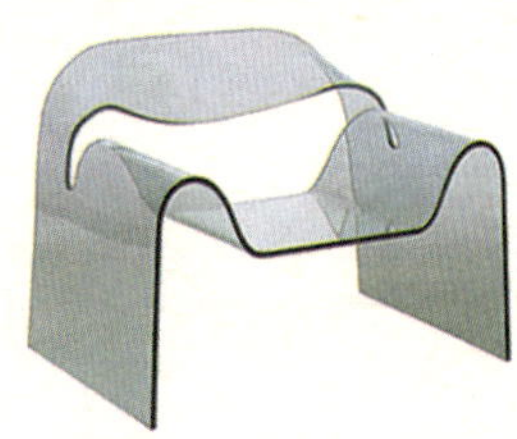
图1-6 菲亚姆公司设计的“幽灵椅”

图1-7 软键盘

图1-8 米兰设计师设计的喇叭 kirikabu

特殊复合陶瓷制造，配合良好的接合设计。它不仅延伸了材料的使用空间，也使得原来藏在房间角落里面的黑箱子音响，被赋予了全新的美学价值。

人类社会的发展史表明，材料与人类的出现、进化、发展有着密切的关系，生产中使用的材料的性质直接反映人类社会的文明水平。了解材料与器物、工具、工业产品造型发展之间的关系，找出其规律和内在的联系，有利于在产品设计中更好地把握材料和应用材料。综观人类历史的发展，器物造型是随着造物需要而产生的，而造物需要又是与对材料的认识同步发展的。从一定的角度上可以说人类的文明史就是材料的发展史，人类的设计史就是对材料的应用史。所以人们通常以不同特征的材料来划分人类的不同历史时期，例如石器时代、陶器时代、青铜器时代、铁器时代、人工合成材料时代等，为人类文明的历史树起了一座座里程碑。

第二节　工业设计中的工艺因素

一、何谓“工艺”

《说文解字》中讲：“工，巧也，匠也，善其事也。凡执艺事成器物以利用，皆谓之工。”又“工，巧饰也。”“艺”即技艺。字典中对工艺是这样解释的：劳动者利用生产工具对各种原材料、半成品进行加工或处理（如量测、切削、热处理、检验等），最后使之成为产品的方法，是人类在劳动中积累起来并经过总结的操作技术经验。

《考工记》记载“国有六职”，其中“审曲面埶（势），以饬五材，以辨民器，谓之百工”。意思是说审视地形或器物的曲直、阴阳、向背之势，用以整治各种材料、制造器物的叫做“百工”。所谓“审曲面埶”，即是审视地形或器物曲直以及阴阳向背之势；“以饬五材”，就是整治当时人们所能取得的各种自然物质材料；“以辨民器”，“辨”通“办”，即筹办制造民众生活所用的器物。这句话不仅为“百工巧艺”下了一个定义，而且还阐述了“百工”的职能范围与工作内容。即使在材料多样化与技术现代化的今天，日用品生产的目的和任务依然如此，并未发生质的改变。

当设计师选择一种材料时，他既想到了生产的可行性与成本、环境资源的限制，又想到了材质带给人的心理感受，还要想到采用何种工艺将材料制成产品。设计中的材料与工艺同为设计适应性系统中内部因素的成分。人类在不同发展阶段，为适应需求，除了发现材料、创造材料，同时还主动地以工艺、技术改造材料，因势利导地发挥材料的“材性”（物理性能、化学性能、机械性能和加工性能等），即用材料的工艺技术创造的“型性、构性、工艺性”来弥补“材性”的局限。这正是人类主动适应自然的表现，体现了“设计”的作用。

二、以“型性”弥补“材性”的局限

型性是指材料与工艺对造型的限定。在设计中以“型性”弥补“材性”的局限，即以材料容易加工出的造型弥补材料物理性能的不足。

在设计中通过型性来弥补材料物理性能的局限的例子较为常见。例如，铁的密度远大于水，人类通过设计凹面形状制成船，使铁制的轮船能够浮在水面上，弥补了密度过大的局限。又比如橡胶用来作轮胎时，为了弥补橡胶表面摩擦性能的不足，人类设计了特殊的花纹造型，有效地增大橡胶摩擦力，防止湿地打滑，确保雨天行驶的安全性。

如图1-9，金属的导热性好，在作为水杯材料时，水的热量容易透过金属流失，不易保温，且容易烫手。设计师通过改变其外在形式，把水杯设计成双层样式，中间保持真空来隔热，那这个金属杯子就克服了材料在隔热性能方面的局限，变得隔热保温了。

如图1-10所示的陶瓷材料制作的不烫手的杯子，是另外一个通过型性来弥补材料隔热性能局限的例子。设计师通过在杯子的外壁上添加突出的竖条来达到隔热目的。当杯子的内壁温度为100℃时，其齿轮状外圈的温度只有内壁的一半，使人手接触到的部位适宜人体所能接受的温度。

三、以“构性”弥补“材性”的局限

构性是指结构对受力的抵抗形式和能力，它也是结构中起决定作用的因素。在设计中以“构性”弥补“材性”的局限，主要是指以某种稳定的结构弥补材料机械性能的不足。设计中利用构型弥补材性不足的方式主要表现在两个方面：

1. 利用结构抵抗重力的作用

任何物体都有重力，重力由于地球吸引而产生，其方向总是垂直于地面（图1-11）。为克服重力，结构就需有从下向上承托或从上向下牵拉的功能。其实不管是承托还是牵拉，形态都需直接或间接地与地面发生关系。绝大多数形态是直接着地的，这种情况下结构只需以地面为根基，就能很容易地将形态支撑起来；而少数形态却是悬挑或悬空的，如吊桥、悬挂的灯笼、阳台、跳台等。这种形态的结构往往需要与周边的物体相连接，并借助于周边的物体来克服其重力。不论是以上哪种情况，都可以理解为用稳定的结构来弥补材料本身强度的不足。

2. 利用结构抵抗荷载力的作用

荷载力是指来自形态重力以外的受力。它主要包括所承载物体的重量，外界对其的冲击力，运动时产生的惯性以及因干湿、冷热的变化自身所产生的变形力等。

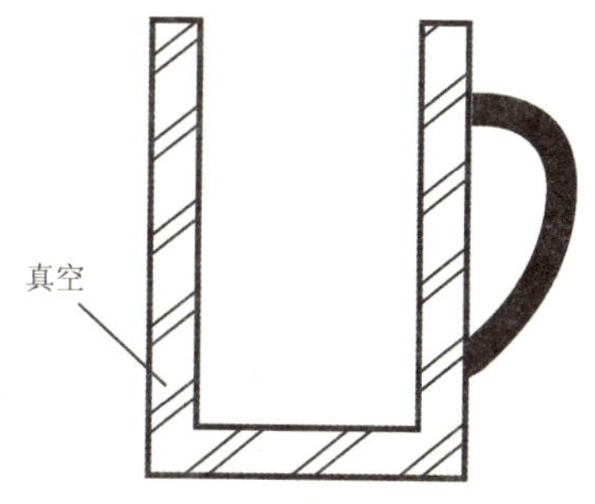

图1-9 双层金属水杯

图1-10 STEPHEN REED设计的不烫手杯子

图1-11 “骑”在阳台上的塑料花盆

图1-12 Chun-Chia Hsu设计的杯垫与防烫套

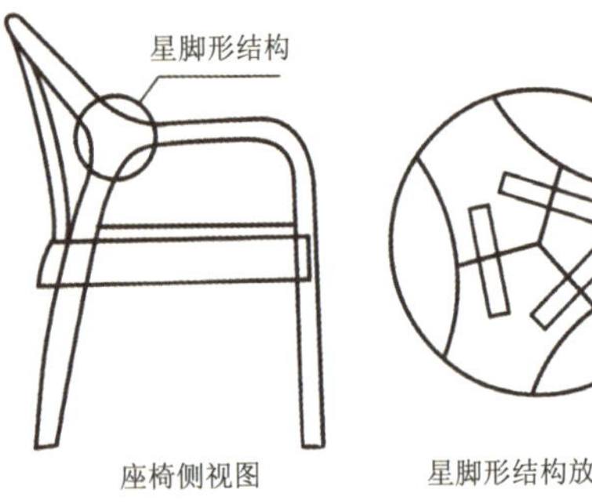

图1-13 星形结构的椅子

结构除了要抵御重力，更重要的是要抵御荷载力。如桥梁的结构在支撑自己的同时，还需最大限度地承载桥面上的行人、车辆、路灯以及一些附带设施的重量。理想的结构应该使其重力尽可能的小，而承载力尽可能的大。

冲击荷载是最易让结构遭到破坏的外在力量。这种外力主要来自于其他物体的撞击、震动。同时，材料自身的应力变化也是对结构造成影响而不容忽视的外力。由于受湿度和温度的影响，一些材料（如木材、钢铁、塑料等）会产生翘曲、膨胀、变形。这样一来，结构就需抵御这些应力以维持原形态。材料的这种应力变化往往不易被人察觉，因而常被忽视，直到形态发生了变形、开裂时才被发现，但为时已晚。为了防患于未然，应在造型最初的结构设计阶段就充分予以考虑，如预留伸缩缝、预设变形余量、强化结构的刚性等。

在设计实践中，人们应当发挥设计主动性，积极地以构性来弥补材料在机械性能上的局限。如图1-12所示为用塑料材料制作的酸奶杯，简单轻巧、经济实惠，经过在杯壁上加入凹凸的加强筋结构能使杯体的强度和韧性增大，使其足以抵抗其重力与荷载力，弥补了塑料薄膜质软、强度低的缺陷。

如图1-13所示，这件家具设计使椅子的扶手与靠背、后腿连接为一体，过渡圆滑，并能保证接合强度。一般扶手与靠背的接合采用梳齿结构，但如果还要和后腿接合并考虑木材的纹理方向，且要满足椅子的强度要求，则需要进行新的设计。设计师巧妙运用星形结构来连接了这三个部件。三个相同宽度和厚度的构件，每根一端加工为120°钝角，然后斜面钻孔，采用圆棒榫巧妙地贴合在一起，安装完成后，三个方向的圆棒榫构成一个正三角形，因而尺寸十分稳定，结构强度高，而且三个方向的构件圆滑过渡，自然流畅，连接处木材纹理也可基本保持一致，增大了椅子的承载力。

四、以“工艺性”弥补“材性”的局限

工艺性是指加工工艺的特点、条件、限制、禁忌等。在设计实践过程中，人类要发挥设计的主动性，积极地以工艺、技术改造材料，以适应多种成型工艺的需求，创造出更多、更好的实用品。在设计中以“工艺性”弥补“材性”的局限，即以合理的工艺弥补材料加工性能、化学性能、机械性能等的局限。

1. 加工工艺的基本方法及特点

从工艺形式来分，加工工艺可分为手工加工、半机械加工和机械化加工三类；就其目的而言，加工过程就是成型、变性和装配调试。成型是指形状、尺寸、重量、大小、表面微观形状等各种要素按要求进行变化，变化的结果是使产品零件形成设计的形态，并实现相关的配合。变性是指通过各种物理、化学处理，

使材料的机械性能、工艺性能、电磁性能、热学性能以及物质构成等发生变化，以获得顺利进行加工和保证机器可靠工作所需要的各种性能。如淬火工艺可以提高钢的硬度；塑料电镀工艺（图1-14）可以改善制品的耐候性；金属表面拉丝工艺（图1-15）可以很好地掩盖生产中的机械纹和合模缺陷等；防火处理工艺可降低木材的可燃性；天然橡胶曾被人类用来涂在衣物和器皿上作防雨或盛水用、做防漏屋顶、制作长筒靴，但效果都不理想，橡胶的硫化工艺改善了其材性，使制出的产品既耐磨又柔软，且弹性好，具有皮革的感觉。如上所述，在设计实践中，设计师针对特定的情况选用合理的工艺技术可以弥补材性的局限，拓宽材料的应用领域。

图1-14　表面采用电镀工艺的爱国者MP3

图1-15　采用金属表面拉丝工艺的华硕笔记本

2. 加工工艺的条件

在设计实践过程中，设计活动有时会受加工工艺条件的限制，必须对产品的尺寸、造型、选材、色彩、功能等多方面作出相应的调整。加工工艺的条件包括加工设备、工艺设施、加工工艺的类型等几个方面。加工设备往往具有较强的针对性，如钻床只能进行钻孔处理，铣床只适合于金属材料加工等。而加工设备对造型的尺寸、形态、材料也有限制，如台式刨床只能对尺寸较小的零部件进行加工；冲床只能对具有延展性的面材进行加工。因此，设计师应该充分考虑各种工艺的条件和限制，针对不同的情况选用合理的工艺。

第三节　设计与材料的关系

设计的起源和发生，是从人类为了生存而劳动，为了劳动而制作工具开始的。人类制造的第一件工具，就面临着如何选择材料、如何加工的问题。设计的重要特征之一在于它的实现性，设计的实现离不开材料的支撑，没有材料，设计将永远停留在“创意”阶段，无法成为真正的设计。百万年以来材料越来越丰富，从天然材料——金、木、水、火、土到人工材料——高分子材料、复合材料、信息材料、光子材料、纳米材料等，使得人类的设计思维得到了前所未有的启迪，材料在人类的设计思想及观念的转变发展过程中扮演着至关重要的角色，新材料的出现总是鼓励着设计师对新形式的探索，每一种新的设计材料的发现、发明和应用都意味着一种新的设计语言被创造和应用，而人们对材料认识的每一次深化，也都意味着人们关于设计材料的原有观念的改变。人们在新材料观念的主导下，用新的或旧的材料创造出不同以往的新的艺术语言，从而引起艺术视觉形象的一系列变革，使新的艺术风格和流派诞生。同时，不断发展的设计思维对材料产生的新的需求，也促进着材料的进一步发展。

从材料的角度来划分我国古代设计史的几个高峰（图1-16），可分为：陶器（原始社会）—青铜器（商周）—漆器（汉代）—金银器（唐代）—瓷器（宋、明）。设计在每一个历史阶段的重大飞跃，都是在对新的原材料开发和利用以后出现的。以泥土为材料的原始陶器，其曲线造型曾经延续了数千年，当铜、锡、铅的合金材料被人们开发、利用之后，大批以直线和平面构成的青铜器皿方形造型才涌现出来。战国时期金银材料的开发和利用极为有限，铜器的装饰，要通过镶金的加工手段才能获得金光灿烂的效果。唐代金银材料的充足，使金银器产品货真价实，金光银辉，相互映照，异常华丽，成为唐代设计的最闪光之点。木头可谓最古老的材料之一，可是作为家具用材，长期以来被颜色漆饰，明代的文人设计师和木匠巧妙地利用硬木材料天然优美的色泽和纹理，从而使明式家具成为古代家具设计的典范。

工业革命后新技术新材料的诞生为设计者提供了无比广阔的天地。首先是钢的重新发现和应用使过去不曾出现过的结构形式生动地立于世人面前，空间跨度几十倍地增加；现代主义建筑大师勒·柯布西耶设计的朗香教堂（图1–17）、马赛公寓以及印度昌加迪尔法院都在展示着钢筋混凝土的力量。钢铁、玻璃这两种材料有其他材料所没有的韧性和光洁，在巴黎的蓬皮杜艺术中心（图1–18）这个杰出建筑中，皮亚杰等高技派大师将这两种材料的特性发挥得淋漓尽致；贝聿铭设计的卢浮宫新入口（图1–19），由钢架与平板玻璃构成的现代金字塔与古老的卢浮宫相互辉映。

随着时代的发展，材料和设计的关系成了一个复杂、广泛而争论不休的课题。目前对材料和设计理解的不充分影响到设计的应有功能。材料和设计都是边缘学科，它们都兼有多重特征，可以从艺术性、技术性、人性化、经济性等方面理解它们的关系。

一、艺术性

设计是一个整体，艺术性是设计不可或缺的一部分。希腊语“艺术”作teche，拉丁语为ars，都有技能和技巧的意思。在古代，艺术不仅与美和道德有关，还有实用的意思。如中国古代的“六艺”为礼、乐、射、御、书、数。日本也将香道、茶道、歌舞、乐曲称为“游艺”。直到18世纪，在巴托的著作《归结到

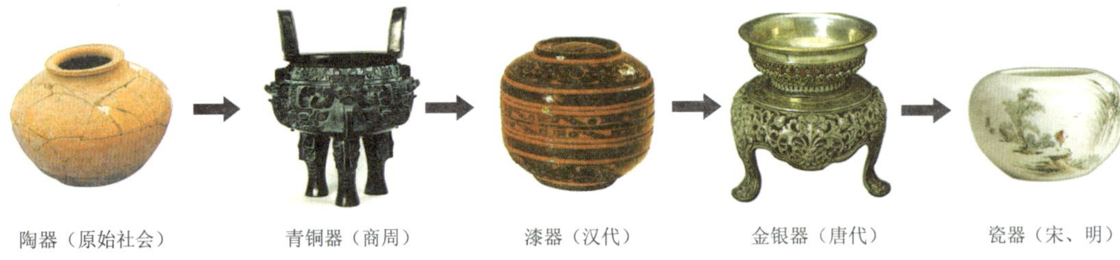

陶器（原始社会） 青铜器（商周） 漆器（汉代） 金银器（唐代） 瓷器（宋、明）

图1-16 古代设计史上极具特色的材料与产品

图1-17 勒·柯布西耶设计的朗香教堂

图1-18 巴黎的蓬皮杜艺术中心

图1-19 贝聿铭设计的卢浮宫入口

同一原则下的美的艺术》中才有了美的艺术划分。我们知道，设计是一种特殊的艺术，设计的过程也是遵循实用原则下的求美过程。这种“求美”不是“化妆”，而是以专用的设计语言进行创造。工业设计常称为工业艺术，广告设计叫广告艺术。我们应当承认工业产品也是艺术，至少是部分的艺术。设计的艺术性根源是人类对美的不懈追求。当技术和经济因素解决后，美才是永恒的主题。含有艺术性的设计就是我们经常讲的艺术设计或设计艺术。它是指在现代工业批量生产的条件下，把产品的功能、使用时的舒适性和外观美有机地、和谐地结合起来的设计。这种设计的范围很广，它包括工业设计、平面设计、环境设计、服装设计等等，其主体是工业设计。设计材料的艺术性是指材料非理性、审美的一些东西，是和人的感情联系在一起的。我们不妨把材料分为内、外两种特征，内在特征将在下一节讨论，这里主要讨论材料的外在特征。在艺术设计创作的过程中，我们主要关注材料的外在特征。它包括材料给人的视觉（光感、质感等）、触觉（冷暖、干湿、硬软、粗糙等）肌理甚至嗅觉感受，以及设计师赋予材料一定形式时，材料所表现的生命力，如造型、构成、形式等。综合材料艺术就是把材料直接运用到艺术设计的创作中，材料本身就是特定的设计语言。后来材料在艺术和设计中的应用越来越广泛，材料变成艺术家和设计师表现思想和观念的媒介，从而使材料具有全新的和独立的价值。（图1–20，著名设计师菲利浦·斯达克设计的“外星人”榨汁器）

可以这样说，我们所作的艺术和绝大部分设计都是从材料的艺术性方面入手的。艺术性是设计和材料的共同特征。

二、技术性

材料和设计的另一个特征是技术性。材料的技术性就是上文提到的材料的内在特征，这些特征又取决于化学和物理结构（图1–21）。若要从技术上确定各种材料的优劣顺序，就好像确定齿轮的哪一个齿更为重要。材料的发展是根据各种使用情况下的多种技术因素和经济因素而有目的地逐步获得其最佳特性的。材料的内在特性是其外在特性的基础，也是设计应该引起高度重视的方面。遗憾的是我们在设计中对材料关注太少，提起材料，一般我们只关心它的外在特征，我们常常以“艺术设计”来掩饰自己对材料技术性的无知或知之甚少，认为材料的技术性是理工科的事，与艺术设计没有关系。人们会把汽车当成艺术设计而不会把飞机、中国的“神州号”、美国的“阿波罗号”当作艺术设计。艺术设计师由于对材料和材料的使用知识的不足很难插足，或根本找不到设计师是谁，因为这些产品都是合作的结果。从设计史可以得知，历史上很多设计师的作品大部分是日常用品如桌、椅、杯等，它们对内部结构和材料的技术性的要求不是非常高。设计的历史使命是巨大的，不仅为人们提供审美情趣，更要促进整个社会文明的发展。世界上很多发达国家把设计当作国家发展的“发动机”。可以想象设计对材料技术性的要求是多么的高。这就要求设计师不仅要关心材料的艺术性，更要关心材料的内在特征即材料

图1–20　菲利浦•斯达克设计的榨汁器

图1–21　阿尔比尼设计的核桃木扶手椅

的技术性。我们经常谈设计是艺术与技术的结合，材料是科学技术的基础，艺术和技术的结合就是艺术和材料及其相关的技术的结合，否则设计就不会变成生产力。

设计总是受技术发展的影响。第一件生产超过百万件的产品是“托内特椅子”，这是由于摩提维亚的考雷兹科的托内特工厂发明了弯木和塑木新工艺而引起的直接结果；西门子电梯的发明，立即带来了摩天大楼的设计；福特生产线的发明，令汽车变成了大众消费品，也使大批量生产成为可能，由于促销，广告设计应运而生。一个好的设计构思，因材料技术发展的滞后，而未能充分展现其作品，最终造成遗憾。这样的事例屡见不鲜。丹麦设计师伍重的浪漫主义作品——悉尼歌剧院（图1–22），就是一个典型的例子。澳大利亚悉尼歌剧院，称得上是生动的混凝土艺术，它的造型奇特，外观不凡。八个薄壳分成两组，每组四个，分别覆盖着两个大厅。另外有两个小壳置于小餐厅上。壳下吊挂钢构架，构架下是天花板。两组薄壳彼此相互对称互靠，外面贴乳白色的砖面，闪烁夺目。当年，澳大利亚政府公开征求悉尼歌剧院建筑方案，年轻的丹麦建筑师伍重以丰富的想象力赢得了国际方案竞赛的头奖。但由于受当时的材料技术的限制，几经周折，从设计到完工长达14年之久，耗资1.1亿美元，建成后仍有些功能结构上的缺陷，伍重对此感到遗憾。然而，或许正是这种不完美，才突现其经典之处。悉尼歌剧院成为整个澳大利亚的象征，而受到人们的广泛喜爱。

随着科学技术的进步，高新技术材料的不断出现，材料、构件已不仅仅起结构支撑的作用，而且其表现力传达着设计师的灵感与理念，为“物质材料”与“意识材料”相互渗透提供了必要条件。例如钛锌金属板材的问世，为许多设计师构建了奇思妙想的空间。它更多地被用在建筑设计中，可以实现任何造型如弯弧、椭圆、多种特异形的组合，同时，它自身又是具有自然美观的色彩的环保型产品。美国建筑师弗兰克·盖里利用这种新型材料，创造了一个又一个梦幻般的空间图（图1–23）。由此可见，新材料、新技术的发现与运用，必然为设计师提供新的艺术舞台。

材料，尤其是科学技术材料是设计师审美心理与大众审美心理沟通的桥梁。作为沟通的桥梁——科技材料，必然要充分展示设计师的思想，其表现力可能震撼观者的心灵。这就是所谓的“共鸣”。当设计师与大众在审美心理上产生共鸣时，已成为艺术品的材料就拥有更广博的美，其中包含有地域特征、时代性特征等方面的美。

图1-22 悉尼歌剧院

图1-23 古根海姆博物馆

三、人性化

新世纪的材料向高、精的方向发展，为设计艺术提供了广阔天地。然而，我们不能仅仅停留在其物理属性上，还应该注重其“人性”——材料与人的情感交流，以满足人的精神需求。

现代设计艺术只能体现尖端科学技术的含量，而缺乏与人情感的交流，高科技材料只会给人一种冰冷生硬的感觉。我们必须重视材料与历史、地域文脉的融合，因为其中所包含的美感是人类历史的沉积与延续。当设计师紧紧把握住人们的情感，将历史传统的符号通过高科技的手法有机融合到现代设计的语汇中，从而引起人们对历史的联想，才能达到“高技术的结果，高情感的产品”，而这正是现代设计所需要达到的目标。

材料的“人性化”的另一个重要方面就是高新技术与自然体系的结合。这正符合当代人亲近自然的愿望。随着人们环保意识的增强，大量的环保型材料、节能型技术将用于设计之中，以达到材料技术与自然环境的共生。让高科技材料经过设计师的创造呈现出全新的面貌，成为有生命的、与人心灵相通的“伙伴”。由此可见，材料和设计与技术的关系、与人和自然的关系都很紧密。

四、经济性

材料和设计还有经济性的共同特征。从经济的角度看，材料是人类对其设计、加工的结果，正是通过设计活动，材料才由原始状态变为符合人的需要的物品。人越改变其形态，材料的价值就越大。要发挥材料的经济效益，就要认识和建立材料加工中的各种关系。首先要最少能耗地合理利用可供使用的材料（图1-24），以最少的材料成本，加工出最佳性能的产品。同时，考虑到材料的艺术性和产品

图1-24 超薄苹果笔记本

造型的审美因素。有效利用材料不仅是节约短缺能源的权宜之计，而且是一个国家生产的根本原则。不仅要考虑短期经济效益，还要考虑长期的经济效益。不要大量使用奇、贵、新的材料（除以功能为主的产品，如军工等），增加人们的负担，违反设计的初衷。设计的经济性可以说是最具有现实意义的。二战以后，日本经济百废待兴，其在20世纪50年代引入现代设计，并把设计当作国家经济发展战略，使日本经济在六七十年代突飞猛进，成为世界第二经济大国，以至于有人认为：日本经济=设计力。

材料和设计的关系非常紧密，材料是设计的基础，设计促进材料的进一步发展。虽然前者是物质方面的，后者是观念方面的，但它们有很多相通之处。如果对它们的关系有一个全面的认识，在设计过程中重视材料，这将有利于促进工业设计的整体发展。

第四节 材料与工艺的关系

材料的内部结构决定了其材料特性。不同的内在结构决定着材料不同的物理与化学性能，如金属的分子结构决定着金属的刚性和延展性，生漆的内在结构决定着它的液体质和覆盖性。工艺是在各种材料自身特性的基础上发展成的一整套与之相应的处置技术。或者说，材料的特性决定了一定的工艺加工方法和艺术造型特征。如金属加工的锻炼、浇铸、锻打、退火、淬火、镶嵌等；塑料加工的各种成型工艺，如图1-25为波伦尼亚新城市政建筑事务

采用注模成型制作的ABS塑料台灯；木工艺中的锯、刨、凿、锈、钉、榫接等；纤维工艺中的编、织、绣、纺、捻、揉、搓等一系列与之相应的工艺技术，都建立在不同材料客观性能的基础上。材料与工艺之间的关系，实际上是人对材料自然属性的遵从和把握的关系。《考工记》中记载：“轮人为轮，斩三材必以其时。”意思是说制作车轮的工匠，选伐用于制作毂、辐、牙三部件的木材必须注意季节，朝阳的木材要在冬天砍伐，背阳的木材要在夏天砍伐，并做好朝向的标志，以利于加工时选择，使其成型后不至于变形。因此在工艺上，人对材料自然规律的遵从并不是被动的，而是主动的，是支配与遵从的结合。这种积极主动性使人类能突破材料的某些限制并改变材料的某些自然属性为人所用。陶瓷的发明便是人类改变自然材料——土的自然属性的杰出例证。人类以自己的力量改变了材料原有的属性，使之成为一个全新的材料。

材料与工艺相辅相成，息息相关。材料是工艺的材料，工艺是处置利用材料的工艺。人们利用科技手段对材料的内部结构和外观进行变化和改造，使天然材料具有更广泛的适应性。古代西方建筑使用的石材，如今已经被钢筋混凝土所代替。钢筋混凝土的强度和技术性质，诚如意大利建筑师P. L. 奈尔维所说，是一种可以抗拉的人造的“超级石材”。又如在现代工艺设计中，除利用木材纵向强度等有利因素外，人们还采用

图1-25 注模成型制作的ABS塑料台灯

胶合的方法来改善木材本身结构中不利的各向异性。如胶合板，使其纵向强度分布在两个方向上；纤维板，单个木材纤维被分开并混乱地分布在板面上；颗粒板、小木板或木屑被混乱地分布在板内并彼此粘合在一起等等。由于这种改进，家具、漆器尤其是大型漆屏风、传统家具等就避免了因木材干燥后而导致的吸缩开裂、涨缝和变形等问题。

第五节 设计材料教学的发展

在设计过程中，材料的选择和组合是贯穿于设计的始终的，具有很强的功能性、艺术性和技术性，它是设计的一个重要内容。如果说设计包含了材料，那么可以说材料成就了设计。如何使学生正确掌握材料的基本知识，并能在设计中合理、充分地运用，是设计专业材料学课程教学的重要任务。

我国目前设计教育中材料教学的现状，无论从教学方式还是教学设施上都存在着诸多的不足之处。目前我们的设计教学中，虽然大都开设了相关的材料学课程，如环境艺术设计专业的装饰材料，服装设计专业的服装材料学，工业设计专业的材料与加工等，但是教学上仍偏重于对抽象概念的描述，学生在课堂上听得多，看得少，学生似懂非懂，知其然而不知其所以然，对材料和构造缺乏形象认知。就拿装饰贴面夹板来说，枫木、桦木、榆木、白杨木、樱桃木、胡桃木、植木、红影和白影夹板，人造材质贴面（图1–26）和天然材质贴面，等等，学生只知其名，实际上难以分清，教学效果大打折扣。从而造成了学生在以后的设计课程中，甚至毕业工作之后再来深入了解材料和构造的基本问题，这在很大程度上分散了学生的注意力，设计课程陷入一个较低

层次的简单重复之中，设计作品缺乏深度和完整性，使得学生的知识结构不完善。当学生需要认识材料、熟悉材料，掌握其规格尺寸、表面的肌理、色彩特点、相关性能以及使用用途和价格因素时，通过怎样的途径去了解和掌握呢？而我们目前的材料教学主要以课堂上老师讲述材料的理论知识为主，辅以课后组织学生到材料市场的几次调研活动来完成，而仅通过一两次的材料市场调研，学生们对设计材料的掌握和运用是不可能达到较好的效果的，从而也就出现了学生在以后的设计课程中，甚至毕业工作之后再来深入了解材料和构造的现象。以某高校服装专业的面料教学为例，向学生收费到市场买来一定量的面料来让学生学习，这样的教学方式存在几个问题：第一，经费有限，且是学生付费，会给学生带来一定的经济负担；第二，经费的限制，必定影响对面料的收集采购，使得材料教学涉及范围具有一定局限性。

另外，传统的师徒制虽然随着历史发展到了一定阶段不再适应社会需要，但也有着诸多可供借鉴、继承及发扬的东西。中国传统手工艺在千百年传承与发展中所积累的丰富的实践经验与技艺诀窍，对于现代艺术设计教育来说堪称极为珍贵的遗产。它们不仅对各种传统型艺术设计具有直接的继承与借鉴价值，即便是对现代设计活动也不无裨益。这是因为，这些经验总结除了特殊性的工艺经验汇总外，往往还在一定程度上体现出设计活动的规律性因素。不仅如此，民间艺人的工艺口诀往往集多代能工巧匠经验之大成，以精练、生动、形象而又通俗的方式概括、总结了某一门类的工艺技法与创作诀窍，这些口诀不仅帮助学徒们登堂入室，而且对今日学习、研究传统手工艺的人也有直接的借鉴价值。传统手工艺的师徒制传授模式中所包含的某些原理与实施方法，例如对因材施教、言传身教、自学习惯、钻研精神以及职业道德与敬业精神的重视等，对现代学校式设计教育的进一步发展还具有很强的启发价值。但是，以上这些精神在我们目前的设计教育中有效继承与应用的似乎不多。

图1-26 各种木质装饰贴面夹板

当前市面上绝大多数的与设计材料相关的教材，并不适合设计类院校的学生使用。因为教材的内容包括很多抽象的、概念性很强的材料学知识。它们的研究偏向于对机械设计和工程设计方面知识的介绍。从设计的角度对材料和加工工艺的研究阐述则很少。对设计类院校的学生进行产品设计没有直接的指导意义。这些内容对于我们的学生来说，既难懂又难学。当然，值得欣慰的是很多设计类人员和研究人员已经意识到这一问题，并且在这一领域已经出现了很多相关的研究成果，如江湘芸老师编著的《设计材料及加工工艺》，张锡老师编著的《设计材料与加工工艺》，王玉林、苏全忠、曲远方编著的《产品造型设计材料与工艺》，郑建启老师与刘杰成老师编著的《材料工艺学》等。这些研究成果为工业设计专业的教学与研究提供了宝贵的资料。

第二章

CHAPTER TWO
设计材料的种类及特性

[本章学习目标与要求]

了解设计材料的种类和设计材料内部与外部特性，了解材料与工艺的文化、商业、环境属性。

[本章学习重点]

设计材料的种类；设计材料的内部、外部特性。

[本章学习难点]

设计材料与工艺的文化、商业、环境三种属性。

任何一件设计作品，都是由一定数量和种类的材料构成的，可以说，材料是结构形式和功能的物质载体，因而，在设计学习的过程中，对材料整体状况和特性的把握是设计材料使用好坏的基础。

第一节　设计材料的种类

广义上说，一切使得设计观念得以物质呈现的材料都可以称之为设计材料，这些材料可以是物质的也可以是非物质的，比如人们的思想观念等。在工业设计的范畴内，材料是指用于工业产品设计并且不依赖于人的意识而客观存在的所有物质。从不同的角度，我们可以将材料进行以下分类：按照材料来源分类，可以将材料分为自然材料（原生材料）、工业材料、合成材料、复合材料、智能材料等；按照材料的物质结构分类，可以将材料分为金属材料、无机材料、有机材料、复合材料；按照材料的形态分类，可以将材料分为线状材料、板状材料、块状材料等。

一、按照材料来源分类

自然材料——天然形成的，非人为加工的材料，如木材、竹材、棉、毛、皮革、石材、黏土等（图2-1）。用自然材料创作的作品给人以质朴的亲切感，特别是在高度文明的社会里，自然材料有着极强的亲和力，使人感到温馨和舒适。

工业材料——非自然的，人工合成的原材料，包括金属、无机非金属、有机材料、复合材料等多种类型的功能性材料（图2-2）。它们是多种新技术和新工艺交叉融合的产物。在工业产品设计中，通常使用的材料有各类纸材料、人造板、金属、玻璃、陶瓷、水泥等。

合成材料——又称人造材料，是人为地把不同物质经化学方法或聚合作用加工而成的材料，现在世界上最主要的三大合成材料分别是合成塑料、合成纤维、合成橡胶，总称三大合成材料。它们是以石油、天然气、煤和农副

石材 　黏土 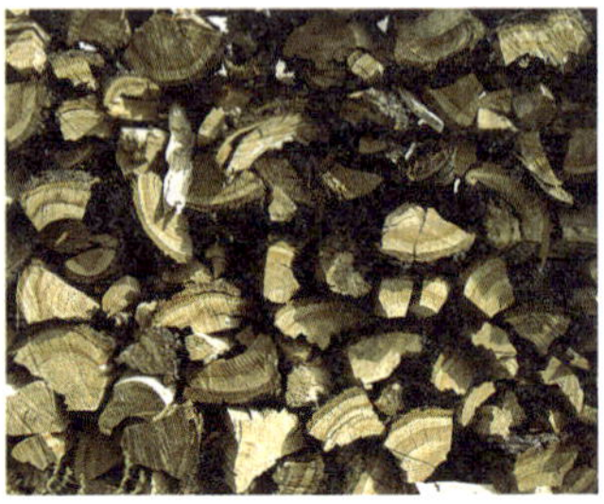　木材

图2-1 各种自然材料

玻璃　工业用纸　金属管材

塑料管材　人工纤维　橡胶零件

图2-2 各种人工材料

产品为主要原料，先制成单体，通过加聚或缩聚反应，生成高聚物（称为合成树脂），再加入添加剂（如强固剂、填充剂、增塑剂、发泡剂、稳定剂、色料等）而成。

复合材料——是以一种材料为基体（Matrix），另一种材料为增强体（reinforcement）组合而成的材料。各种材料在性能上互相取长补短，产生协同效应，使复合材料的综合性能优于原组成材料而满足各种不同的要求。复合材料的基体材料分为金属和非金属两大类。金属基体常用的有铝、镁、铜、钛及其合金。非金属基体主要有合成树脂、橡胶、陶瓷、石墨、碳等。增强材料主要有玻璃纤维、碳纤维、硼纤维、芳纶纤维、碳化硅纤维、石棉纤维、晶须、金属丝和硬质细粒等。

智能材料（敏感材料）——是指具有感知环境（包括内环境和外环境）刺激，对之进行分析、处理、判断，并采取一定措施进行适度响应的智能特征的材料。主要有光导纤维、形状记忆合金、压电、电流变体和电（磁）致伸

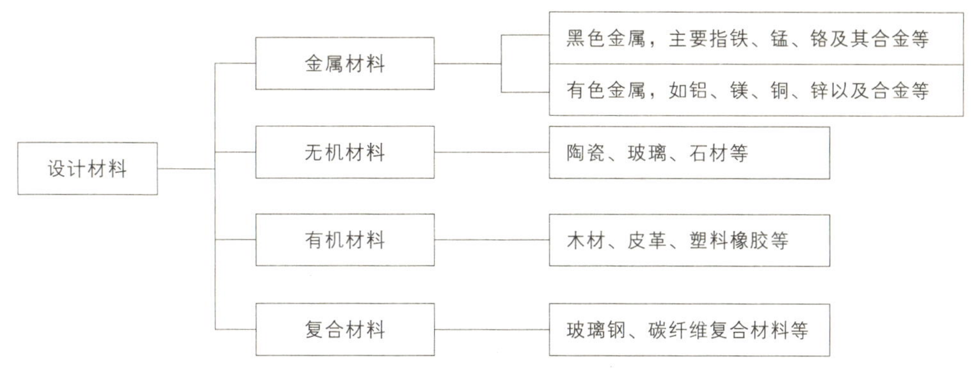

表2-1 材料的结构分类

缩材料等。

二、按照材料结构分类

根据设计所用材料的结构不同，可以将材料分为金属材料、无机材料、有机材料、复合材料四种。

金属材料——金属元素或以金属元素为主构成的具有金属特性的材料的统称。包括纯金属、合金、金属间化合物和特种金属材料等。金属材料是日常生活中使用最广的材料之一，在第五章中将进行详细介绍。

无机材料——是指由无机物（不含碳的化合物）单独或混合其他物质制成的材料。如：陶瓷、玻璃、石材等。

有机材料——又称有机高分子材料，一般是由 C，H，O等元素组成，相对分子质量比较大，具有溶解性、热塑性和热固性、强度特性、电绝缘性等特性。包括木材、皮革、塑料、橡胶等。

复合材料在上一节已经介绍了，在此不再重复。

三、按照材料的形态分类

材料在使用之前，由于天然的或者人为的原因，其自身体现出来一定的形态特性，按照材料本身的形态语义，可以将材料分为以下四类：

图2-3 丹麦设计师设计的藤椅

图2-4 设计师Brent Comber设计的木家具

点状材料——金属类弹珠、玻璃球、小钉、塑料球、木屑、纺织球体、充气球体等。

线状材料——各类纺织线绳、钢丝、钢管、金属棒、塑料管、化学合成线、通讯管线、植物枝杆、竹条、木棒、藤条等。（图2-3）

板状材料——板材在设计中使用较为频繁，有玻璃板、玻璃钢、木质合成板、有机玻璃板、金属板、纸板、塑钢板、橡塑板、石板、皮革石膏板、矿棉板、模型板、竹板、木板、布类、水泥板等。

块状材料——海绵、蜡、泡沫块、石块、木块（图2-4）、塑料块、金属块、橡皮泥、瓶罐、纸盒、粘土、油土等。

第二节　设计材料的特性

产品设计是一门综合性的交叉学科，它是人—产品—环境—社会的中介，是对产品的功能、材料、构造、形态、色彩、表面处理、装饰等因素从社会的、经济的、技术的角度进行综合处理的一门学科，既要符合人们对产品的物质功能的要求，又要满足人们审美心理的需要，所以说它是人类科学、艺术、经济、社会有机统一的创造性的活动。它影响着人们的生活方式，运用自然、社会、人文诸学科知识，协调技术与艺术等因素，围绕以人为目的的产品设计进行思考和研究，并把思考和研究的结果以产品的形式表现出来。产品设计的目的就是为了创造更合理的使用（生存）方式，而设计选材便是其中的一个重要环节，选择合适的材料与工艺作为产品设计的物质技术基础。当设计师选择一种材料时，他既想到了生产的可行性与成本、环境资源的限制，又想到了材质带给人的心理感受，内外系统是有机联系着的。因此，在内、外之间找到一个契合点，人为事物就诞生在那个点上。设计就是内外互动的介质，是彼此沟通的桥梁，是相互联系的纽带，是人的系统与物的系统的融合。

材料特性包括两方面：一是材料的内部特性，即材料的物理特性和化学特性，如力学性能、热性能、电磁性能、光学性能和防腐性能等；二是材料的外部性能，它是由材料的固有特性派生而来的，即材料的加工特性、感觉特性和经济特性。这些特性的综合效应从某种角度讲决定着产品的基本特点。（图2-5）

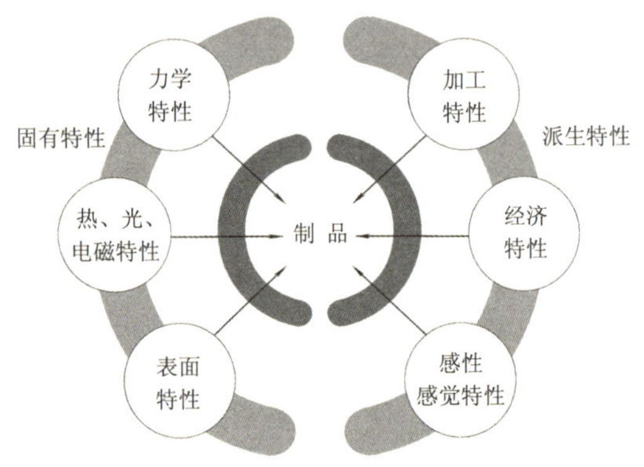

图2-5 产品与材料特性的关系

材料所呈现出的性能是材料内部结构的外在表现，受材料内部的微观结构所制约，这种内部结构只有用特殊的方法才能被观察到，它的变化通过材料性能变化而被人们所感知，这就是我们对材料有“硬”与“软”、“脆”与“韧”，对某种环境有“敏感”与“不敏感”的感性认识。

一、设计材料的内部特性

设计师在日常生活中接触的材料很多，要创造出优良的产品，也需要去选择适合的材料。在符合生产成本的前提下，不同的材料选择可以导致完全不同的产品面貌。因此，设计师只有充分认识了材料的特性与质地即内部因素表现时，才可以取此材料之长补彼材料之短，产生本来单一材料无法呈现的“整体美”。

因此，从产品设计的角度来看，工业设计师不仅需要了解材料的物理特性，也要熟悉材料本身所包括的文化属性及其他感性特性，这样的话就可以将冷冰冰的材料变为鲜活的产品，赋予产品深刻的文化、情感和艺术内涵。材料特性是指材料在使用及加工过程中所体现出来的性能，对材料特性了解得越深入，对材料的理解就越深刻，对材料的应用就越得心应手，材料特性是设计创新、设计可行性及材料选择的重要依据。材料的固有属性，也就是影响材料选择的内部因素主要有以下几个方面：

1. 材料的物理特性

材料的物理特性包括材料的密度、热性能（导热性、耐热性、热胀性、耐燃性、耐火性）、电性能（导电性、电绝缘性）、磁性能等，是实现或阻绝各种物理现象的重要依据，如摩擦产生热、静电现象、密度差异所产生的漂浮现象、热胀冷缩现象以及光的反射、折射、透射现象等。

2. 材料的化学特性

材料的化学特性是指材料在各种温度、压力、光、电、磁、生物等条件下对各种介质的化学反应特性及自身可能发生的化学变化特性。主要包括耐腐蚀性（材料抵制周围介质腐蚀破坏的能力）、抗氧化性（材料抵抗氧化作用的能力）和耐候性（材料在各种气候下能保持物理化学性能不变的性质）。巧妙利用或小心避免以上各种化学变化的发生对设计中材料的选择与创新具有重大意义，如自动充气救生设备等。

3. 材料的力学特性

材料的力学特性是指材料对外力所导致的弹性变形、塑性变形、硬物压入甚至断裂破坏的抵抗能力，主要包括强度、弹性、塑性、脆性、韧性、硬度、耐磨性等性能指标，是评价材料力学质量的重要参数，也是选用材料的重要依据，直接关系到产品设计的形态、制品的稳定性以及使用的可靠性、安全性等。

（1）强度与比强度

强度是指材料在外力（载荷）作用下抵抗塑性变形和破坏作用的能力，主要包括抗拉强度、抗压强度、抗弯强度和抗剪强度。比强度是材料强度与比重的比值，即获得同样的强度所需材料的重量，主要用来比较材料的效率性能。

（2）弹性与塑性

弹性是指材料在外力作用下产生变形，而当外力去除后材料能恢复原来形状的性能。

塑性是指在外力作用下材料无破坏、永久变形的能力。主要通过延伸率或断面伸长率来衡量，延伸率大于5%的称为塑性材料或韧性材料，小于5%的称为脆性材料。

（3）硬度

硬性是指材料抵抗其他物体压入自身表面及反映材料局部塑性变形的能力。硬度高的材料表面耐磨性好，耐划伤能力强。材料硬度值随试验方式不同而异。

4. 材料的加工工艺特性

材料的加工工艺特性是指材料适应各种加工和工艺处理要求，最终成为目标制品的能力，包括有材料的加工工艺、成型工艺及表面处理工艺。它是材料固有特性的一种综合反映，能决定材料是否可以加工以及如何加工。材料的加工工艺涉及材料在加工成型过程中所表现出来的特性，如通过何种方法成型、成型方法对结构形态设计有何要求、成型质量是否优良、成型方法是否多样、成型成本是否经济、成型效率的高低等，能构建出具有审美价值和使用价值的工业产品。

对材料加工工艺特性的学习和了解可增加设计的可行性与创造性，使艺术与技术更好地结合。

5. 材料的人文特性

材料的人文特性是指材料受地域文化及个人经验的影响，与人的生理感觉、心理感知相关的特性，是人对材料的生理和心理活动，如材料的质地、纹理、冷暖、轻重、贵贱、雅俗、软硬、亲远、好恶等基本感觉特征。

6. 材料的经济特性

材料的经济特性是指材料的经济性指标，包括材料价格、加工成本等。在产品设计过程中，产品成本的影响因素除了材料本身的价格以外，材料的加工工艺对成本也有巨大影响，有时一种材料制品的价格昂贵很大程度上是由其加工成本引起的。反过来，对于加工性能好的材料，其竞争优势也就体现在其加工成型简便、成型质量可靠、对成型设备要求低以及表面性能优越等方面。

二、设计材料的外部特性

材料种类繁多，量大面广，对于一个特定的应用场合，可以选用各种材料。在设计中如何正确、合理地选用材料是个实际而又重要的问题。设计师在选择材料的时候，除了要考虑材料的固有特性外，还必须着眼于材料与人、环境的有机联系。材料选用的重要因素是其应用的环境即外部因素，所选的材料可因材施用并满足要求。除了材料本身的固有特性外，影响材料选择的外部因素主要有以下几方面：

1. 使用者的制约

不管什么产品都有使用人群（图2-6），设计者在设计产品前必须对产品的使用人群进行调研。设计师必须探求是什么人、在什么情况下、为什么需要、有什么样的原因等因素，如果可能，应尽可能使自己的产品达到或超出使用人群所期望的程度。对于材料而言，首先要考虑到使用者的态度，他们往往受其所接触的各类产品的影响。有时使用者所期望的材料也许恰恰是设计者并不准备采用的。在有些情况下，设计师对某些产品所选用的材料还受到传统习惯的束缚，在一定时间内未必会被使用者接受。当然，这并不等于说产品选用的材料就必须永远停滞在传统的水平上。随着科学技术的发展，新材料、新技术的不断出现势在必然。问题在于当我们选择新材料替代传统材料时，如何在造型设计上、在广告宣传上设法让消费者能够更快地适应和接受。

2. 适用的制约

材料的种类多种多样，但不同的产品使用场合的不一样也制约了材料的选择。（图2-7）

按照材料使用性质和寿命的要求，在不同的应用场合可分为若干等级。如产品的等级不同，对材料的要求就各不相同，高级物品选用高档材料，普通物品选用普通材料。如酒的包装，高档酒瓶一般使用工艺较好的精致的玻璃器皿，而低档酒瓶选用的可能就是造价较低的塑料材料。在材料选用时，大多数材料都有相应的执行标准，在应用时坚持材料的标准验证，方可保证材料质量可靠。在各种专项设计中选用材料的等级应基本一致，尽量避免高档和低档材料的混用。

同时，不同的应用条件对材料的功能也提出了不一样的要求。比如大型会议厅的顶棚应选色调淡雅庄重的材料，其他配置（如灯具等）也以稳重为宜；而卫生间用材要充

图2-6 金属质感的老年人手机

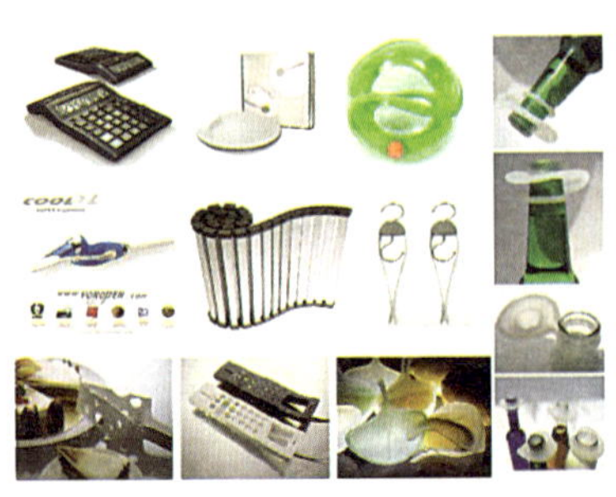

图2-7 不同材质的通用设计产品

分考虑其防水性能和结露现象；公共场所地面材料的选择，由于流量大，必须把耐磨和防滑放在首位。

按照材料设计理论，在不同地点材料的应用分若干层次。如在选用室内家具材料时，必须考虑其在使用期间不失效，材料使用寿命可靠，这就对材料的防水、防锈、防蛀、防腐、防毒、防磨损和防老化性能提出了要求。另外，抗腐蚀性是材料选择的另一个重要准则，因为它影响着产品的操作、外观、寿命和维护。在直接涉及人身安全的场合，则必须通过材料的选择来防止危险的腐蚀（图2-8）。为了保证维修、测试、操作过程的安全，对设备中必须具备的升降机或其他必须保证生命安全的设备，其材料的选择就应该以保证安全为前提。

此外，材料的选择必须与设计师的构想相一致，各种流派与风格对材料的要求与应用均不相同。如中国古典设计崇尚自然，材料应用以天然的竹、木、藤、石为主；而现代设计则追求简洁实用，大量运用金属材料、玻璃和抛光石材。在材料选择上除体现设计师意图外，还应考虑使用美感，必须符合一般的美学原理，即不仅重视材料的色泽、质感和触感等因素，还要考虑各种材料相互组合效果的统一。

3. 功能的制约

无论怎样的产品，都必须首先考虑产品应具有怎样的功能和所期望使用的寿命，这样的考虑必定会在选用何种材料更合适方面作出总的指导。产品的基本结构要求如何综合平衡设计中对产品的功能、人机工程学和美学方面的要求，以及针对批量生产特点的机械结构、加工工艺难点和由此产生的成本问题等加以解决，已成为材料选择中的主要问题。其中材料的耐久性应是材料选择中必须最先考虑的。在大多数情况下，这样的考虑比仅考虑美学品质或节约成本而选用可能导致产品在使用过程中过早废弃的劣质材料，显然要有意义得多。

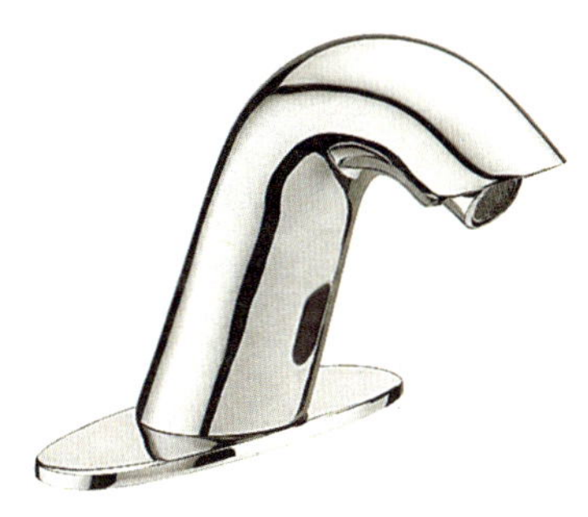

图2-8 铜质镀铬水龙头

4. 外观的制约

产品的外观在一定程度上受其可见表面的影响，并受材料所能允许的制造结构形式的影响，因此，外观也是材料选择应考虑的一个重要因素。就产品的表面效果来看，材料还影响着表面的自然光泽、反射率与纹理，影响着所能采用的表面装饰材料和方式，影响着装饰的外观效果和在使用期限内的恶化程度与速度。至于造型所采取的制造工艺与手段，如浇铸、模铸、冲压、弯折或切削等也在很大程度上依赖于所采用的材料。

5. 生产的可行性与成本的制约

最经济的材料应当具备寿命长、环保、可循环利用等特性。材料的选用在经济上应考虑直接成本和综合成本。材料的直接成本包括材料的购进价、运费、利用率和损耗等因素。在考虑材料的直接成本时必须重视材料销售计量单位与使用计量单位的差异和材料的利用率问题。如材料销售时通常以质量计算，而使用时却以体积和面积计算，不同密度的材料往往引起判断直接成本的失误。

另外，材料的利用率高低也直接影响直接成本，并不是材料（如板材）幅面越大利用率就越高。除了材料的直接成本外，材料选择还与施工成本和寿命成本有关，即材料的综合成本。虽然选用了廉价材料，但有可能增加运输、仓储、加工等方面的费用。另外，既要考虑到工程的一次性投资尽可能低，还应该保证材料的使用寿命。考虑材料的经济性的另一个重要因素是材料标准的配套统一，包括各种材料档次的统一。在考虑材料的经济性的同时，也要考虑材料的回收复用性和再生利用性及其对环境的影响等。

6. 人为破坏的制约

一般情况下，人为破坏会制约材料的选用，因为材料的选择除考虑正常的使用情况外，还要考虑到被粗暴对待的可能性。比如说沙发，在其使用过程中可能会有人为突发原因的破坏。又如我们走在街上经常可以看到公用电话亭被人为地抹上其他颜色或刮伤，在这个时候我们就不要选用昂贵的材料，可以选用牢固而且价钱相对便宜的材料。在相关的材料选择中必须考虑到这个制约因素。

7. 火灾、生物危害、污损的制约

火灾危害、生物危害、污损都是选用材料时不可预测的未知因素，从安全和持久使用的角度考虑，是材料选择时必须考虑的因素。像某些材料，如木材、橡胶等可能会被昆虫或鸟类及其他动物啮食。在清洗产品表面的污物时，可能也会造成产品某种程度的损坏。为保证产品的使用寿命及安全可靠性，在材料选择时应考虑这种可能性。

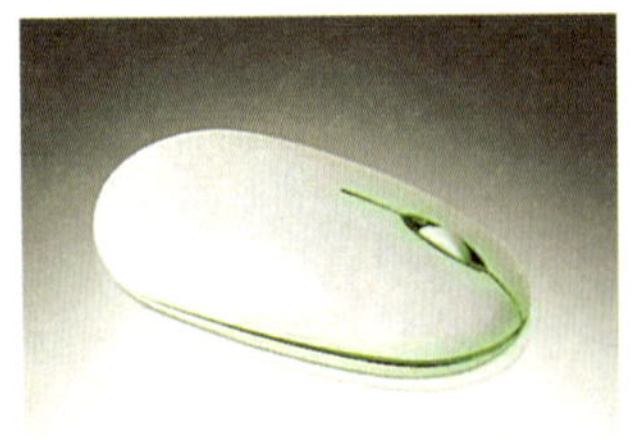

图2-9 VICI推出的超级抗摔PC940塑料鼠标

8. 气候、温度与湿度的制约

紫外光线、霜冻和雨水是气候环境中对材料影响最大的因素。如果选用了不适当的材料就容易引起老化或锈蚀，并因此大大缩短产品的使用寿命，或使机器上操作指令之类的图形符号褪色、模糊而影响正确操作。

温度的极端值也是材料选择时必须考虑的一个方面。例如在具有极端温度（特别热或特别冷）的场合，选用导热率低的材料来制作手动控制器的操纵手柄会更合适，因为这样的材料有助于降热传导。湿度也会对材料造成影响。例如，某些塑料受潮后会引起尺寸的变化，从而影响机器的性能；有的金属在湿度较大的环境中极易锈蚀；有的陶瓷在温度的骤变中可能开裂等。

9. 冲击与振动及噪声的制约

机器可能会经受一个范围较宽的冲击力影响。例如在地面上移动的设备，在处理或运输过程中可能会因坠落、翻侧而受到冲击，而振动则可能导致产品基本结构散架。例如在工作状态承受较大载荷的螺栓，如果拧在较软的金属材料或易脆裂的塑料上，当所在环境振动较大时就容易造成这种损坏。此外，如果振动产生的交变应力超出了材料的疲劳极限时，振动还会导致零件的疲劳失效。（图2-9）

噪声是有害的，尤其是突然而不被预料的噪音更为有害。这时，操作者就需选择适当的隔音材料作防护。如复合板材能降低传导的噪声，而油漆了的金属却会使噪声问题更严重。

综上所述，一件成功的产品的材料选择应当是建立在对上述因素综合考虑的基础之上的。人与环境对材料选择的影响也是不容忽视的。当然，对具体的产品而言，考虑的侧重点会有所不同。所以选择材料时只有考虑到对外部因素的“适应”与对内部因素的“合理”才能做到有的放矢。

第三节　设计材料与工艺的基本属性

一、材料与工艺的文化属性（图2-10）

设计的价值应该如何衡量呢？首先，设计是为人服务的。人本主义心理学家马斯洛把人的需求分为五个层次（图2-11），他认为人只要满足了一个层次的需求就会追求更高层次的需求。近一百多年来，材料科学及其加工技术与表面处理工艺取得了巨大的进步，在这个基础上，设计已经很容易做到满足人的生理需求，相比而言，现代人的心理需求越来越多，正如日本优秀设计审查委员会委员长中西元男先生所言：“……在经历了物质生活充分满足的时期后，精神生活必然会成为构筑人类生活环境的发展方向。”如何选择材料与工艺进行设计可以更好地满足人的心理需求呢？可以在设计材料工艺学中构建起各种材料与工艺的心理属性，其中包括感知属性和文化属性两大部分。材料本来是自然界的物质，属于客观存在的范畴，其本身并没有太多的意识形态的内容，但是由于在生产和生活中，人类的认识和社会文明得以积累和继承，材料也不可避免地因此而具有了感知属性和文化属性。

材料与工艺的文化属性并不是所有材料与工艺都具有的属性，它只是针对石材、木材、陶瓷、竹材、纸材、青铜等部分使用历史比较悠久的材料而言的。湘西凤凰古老的青石板路、安徽宏村的鹅卵石路，这些自然的产物，在现在看来，其意义因为文化的浸渗远远超越了一般的石板和石头。在欧洲，胡桃木由于常常被用来制作贵重的物品，比如安娜女王的家具（图2-12）、豪华汽车的内饰，而成为了奢华的象征。西方古代书籍的纸张平滑厚实，庄严而神圣；而中国线装古籍纸张轻如羽毛，飘逸虚灵。又比如从生物学的角度来看，茯苓木不过是一个普通的物种，但是在我国一些民族，却忌用茯苓木作祭桌的材料。由此可见，材料与工艺的文化属性虽一直被人们所忽略，却真真切切地存在着。如今，设计的象征性已经受到人们的重视，合理的材料与工艺的运用能够很好地体现设计本身的档次、性质及文化品位。材料与工艺的文化属性如何构建呢？可以分类整理中国传统设计（建筑、家具、装饰品、器皿等）中常用的材料（如石材、木材、竹材、纸材、青铜等）及其表现处理手法以及中外民俗学中对材料的认识和理解等来充实设

图2-10 蕴含传统文化的奥运瓷和大红灯笼茶具

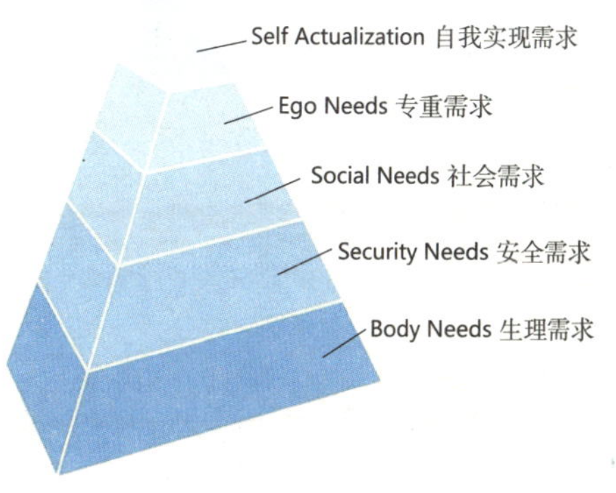

图2-11 马斯洛（Maslow）的人类五个需求层次

图2-12 安娜女王的家具　图2-14 “Mause先生”衣架

图2-13 中国传统建筑

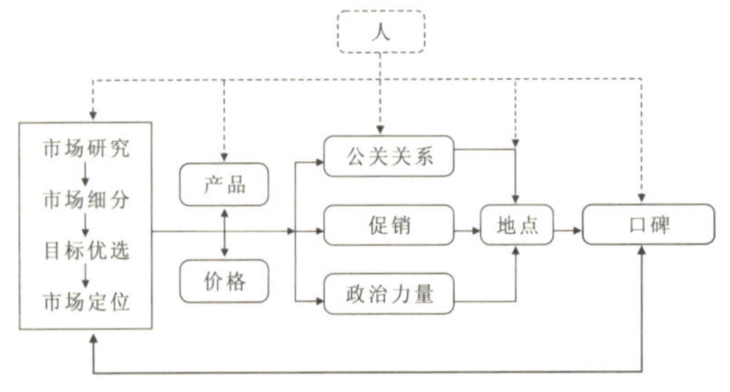

表2-2 6P在市场营销中的关系

计材料工艺学的内涵（图2-13）。当设计材料工艺学把材料与工艺的感知属性和文化属性纳入其研究范畴后，以其作为参考的设计也会因为更好地满足了消费者的多层次需求而更有价值。不过，如果把研究的视野从满足消费者的需求扩大到社会经济领域，就会发现，满足人的需求只是设计价值的一部分。

二、材料与工艺的商业属性

在市场营销领域，有着被广泛认同的四个基本要素，被称为4P，即产品或服务（Product）、价格定位（Price）、促销手段（Promotion）、分销渠道（Place），现在也有专家称6P，把政治权力（Power）和公共关系（Public relation）加了进来（表2-2）。在这里，作为设计的载体的产品仅仅是4P或者6P其中的一个要素而已，设计也变成了提高营销额的手段。在现代商业社会的背景下，没有人可以独立存在，也没有哪一个集团可以独立存在，任何一个公司的产品只有通过交换才具有价值，既然如此，市场被当作设计的目的之一是必要也是十分重要的。如果一个设计不能给企业带来利润，从企业的角度来看，它是没有价值的设计，当然，它也不会被大量地生产，也必定不会有太多的用户，从满足更多人的多层次需求来讲，它的价值也难以充分得到体现。既然如此，可以认为，设计的价值要通过企业利润来体现。在英国学者苏珊·哈特（Susan Hart）编著的《新产品开发经典读物》中，R.G.库珀提出，促使新产品在市场上成功的唯一最重要的方面是产品的独特性和优越性。独特指的是具有很大的创新性，对于市场而言具有新奇性。优越指的是产品质量更佳，或者同等质量下产品具备价格优势。如何创造独特、优越的产品呢？

材料与工艺的独特性，包括两种情况，一种是创造性地运用传统材料或工艺，例如有一款叫做“Mause先生”衣架的设计采用了过去生产洗瓶刷的工艺（图2-14），虽然铁制骨骼与传统铁制衣架无大的区别，但一圈富有弹性的鬃毛却正好起到了衣物防皱的效果。苹果公司1998年推出的imac别出心裁地采用彩色半透明外壳，取得了商业上的巨大成功（图2-15）。另一种是创造性地使用新材料（智能材料、生态环境材料、纳米材料等）和新工艺。设计材料工艺学可以归纳一些创造性地使用传统材料工艺和新材料新工艺的原则，为设计师创作出材料独特的产品提供更好的指导。

材料与工艺的价格优越性，主要是指材料的采购成本、加工成本、运输成本等。可以对

图2-15 5种颜色的塑料、金属、晕轮印刷工艺

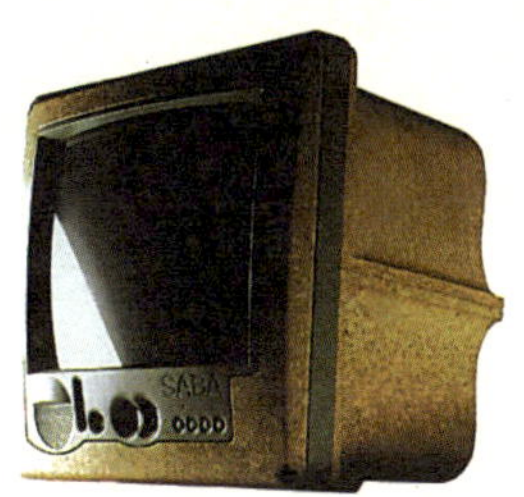

图2-16 菲利普•斯塔克设计的可降解的环保材料电视机

设计常用材料的主要产地、各地市场价格，常用产品材料的各种工艺成本，包装材料本身的价格、强度、抗压性能、防潮性能、防化学腐蚀性能以及密封性能等作一个较为详细的整理并将其纳入设计材料工艺学的范畴。当然，由于各种材料的市场价格是波动的，随时间的推移，并不具备普遍有效的指导意义，因此，这一部分内容可以适时作一些调整，保证能够有效指导设计师选用材料与工艺。在系统论里面有一种说法，系统必须具备开放性才能够正常运转并永葆活力。从市场的角度，将材料与工艺的商业属性纳入设计材料工艺学这个系统，并且适时作出调整，对设计师设计出创新的、具备价格优势的产品有比较直接的指导作用。

三、材料与工艺的环境属性

当一个设计满足了人们的多层次的需求，又为企业带来了利润，那么可以认为设计的价值得到了体现。如果将研究的视野放大到广阔的自然界和国家民族的长久发展大计去考察设计的价值，就会发现，私欲极度膨胀的消费者和无止境追求利润的商家，在刺激消费的美学观念的引导下，正在把地球上有限的资源不断地消耗，将人类赖以生存的环境毁灭性地破坏着……难道这就是设计的最终目的？以子孙的赖以生存的自然资源和环境换取今天的幸福而有品质的生活的做法符合伦理吗？显而易见，设计的价值如果仅仅以满足人的需求和为企业创造利润为价值衡量尺度，必然有致命的时空局限性。那么设计的价值是什么呢？只有在建立人与自然和谐相处的科学发展观的指导下，在设计中考虑降低对自然的损耗和破坏的前提下，满足更多人的多层次需求并帮助企业获得更多的利润，这样设计的价值才更为长久，设计才能真正有序地进入可持续发展的良性循环领域（图2-16）。在设计中如何选用材料与工艺才可以达到减少资源消耗、降低环境污染的目的呢？可以从原材料获取、加工、销售、使用、废弃物回收再生直至最终处置的全过程考察材料，在生产过程中，原材料的取得和加工是否会产生污染，在使用过程中是否对人体安全，在废弃之后，材料能否被再利用，能否降解，如果能够再利用，其处理成本又如何？如果把这些称为材料与工艺的环境属性，那么材料与工艺的环境属性也应该纳入设计材料工艺学的研究范畴。具体做法是可以对各种材料建立LCA（Life－cycle Assessment）专用数据库和研究其LCA定量评价数学物理方法，使各种材料的不同环境负荷值能和其他指标一样具有通用性和可比性。研究材料与工艺的环境属性，设计师才能在选材时游刃有余，设计也更容易达到减少资源消耗、降低环境污染的目的。

CHAPTER THREE
设计材料的感性分析

[本章学习目标与要求]

了解设计材料的触觉、视觉等感觉特性及应用；掌握设计材料的色彩、肌理、光泽、质地、形态五种美感；了解设计材料情感语义的适用性、宜人性、多样性及品位性。

[本章学习重点]

设计材料的色彩美、肌理美、光泽美、质地美、形态美。

[本章学习难点]

设计材料的五种美感；设计材料情感语义的四种特性。

“感性”（Kansei）一词是指消费者对于产品的感觉与需求，同时也包含了消费者对于产品的设计、尺寸、色彩、机能、操作性及价格的感觉。感性是对于思维主体的一种客观属性的描述，是对客观事物物化行为的主体性认识。感觉属于思维领域的一个重要内容，由于感性是感觉对于描述对象所形成的语义情态表述，而且是最直接和最为明确的表达，因而我们通常认为感觉是感性的第一表征。

第一节　设计材料的感觉特性

材料除了具有功能特性外，还具有感觉特性，这些感觉特性隐含着与人们内心相对应的情感信息。随着时代和社会的发展，人们的物质享受越来越丰富，已逐渐厌倦只能满足物质需求的设计，开始追求能够促进精神生活更加多姿多彩的工业产品。所以，充分研究材料的感觉特性及其在产品设计中的应用，已经成为当今产品设计的重要内容。

材料的感觉特性是人的感觉系统因生理刺激而对材料作出的反应，或是由人的知觉系统从材料表面特征得出的信息，是人对材料的生理和心理活动，它建立在生理基础上，是人通过感觉器官对材料产生的综合印象。按照所凭借的感觉信息的来源不同，可以将人的感觉分为视觉、听觉、嗅觉、味觉、触觉。如拉丝金属的科技感（图3-1）、白色陶瓷的洁净（图3-2）、透明玻璃的晶莹剔透（图3-3）、真皮沙发的柔软、亚光塑料的朴实（图3-4）、轿车关门声音的浑厚、木材气味的清爽等都属

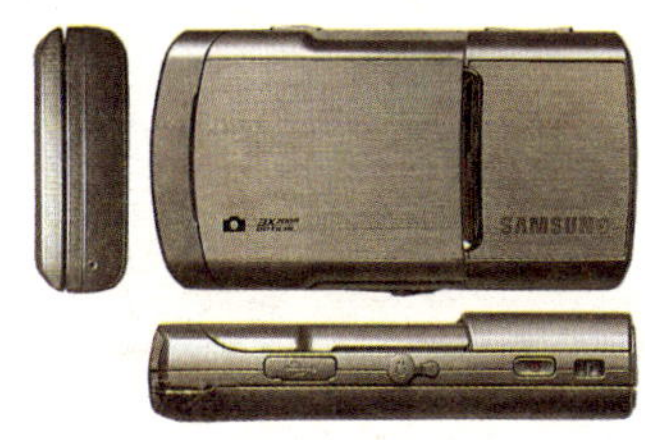

图3-1　拉丝金属质感三星手机

图3-2 白色陶瓷餐具

图3-3 彩色透明玻璃珠

图3-4 金属喷镀塑料亚光效果

于材料及其工艺的感知属性。由于材料与工艺的感知属性只能是相对的判断，而消费者群体的性别、年龄、个性、文化背景等差异很大，因此对于任何一种材料与工艺的感知属性，都不可能有一个放之四海而皆准的结论。那么如何研究材料与工艺的感知属性呢？由于每一类产品都有一定的消费者群体，针对这一群体进行感知属性分析则是可能而且有意义的。在设计材料与工艺教学中，可以借鉴“感性工学”的理论和方法，并提供各种材料的常用加工成型与表面处理工艺效果图，以丰富的形容词汇来表达所有可能的感性意象。通过“感性工学”方法指导设计师在设计某种产品时，有针对性地探讨这个产品背后的消费者群体对材料特性的心理意象，采取定量和半定量的模式来描述造型材料与感性意象的对应关系，并将其用来支持产品开发进程，以达到提升设计价值的目的。

但在人们实际使用产品并感受材质的过程中，主要依靠的是视觉和触觉。所以材料的感觉特性按人的感觉可分为触觉质感和视觉质感。我们可以进一步将其划分为粗犷与细腻，温暖与寒冷，华丽与朴素，浑重与单薄，沉重与轻巧，坚硬与柔软，干涩与滑润，粗俗与典雅，透明与不透明等基本感觉属性。

一、材料的触觉特性

触觉质感是人们通过手或皮肤触及材料而感知的材料表面的特征，是人们感知和体验材料的主要感受。材料的触觉质感与材料表面组织构造的表现方式密切相关。材料表面微元的构成形式的不同是带给人不同触觉感受的主要原因。同时，材料表面的硬度、密度、温度、粘度、湿度等物理属性也是触觉不同反应的变量。不同材料各种物理属性的综合作用使人产生不同的触觉感受。材料的触觉质感一般体现为人对材料的生理感受和心理感受。生理感受主要由人的温觉、压觉、痛觉、震颤觉等组成。心理感受则根据材料表面特性对触觉的刺激性，分为快适感和厌憎感。人们对蚕丝质的绸缎、精加工的金属表面、高级皮革、精美陶瓷釉面等易于接受，乐于接触，从而产生细腻、柔软、光洁、湿润、凉爽等快适感；而对粗糙的砖墙、未干的油漆、锈蚀的金属器件、泥泞的路面等会产生粗、粘、涩、乱、脏等不快心理，造成反感甚至厌恶，从而影响人的审美心理。

由此，设计师在设计相关的产品时，就会有意识地避开事物对人的潜在危害，使用户能够更安全、更方便地使用产品。比如日本的一款叫做TAG CUP的杯子（图3－5），曾获得日本的优良设计奖，它具有良好的隔热性，可以防止手被烫伤，无论拿多高，都可以四处拿动，在满足使用功能的前提下赋予人美好的情感体验。

二、材料的视觉特性

材料的视觉质感是靠眼睛的视觉来感知的材料表面特征，是材料被视觉感受后经大脑综合处理产生的一种对材料表面特征的感觉和印象。材料对视觉器官的刺激因其表面特性的不同会产生视觉感受的差异。材料表面的色彩、光泽、肌理等会产生不同的视觉质感，从而形成材料的精细感、粗犷感、均匀感、工整感、光洁感、透明感、素雅感、华丽感和自然感等。视觉质感是触觉质感的综合和补充。一方面，由于人类长期触觉经验的积淀，大部分触觉感受已转化为视觉的间接感受；另一方面，对于手和皮肤难以接触的物面，只能通过视觉综合触觉经验进行估量。由于视觉质感相对于触觉质感的间接性、经验性、知觉性、遥测性，因此也就具有相对的不真实性。针对这一点，可以利用各种面饰工艺手段，以近乎乱真的视觉质感达到触觉质感的错觉。比如，在工程塑料上烫印铝箔呈现金属质感，在陶瓷上真空镀上一层金属，在纸材上印制木纹、布纹、石纹等。在视觉中造成假象的触觉质感，这在工业造型设计中应用较为普遍。

在产品设计中，只有充分认识和了解材料的感觉特性，才能在设计中合理地运用。此外，由于材料感觉特性是人们对材料的综合印象，所以在设计中要根据产品特性对材料的视觉质感和触觉质感进行科学表达，从而带给人愉悦的生理和心理感受。

当前，材料的视觉特性在设计中的应用数不胜数。比如明明是塑料的手机质感，却被做成了金属的质感，如图3-6所示。

三、材料感觉特性的运用

“人性化”是当代设计的准则，产品设计既要满足人们的物质需求，又要重视人们的精神需要。所以在产品设计中，材料感觉特性的应用要体现出对人们触觉、视觉等感观的满足，并由此引起情感上的愉悦。

材料感觉特性在产品设计中的应用，一方面要更加专注于材料固有的表现力，重视材料自然质感的表达，以满足当代人在高科技时代下返璞归真的追求；另一方面，要积极探求材料加工与面饰的新工艺，拓展材料人为质感的应用，丰富产品的质感表达，为人们的生活提供更丰富多彩的情感体验。

按材料本身的特性，又可分为自然质感和人为质感（图3-7）。材料的自然质感是指材料本身所固有的成分、结构、物理化学特征和表面肌理所表现出的质感。材料人为质感是指人有目的地对材料表面进行工艺加工，使其呈现出材料本身不具备的表面特征。（表3-1）

1. 重视材料自然质感的应用

自然质感是材料本身固有的质感，是材料的成分、物理化学特性和表面肌理等物面组织所显示的特性。不同的材料具有其独特的自然

图3-5 TAG CUP杯子

图3-6 金属质感的塑料手机

图3-7 汽车轮胎的质感

表3-1 触觉质感和视觉质感的特征

	感知	生理性	性质	质感印象
触觉质感	人的表面+物的表面	手、皮肤	直接、体验、直觉、近测、真实、单纯、肯定	软硬、冷暖、粗细、钝刺、滑涩、干湿
视觉质感	人的内部+物的表面	眼睛	间接、经验、知觉、遥测、不真实、综合、估量	脏洁、雅俗、枯润、疏密、死活、贵贱

表3-2 不同材料的感觉特性

材料	感觉特征
木材	自然、协调、亲切、古典、手工、温暖、感性
金属	人造、坚硬、光滑、理性、拘谨、现代、科技、冷漠、凉爽、笨重
玻璃	高雅、明亮、光滑、时髦、干净、整齐、协调、自由、精致、活泼
塑料	人造、轻巧、细腻、艳丽、优雅、理性
皮革	柔软、感性、浪漫、手工、温暖
陶瓷	高雅、明亮、时髦、整齐、精致、凉爽

美感，呈现出不同的感觉特性。例如木材、金属、玻璃、塑料、皮革和陶瓷，每一种材料都具有其天然的独特材质和情感（表3-2），极大丰富着产品的造型语言。由于现代人在高科技时代对于自然和自然本质的追求更加强烈，人们的心理审美倾向更关注于自然质感的天然性和真实性，因此，在产品设计中要合理应用材料原始的感觉特性，充分地表现材料的真实感和朴素、含蓄的天然感。

此外，在设计中以所选材料与人们情感关系的远近作为尺度来进行设计评价也很重要。人们自古以来就对粗犷、柔软、温暖的自然材料有亲近感，从心理上乐于接受它，而对冰冷、刚硬、厚重的人造材料则有漠视感。有研究指出，与人类情感最密切的材料是生物材料，如棉、木等；其次是自然材料，如石、土、金属、玻璃等；然后才是非自然材料如塑料等。在设计中，选择与人类亲近的设计材料往往能使产品体现出对人的尊重和关爱。例如20世纪80年代有一款由西德为发育迟缓的儿童设计的儿童学步车，曾获国际工业设计大奖。该设计没有选用伤残人器械上常用的那种闪着寒光的铝合金，而是采用打磨柔滑的木材制作，再涂饰上鲜亮的红漆，配一部玩具积木车，充分体现了对儿童的关爱。

2. 拓展材料人为质感的应用

人为质感是人有目的地对材料表面进行技术性和艺术性加工处理，使其具有材料自身非固有的表面特征。随着新材料的研发和表面处理技术的发展，材料的质感效果将会变得更加丰富多彩，所以要积极拓展材料人为质感的应用，以满足人们求新、求奇的心理需求。对材料进行人为处理后，材料可产生同材异质感和异材同质感。

同材异质感是指对物面固有质感作改造性的物理加工处理，使其既保留了物面固有的自然质感，又产生了人为质感的系列变化。在工业产品设计中使得产品的质感在统一中求得了变化，具有明显的装饰性。比如：铝材饰面采用如腐蚀、氧化、抛光、旋光、喷砂、丝纹处理及高光、亚光、无光等面饰工艺，产生不同质感；工程塑料饰面，可进行涂装、电镀、喷砂、烫印等处理；玻璃饰面，可作冷加工、热加工、磨刻、蚀刻、喷砂、化学腐蚀等处理；同一种木材，作横切、纵切、弦切处理，而产生断面纹、直面纹、斜面纹、涡纹、带状纹、皱状纹等纹理变化，成为丰富的视觉质感系列；纸张饰面，可作上胶、上光、砾光、制皱、压印、涂布等处理，产生不同质感；水泥饰面，可作水磨石面，水洗石面、水刷石面、拉毛面、砍石面、硼砂酸浸、氟化面等处理。苹果公司的imac电脑选用半透明的彩色塑料材质（图3-8），外观玲珑剔透，清丽可人，内部结构朦胧可见，增添了一份神秘感，很容易激起人们的兴趣，具有强大的精神影响。

异材同质感是指对物面固有质感作破坏性的化学加工处理，赋予物面新的非固有质感或其他材质的质感，使不同质材有统一的质感。在工业产品设计中使得产品的质感在变化中求得统一。如塑料与金属，同样作镀铬处理，能产生完全一致的铬金属表面质感，掩盖了材料原来的固有质感。又如木材与金属，同样作不透明的油漆涂装工艺处理则产生完全一致的新的漆面质感。此外，异材同质感由于其伪装性和假借性，可以弥补材料本身质感的不足。如在手机设计中，为了求得高科技感和贵重感，往往把手机的塑料外壳喷涂成金属质感的效果。在产品设计中，自然质感的表达满足了人们向往自然的心理要求，人为质感的合理使用增强了产品的时代感。对自然质感和人为质感进行合理的综合运用，则能使产品既有时代感又富有自然气息。无论进行何种表达，都要使产品的类型、特征、风格等与所选择材料的感觉特性相匹配，使产品的色彩、光泽、肌理、质地等达到和谐统一，充分体现产品的材质美感，从而满足人们的生理感观需求和审美心理需要。

图3-8 苹果公司的imac电脑

第二节　设计材料的美感

众所周知，产品的造型美是广义、多元的，它不仅包括产品的功能美、结构美和色彩美，还包含了形态美、材料美与工艺美等因素。正如桑塔耶纳在《美感》一书中所说的："假如雅典娜的巴特农神殿不是由大理石砌成，王冠不是用黄金制造，星星没有亮光，那它们将是平淡无奇的东西。"可见，造型美与产品材质有着密不可分的关系。

材料的美感和设计应用任何材料都充满了灵性，任何材料都在默默中表达自己，都在展示着自己的美丽。美感是人们通过视觉、触觉、听觉在接触材料时所产生的一种赏心悦目的心理状态，是人对美的认识、欣赏和评价。材料美是产品造型美的一个重要方面，不同的材料给人不同的触觉、联想、心理感受和审美情趣，如黄金的富丽堂皇，白银的高贵，钢材的朴实，锌的平丽轻快，木材的轻巧自然，玻璃的清澈光亮等。

材料的美感和材料本身的组成、性质、表面结构以及使用状态有关，每一种材料都有着自己的个性特色。在设计造型中，应该充分考虑材料自身的不同个性，对材料进行巧妙组合，使其各自的美感得以体现，并能深化和互相烘托，形成符合人们审美追求的各种情感。

如图3－9所示，捷克设计师设计的玻璃杯，玻璃材料和石材的组合，采用模具吹制，结合了玻璃的晶莹剔透感，又有石材的厚重感，既有玻璃的冷漠，又有石材的温软。

一、材料的色彩美

远距离地看一个产品，最先映入眼帘的不是造型，也不是肌理，而是色彩。材料是色彩的载体，色彩是依附于材料而存在的。在产品设计中，材料的色彩是造型的重要元素，没有色彩的作品是缺乏生命力的。作为响亮的视觉语言，色彩具有强烈的视觉冲击力，在人们的视觉中起着先声夺人的效果。包括固有色彩和人为色彩。

在材料的固有色彩达不到使用需要的背景下，人们开始根据产品装饰的需要，对材料进行色彩处理，以调节色彩的本色，强化并烘托材料的色彩美感。值得大家注意的是，孤立的材料色彩是不能产生强烈的美感作用的。只有运用色彩规律将色彩进行组合和协调，才能产生冷暖对比、色相呼应的效果。

如图3－10所示，苹果电脑永远惹人喜爱，色彩的作用不可低估。

图3－11所示为矿泉水瓶体设计未丹多企业股份有限公司庆祝“未丹多喝水”上市十周年的纪念瓶。瓶盖上方的水滴状突出物，既像是波溅的水花，又像是烟火的造型，共有红、橘、绿、蓝、灰五色。当拔出瓶盖时还有“啵”的一声，使设计者玩的创意，不仅用色彩、造型来欢庆十年，也用声音模拟出烟火的爆点，是深具特色的创意。

二、材料的肌理美（图3-12）

肌理是物体的表面形式，是物体表面的组织构造，具体入微地反映了不同材质的差异，体现材料的个性和特征，与形态、色彩一起构成了物体在空间中的形式。肌理按照材料表面的构造特征，可以分为自然肌理和再造肌理。

图3-9 玻璃材料和石材玻璃杯

图3-10 苹果公司的ibook彩色电脑

图3-11 未丹多矿泉水瓶

图3-12 材料的肌理美

图3-13 织物的视觉肌理

图3-15 混凝土音响组合设计

图3-14 具有小木块肌理的凳子

图3-16 不锈钢材质水壶

图3-17 带塞子的抛光不锈钢容器

图3-18 透明材质的苹果电脑

前者包括了天然材料的自然肌理（比如木材天然的纹理和疖子，图3-14）和人工材料的肌理（比如塑料、织物、钢铁等，图3-13）。自然肌理突出的是材料本身的自然材质美，价值性强，以“自然”为贵。在很多设计中，特别是木材的设计中，我们经常用到木材的自然纹理来增加产品的自然价值。

在产品设计中，合理地选用材料肌理的组合形态，是获得产品整体协调的重要途径。设计师就是要用对材料的敏感激发设计创意，设计更好的产品。

如图3-15所示的混凝土音响组合设计，设计师以钢筋水泥作为音响设备的基本材料，无论是音响还是唱盘座都是混凝土。其外观粗糙异常，与精细的塑料唱片形成强烈的肌理对比。

三、材料的光泽美

人们对材料的认识，大都是依靠不同角度的光线，光是造就材质感的先决条件。材料离开了光，就不能充分体现出本身的美感。人们通过视觉感受而获得在心理、生理方面的反应，引起某种情感，产生某种联想，从而形成某种审美体验。 根据材料的受光特性，可以分为透光材料和反光材料。透光材料给人明快开阔的感觉，反光材料给人生动质朴的感觉，如图3-16所示为不锈钢材质水壶，表面反光强度较高。

设计师经常运用材料天然的光泽美，当要突出材料光泽的时候，通常采用一些表面的加工工艺来实现。

图3-17为“带塞子的抛光不锈钢容器”，在设计中，这些视觉效果柔和的枕头造型与其坚硬的钢质地形成了强烈的对比。抛光研磨工艺的应用使得这些枕头看起来并不如我们想象的那样坚硬，外观柔和而灵活，简直就像我们平

常见到的普通枕头。图3-18所示为透明的苹果电脑，它精美的外壳和质感，永远是电脑中的“弄潮儿”。

图3-19是一种透明材质的相机，看着这个透明的相机，我们都会不经意地想起苹果电脑的透明设计。虽然这是一个模仿透明形式的设计，但是我们仍然对它爱不释手。材料虽然透明，但是它的光泽美已经深深地打动了我们的内心。

丹麦设计师琳·伍聪热衷于玻璃材质的运用，通过不同的手法在其作品中融入东方的禅风与柔性概念，传达出直接、不矫饰的美学特征。

四、材料的质地美

材料的质地美也是材料美感体现的一个重要方面（图3-20），这种美感是由材料本身的固有特征所引起的一种赏心悦目的心理综合感受，具有较强的感情色彩。结构、物理化学特性、软硬、轻重、冷暖、干湿、粗细质地是与任何材料都有关的造型要素，它具有材料自身的固有品格，一般分为天然质地和人工质地。天然质地材料包括动物毛皮、树皮、经过切割打磨刻画等加工的石材和木材等。人工质地的材料包括金属、塑料、玻璃等。在设计中，产品材料质地特性及美感的表现力是在材料的选择和配置中实现的。我们可以通过把相似质地的材料配置在一起作为设计元素，也可以把质地对比强的材料配置在一起作为设计元素。

五、材料的形态美

正是由于材料以多种形态存在，所以我们在众多的设计中能够领略到材料的形态美。形态是构成视觉审美联想的抽象因素，在人类感知上表现为力度、速度、节奏等，其更多地给人以情感的联想和审美的快感（图3-21）。形态在设计中是情感呼起和产生美感的直接原因，是对生命形态的借用，是设计师情感在产品中的自然反映或文化传统的体现，使“形”的意味由此产生。

第三节　材料的情感语义

关于情感语义，由瑞士心理学家、语言学家索绪尔开创的现代结构主义语言学习惯于将其纳入外部语言学的研究范畴，认为情感内容涉及的是语言外事实而不是语言本身，它关注的是系统中词的概念意义（或称概念—物象意义、逻辑—概念意义、理性意义等）。情感语义自然与情感密切相关。所谓情感，是指人类反映世界的一种形式，它反映的是存在于现实世界中的事物和现象与人的关系，而不是事物和现象本身，即反映的不是事物和现象的属性，而是这些属性对于人生活的意义。情感对

图3-19 透明材质的相机

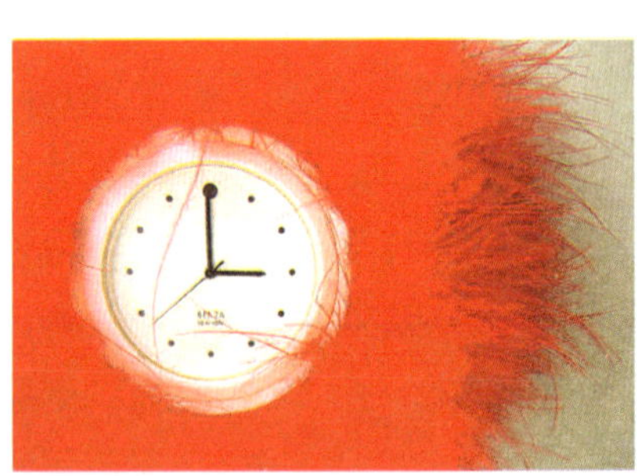
图3-20 毛皮包裹的时钟

图3-21 造型圆润的花插

图3-22 透明材质的模块化酒瓶架

图3-23 柔软聚胺酯座椅

于具体的人来说，是评价这种意义的方法。材料情感语义是人的感觉系统因生理刺激而对材料作出的情感反应，或是由人的知觉系统从材料表面特征得出的信息。任何材料都充满了灵性，都在默默地表达自己。

材料的情感语义激发了设计师的无限创意，认识和了解材料的情感语义是现代设计的一个重要前提。如何创造符合材料情感特性的种种造型语言是当前产品设计所要解决的重要问题，而对于材料固有特性和表现力的理解又在一定程度上决定了设计师的创造能力。

对于材料的情感语义在产品设计中的应用，一方面要专注于挖掘材料固有的表现力，重视材料自然质感的表达，以满足当代人在高科技时代下返璞归真的追求；另一方面要积极探求材料加工与面饰的新工艺，拓展材料人为质感的应用，丰富产品的质感表达，为人们的生活提供更加丰富多彩的情感体验。

一、材料情感语义的适用性

材料的情感语义是材料性能、质感和肌理的信息传递。在选择材料时首先要考量材料的使用性能，如强度、耐磨性等，当然，还要考量其加工工艺性能是否可以满足使用的需要。在产品设计中，充分利用材料的情感语义对于更好地发挥产品的功能具有重要作用。如各种工具的手柄设计采用有凹凸细纹处理或覆上橡胶的方法，可使人们舒适地抓握，便于用力定位和动作控制，从而舒适、高效地使用工具。

一个成功的产品设计并不在于用材的高级与否，也不在于使用材料种类的多少，而是要在体察材料质地特征的基础上，精于选用恰当的材料，使材料配置与情感语义和谐统一。

二、材料情感语义的宜人性

材料的美来自于人对材质的熟悉和了解以及材料给人的亲和力程度。一般来说，传统的自然材料朴实无华而富于细节表达，它们的亲和力要优于新兴的人造材料，后者虽大多质地均匀，但缺少天然的细节和变化。材料的质感肌理通过产品的表面特征给人以视觉和触觉感受，并引出心理联想和象征意义，因此，在选择材料时还要考虑材料与人的情感关系的远近。质感和肌理本身也是一种艺术形式，通过选择合适的造型材料来增加感性成分，可增强产品与人之间的亲近感，使产品与人的互动性更强。

材料情感语义的合理运用，在于以人为本的设计思想。充分挖掘产品的材料美，在把握其色彩、肌理、质地的基础上进行合理配置，能给人以赏心悦目、体舒神怡的生理及心理感受。

三、材料情感语义的多样性

新材料的出现和新工艺的发展，使得产品材料传达的情感语义越来越丰富，也使得产品设计更趋于材料的多样性应用，乃至形成全新

图3-24 玻璃质感的容器

图3-25 金属质感的水龙头

的产品风格。通过电镀、表面涂覆、蚀刻、喷砂、切削、抛光等不同的表面处理工艺，或不同的材料结合，可获得材料的不同反映特性，使相同材料具有不同的情感语义，而不同材料也可获得相同的情感语义。如电镀不仅可改变塑料表面性能，而且可使塑料表面呈现金属的光泽和质感；带喷砂图案的玻璃与木材和不锈钢结合制作的家具，通过透明与半透明、不透明的对比，给人以柔和、含蓄、实在的感觉。人为质感与自然质感相结合的设计，使产品充满生机与活力。另外，在设计中，设计师们大胆选用新材料，充分挖掘材料的表达潜力，并运用一些反常规的手段对之进行加工处理，把差异很大的材料组合在一起，往往能创造出令人惊喜的、全新的产品材质效果。

四、材料情感语义的品位性

材料的精神品位就是材料的意境。材料的品位性通过对材料应用的艺术创作得以体现，从而丰富材料本身的内涵，扩展材料的表现力和感染力。在产品设计中，材料的物理特性和感觉特性被引发出产品的内在意蕴时，它们就会更贴切地与设计的主题和内容融合成一体，使产品具有更生动、更强烈的艺术魅力。要实现从材质形象到意境的飞跃，就要熟悉各种材料的情感语义特性，把握好各种材质的对比效果，从产品整体出发，注意产品的整体和谐，这样才能设计出有品位的产品来。

第四章

CHAPTER FOUR
设计材料的选择

[本章学习目标与要求]

了解设计选材的发展演变，掌握设计选材的基本原则及设计选材的复杂性。

[本章学习重点]

设计选材的原则：基本原则、适合性原则、相适性原则。

[本章学习难点]

设计材料选择的复杂性问题。

在石器时代，人造物的目的是为了最基本的生存。如今，设计已实现了从设计“物”向设计“事”的飞跃，即以“事”作为思考和研究的起点，从生活中观察、发现问题，进而分析、归纳、判断事物的本质，以提出系统解决问题的概念、方法及组织和管理机制的方案。在设计的外部环境越来越复杂，实现设计的物质材料日益丰富的今天，注重材料的感性体验将成为新的设计用材思考方向，创造适合人们需要的产品，必将是功能、形态和材料三要素的和谐统一。

在产品设计中，材料是构成产品且不依赖于人的意识而客观存在的物质基础，产品功能造型的实现都是建立在材料和工艺的基础上。在众多的造型材料中，各种材料都有其自身的材料特性，并因加工性能和装饰处理各异而体现出不同的材质美，从而影响着产品设计。因此，产品造型设计的过程实质是对材料的理解和认识的过程，是“造物”与“创新”的过程，是应用的过程。人类在经历几千年的用材积累后，尤其是近现代新材料、新技术的大量涌现，造物可用的材料种类越来越多。此外，虽然材料和结构之间存在着比较确定的关系，而结构与功能之间却是一种不确定的关系，从而材料与功能之间也具有不确定关系。也就是说，为了实现同一功能，我们可以使用多种材料，而每一种材料都可以形成合理结构而完成所要达到的功能，从而产生相应的造型形式。例如：木制椅子和钢管结构椅子，虽然它们的材料、结构和造型都不同，但它们却实现着相同的功能。而使用环境、使用地点、用户的不同也会产生不同的用材。因此，设计师在产品设计中就面临着如何选择合适的材料的难题，即选材问题。

所谓选材，是指在众多材料中，寻找既能满足结构上的要求，又能降低产品总成本而获得最大经济利益，同时还能符合使用环境条件和环保与资源供应情况的材料。与产品设计的其他方面相比，材料的选择是最基本的，它是产品功能、审美价值的物质载体。因此，合理地选材有利于设计目标的实现。

第一节　设计材料选择探源

材料是工业设计的物质基础，材料本身蕴含的巨大潜力和拓展空间也会给设计师带来全新的视觉惊喜与体验，甚至是设计的灵感。但在很多时候设计师会格外留意和关注设计的外观与功能，却忽略了构成设计的要素，如材料及其质感、工艺等。相信设计师从设计选材实践中可以体会到在设计中材料选择的恰如其分并不是靠偶然的灵感突现就能做到的。

对材料的认识是实现产品设计的前提和保证。设计教育先驱包豪斯就很重视对材料及其质感的研究和实际练习。该院的教师伊顿曾经写道：“当学生们陆续发现可以利用各种材料时，他们就能创造出更具有独特材质感的作品。”材料作为设计的表现主体，以其自身的固有特性和感觉特性参与设计构思，其审美特征被充分挖掘，为设计提供了新的思路、新的视觉经验和新的心理感觉。随着设计表现形式的日趋多样，各类材料独具特色的审美特征也越来越受到设计师的关注。材料解决物质，设计解决形态。在设计中，设计师必须选用适当的材料来造型，将产品与材料进行充分结合才能够创造出成功的产品设计，产品设计要在选用材料的性能与该产品各方面要求一致时才能真正体现设计的目的与意义。因此，产品设计的选材用材过程是实现设计目的的重要过程。

从最基本的概念出发，材料的概念广义地讲是指人们思想意识之外的所有物质，具体地讲是指能为人类制造有用器材的物质。在人类生活和生产中，总是不断有效地利用各种材料来制作器具，不断改变着周围的环境，丰富人类的生活。因此，材料在设计中一直占据着重要的地位。设计是人们在生产、生活中有意识地运用各种工具和手段，将材料加工塑造成可视的或可触及的具有一定形状的实体，使之成为具有使用价值或具有商品性质的物质的过程。

设计中对材料的考究自古有之，《考工记》载：“凡为弓，冬析干而春液角，夏治筋，秋和三材，寒奠体……”通过一系列严格的选材和工艺要求制成的弓，方能保证弓力不受寒暑燥湿变化的影响，弓体不变形，弓力始终如一（图4-1）。由此可见，在我国古代，造物就已经在研究掌握物质属性规律的基础上进行，并主动适应材料属性来进行材料选择并造物。其实，远在石器时代，人类用棱角尖锐的石头做出第一件狩猎用具时，已经懂得注意各种材料的基本特性来使用材料。在人类的历史上，成功的设计大多是建立在人们对材料的性能、使用特性等得到充分了解，并适当地应用到社会生活中的。《泰族训》曰：“夫物有以自然，而后人事有治也。故良匠不能斫（砍）金，巧冶不能铄木。金之势不可斫，而木之性不可铄也。埏埴 （用水和土）而为器，窬木而为舟，铄铁而为刃，铸金而为钟，因其可也。”这段话清楚地表明天下百工之作无不因循万物之质材特性和自然规律方可功成事遂的因果关系。由此可见根据事物的外部因素要求

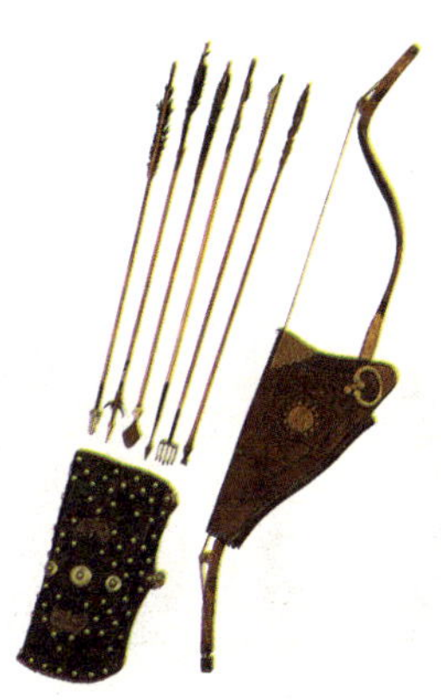

图4-1 古代木质弓箭

和材料特性来选择适当的材料在设计中的重要性。工业设计更是从生活入手，从生活中人对产品的需求入手，通过设计来引领潮流，通过对最新信息的敏感反应来进行超前设计。那就更加强调设计师要熟练掌握并合理有效地利用各种材料的特性，从经济、可行、美观和人的角度出发，设计出实用并时尚的新产品。

第二节　设计选材的原则

一、设计选材的基本原则

设计是一种复杂的行为，它涉及设计者感性与理性的判断。与设计的其他方面相比，材料的选择是最基本的，它提供了设计的起点。材料选择的适当与否，对产品的内在和外观质量影响很大。如果材料选择不当或考虑不周，不仅影响产品的使用功能，还会有损于产品的整体美感。图4-2所示为2008年北京奥运会火炬，长72厘米，重985克，燃烧时间15分钟，在零风速下火焰高度25至30厘米，在强光和日光情况下均可识别和拍摄。在工艺方面使用锥体曲面异型一次成型技术和铝材腐蚀、着色技术。燃料为丙烷，符合环保要求。火炬外形制作材料为可回收的环保材料，体现了设计师选材的独到之处。由此看出，设计师在选择材料时，除必须考虑材料的固有特性外，还必须着眼于材料与人、材料与环境的有机联系。

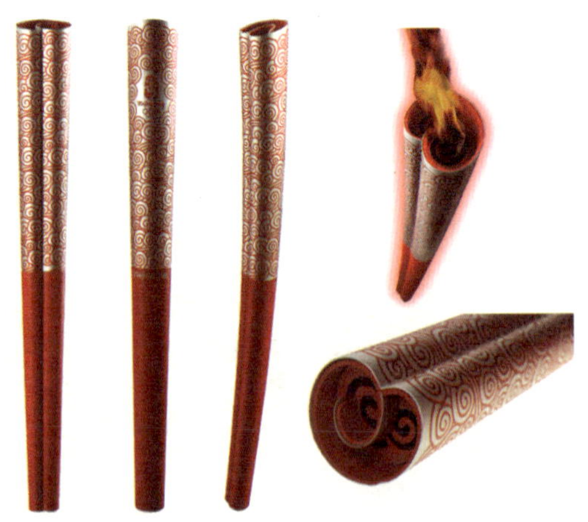

图4-2 综合考虑的北京奥运会火炬

设计材料的种类多，量大面广。在设计中如何正确、合理地选用材料是一个实际而又重要的问题。设计材料的选择应遵循以下原则：

1. 材料的外观：选择设计材料时应考虑其感觉特性，应根据产品的造型特点、民族风格、时代特征及区域特征，选择不同质感、不同风格的材料。

2. 材料的固有特性：应满足产品功能、使用环境、作业条件和环境保护的需要。

3. 材料的工艺性：材料应具有良好的工艺性能，符合造型设计中成型工艺、加工工艺和表面处理的要求，应与加工设备及生产条件相适应。

4. 材料的生产成本及环境因素：在满足设计要求的基础上，尽量降低成本，优先选用资源丰富、价格低廉、有利于生态环境保护的材料。

5. 材料的创新：新材料的出现为产品设计提供更广阔的前提，满足产品设计的要求。

二、设计选材的适合性原则

“适合”的表面字义看似简单，但它的含义却是真实而又丰富的。“适”有舒适、畅快、恰到好处之意；“合”有融合、符合、应当、匹配之意。“适合”意味着事物在系统环境下各环节的相互适宜、适当、贴切、吻合、恰如其分，是指事物应该处于的状态和最终评价的目标。如《考工记》中记载：“天有时，地有气，材有美，工有巧，合此四者，然后可以为良。”这段话从宏观的角度概括了制作精致产品的四大要素，即季节、环境、材料、技术。天时”、“地气”是促成材美、工巧的客观因素；“天时”、“地气”实际上是工艺制作时，人们自觉或不自觉地顺应、适应和协调大自然的因素，是古人总结的合乎规律的工艺制作原则，这一原则在现代工艺设计中也是必须遵循的一条重要原则；“天时”、“地气”、“材美”三者俱备后，必须还要由“巧者合之”才能制成精美器物。“天时”、“地气”、“材美”、“工巧”是客观地表明事物所具有的状态特征，“合而为良”是一种客观的评价目标，当事物具有所必需的状态特征时，才能达到最佳效果。

适合性是产品设计的一项重要质量要求，它涉及投产的可行性、产品的经济性和环境保护等方面。设计要考虑材料的供应、加工条件的适应性以及新技术的运用等多方面情况。如20世纪50年代电冰箱外壳的棱角变化就与当时的材料质量和冲压技术直接相关。

1. 因材施艺

在具体的设计活动中，材料是结构和成型的基础，没有材料就不会有相应的技术造型手段，技术造型手段又是材料成型的技术保障，但要针对不同的材料选择与之相适合的工艺技术，要做到因材施艺。然而，要做到因材施艺的第一步就必须对材料有一定的认识和了解，把握材料的工艺特性，合理地选择材料工艺。材料工艺受制于材料的特性，材料的特性来源于该材料的内部结构，材料的内部结构包括原子及其在晶体中、分子中与邻近原子的结合方式和显微结构。不同的内在结构决定着材料不同的物理与化学性能，材料性能决定其加工方法和艺术处理手段。如在工艺选择的实践之中，木材、金属、陶瓷、塑料的加工方法截然不同，然而就塑料材料而言，热塑性塑料和热固性塑料所用的成型方法又有质的区别。

从分析可以得出，古代工匠对材料（生物

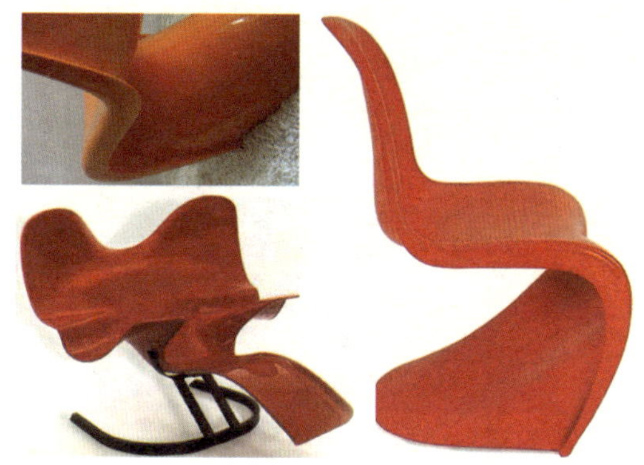

图4-3 塑料材质座椅

材料、金属、非金属材料）已有一定认识，在制作器物时为了达到所要求的质量而讲究合理地选材、用材。如有“燕之角，荆之幹，妢胡之笴，吴、粤之金锡，此材之美者也”的说法。燕地的牛角，荆州的弓材，妢胡的箭杆，吴、粤的铜、锡都是上好的原材料，而这些材料之所以好与所在地区的自然条件有很大关系。尽管人不能左右大自然，但人可以在认识、协调大自然因素的前提下，发挥自己的主观能动性“制天命而用之”，利用技术手段来达到设计的目的。正如日本技术哲学理论家星野芳郎认为：“人类和动物的区别，在于动物只是盲目地顺从自然规律而生存，人类虽然也顺从自然规律，但是人类是领悟或认识这些规律而支配自然的。为了支配自然，人类认识自然规律，并把它们在实践中加以利用，这就是技术的本质。”设计主体要主动利用材料工艺技术，要根据材料的特性来选择适合的工艺技术，以期达到设计的目的。

2. 巧施工艺

在具体设计中，“巧者合之”是提倡工艺的“巧”，包含两个层次：一是巧妙地选择某种材料工艺，重点在于选择；二是运用某种材料工艺的巧妙之处，重点在于发现事物巧妙的地方。产品除了要有必需的材料支撑之外，

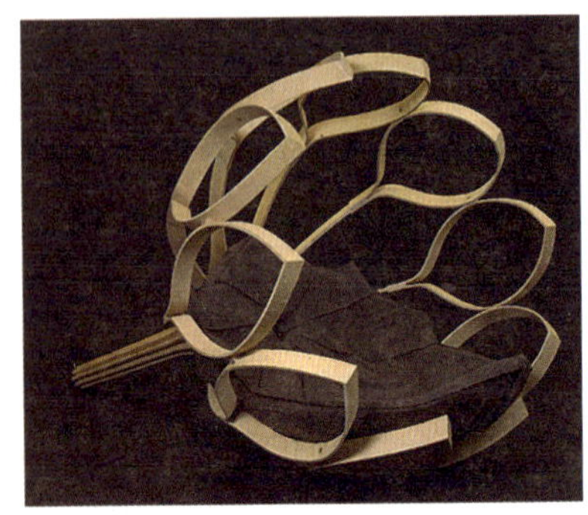

图4-4 做工巧妙的仿生沙发

更要发挥工艺的“巧”，要巧妙地选择合理的工艺，更要选择“巧”的工艺。要做到“巧者合之”，就必须对各种材料工艺进行全面的认识，掌握各种材料工艺的特性。

“工艺”按照我国传统的解释，是指“百工之艺”或“百工巧艺”；按现代意义来理解，是指对各种原材料、半成品进行加工处理，使之成为产品的方式和方法。早在我国古代，经常把“工艺”与“巧”联系在一起，《说文解字》中记载：“工，巧也，匠也，善其事也。凡执艺事成器物以利用，皆谓之工。”“巧”有“恰好、刚好”之意，可作“巧夺天工”、“巧匠”、“巧合”等使用。如《考工记》中有“三材既具，巧者和之”，“六材既聚，巧者和之”等说法。根据“天时、地气、材美、工巧”的工艺思想，制作车轮的工匠，对“三材”——毂、辐、牙的木材必须精选，砍伐必须适时。

《考工记》中提到“工巧”的工艺思想，产品的美与加工的巧是相辅相成、辩证统一的，成为工匠制作器物恪守的原则。这一原则不仅有利于当时手工业生产具体操作的系统管理，而且对于现代化的生产制作也具有实际的指导意义。通常所说的物质材料美，给人以美感的不同质地、纹理、色泽，应该得到充分发挥，这就要在加工的过程中体现一个“巧”字。材质的美与加工的巧，是辩证的统一，是相辅相成、相得益彰的。设计者要主动认识工艺之美，在设计中做到合理地选材及用材，并在合理的基础上做到“巧”。

3. 有的放矢

人类的造物活动，是由目的驱动的，有为生存而设计、有为装饰而设计、有为需求而设计等。设计是一种围绕目的而求解的活动。设计的对象是产品，产品首先必须是实用品才具有实际意义，整个设计活动中所涉及的一切活动，都具有明确的目的性。产品设计是对产品的造型、结构和功能等方面进行综合性设计，以便生产出符合人们需要的实用、经济、美观的产品。因此，在产品设计中对工艺的选择要做到“有的放矢”，必须结合产品的各因素进行研究分析，如产品的材料、结构、形态、表面效果、性能等方面。

人们在制造物品的时候，将美观的要求与实用的要求融合为一体，以实现美与用的双重功能。郭沫若在论古代青铜器的铸造时曾说：“铸器之意本在服用，其或施以文镂，巧其形制，以求美观，在作器者庸或于潜意识之下，自发挥其爱美之本能，然其究极仍不外有便于实用也。”针对具体产品的生产而言，则要求必须先制定出合理的工艺规程。设计作为生产的第一道工序，是对未来产品进行预想，而工艺规程是实现产品生产的技术保障。正如《考工记》中涉及的工艺思想，蕴涵着深刻的工艺设计思想，讲究材料的质感原则、结构与形式的功能性合乎科学的原则、功能因素与便利使用的原则、审美因素与精神愉悦的原则，以及以功能之美、造型之美、装饰之美、材质之美、工艺之美为特征的审美观均有理论上的体现与实践上的探索。

三、设计选材的相适性原则

相适性主要包括材料的“适用性”、选材过程的“适应性”特征和用材的“适合性”评价，为避免混淆，有必要先对“适用性”、“适应性”和“适合性”的词义作一定的辨析与限定。

“适”，通“造”，本义是“到……去”，《尔雅》解释云：“适，往也。”《庄子·逍遥游》“适百里者，宿舂粮；适千里者，三月聚粮”用的就是本义。此外，“适”还有个引申义为“符合”，如《诗·郑风·野有蔓草》“适我愿兮”，《玉台新咏·古诗为焦仲卿妻作》“处分适兄意，那得自任专”。现在常用的词语“适用”、“适应”和“适合”也沿用了这个引申义。

在《辞海》中，“适合”被解释为“符合”，例如“她的发型非常适合她的脸型”。“适应”被解释为“适合客观条件或需要”，例如“他逐渐适应了高原的环境”。“适用”也是在适合的基础上衍生出来的词，意为“适合应用”。不难看出，“适应”指的是主体因为某种需要而对外界环境作出一定的反应，是对某一过程的描述；“适合”是对某一状态的描述。

现代汉语字典《辞海》将“适”分为动词和形容词两种词性进行解释。作为动词，“适”是“切合，相合"的意思；作为形容词，是指“正巧，恰好”的意思。而“适”与设计的关系可谓源远流长，它早已成为设计活动的评价标准。

在我国传统的造物活动中，对创造物（包括衣、住、行）的合理性就以“适”作为衡量标准。在先秦诸子强调造物“以用为本”的思想指导下，“适用”成为我国传统造物活动中应遵循的首要原则且成为评价标准。从墨子的“为衣服之法……适身体，和肌肤而足矣，非荣耳而观愚民也”，到王安石的“诚使适用，亦不必巧且华，要之以适用为本，以刻镂绘画为之容而已。不适用，非所以为器也”，强调的都是物以实用为本，不应华而不实。后来“适”的含义又衍生出“适合”的意思，如北齐刘昼所说的“物有美恶，施用有宜……裘蓑虽异，被服实同，美恶虽殊，适用则均”指的就是物虽有美丑，但各有其用，只要使用得当，则“适合”。在清代曹庭栋的《老老恒言》中也有“老年人着衣戴帽，适体而已，非为容貌”之说。这里的适体是指衣服和帽要以适合给老人保持体温，使其不受风寒的伤害为目的，若衣帽不能遮体避寒，则不“适合”。由此可知，“适”在我国的造物思想中具有特殊的内涵，它既是造物活动追求的目标，又是衡量其是否合理的标准。

如今，“适”更以其丰富的内涵，在“适用、适合”的基础上，衍生出“适应、适度、适当”，这都已成为日益复杂的设计活动的限定和规范。

设计选材是伴随着造物活动诞生之时而产生的一种人为活动。在石器时代，人们用石材作为使用工具的材料，而不是木材或其他天

图4-5 座椅

然材料，是由多方面因素（如对自然的认识、制作技术等）决定的，选用石材是人们在特定背景下作出的相对适合的选择。随着社会的不断进步，人类驾驭材料的能力不断增强，在设计中选材的主动性也日益凸现了人类运用材料的智慧。在材料日新月异的今天，设计选材成为了一项无终极目标（从纵向看）的活动，同时又是一个不断使材料与设计活动的最终目的（决定设计的外部环境）相适的系统。

所谓“相适性”是指在遵循客观规律的前提下，充分发挥人的主观能动性，从人的目的、意图、用途以及与外部环境相适的角度讨论系统或事物该怎样的问题。它不同于达尔文进化论中所描述的生物是通过缓慢的进化最终达到与生存环境相适应，而是强调人的主动性，即是人为了达到某种目的，在对外部环境进行分析后，对现有资源进行选择重构，使新的系统能够达到相适（包括系统内相关因素的相适和内部系统与外部系统的相适）。因此，“相适性系统”也可以说是“人为系统”。设计选材的相适性系统也是以目的为导向的，它不同于自然科学，自然学科研究的是自然物体和自然现象应该是怎么样的问题，探讨的是事物的必然性、有什么样的运动规律和变化趋势及其之间的相互作用这一没有目的论色彩的客观认知过程。也即是设计选材是以达到一定目的为目标，通过一定的方式组织相关因素来达到与客观条件和内部关系相适的人为相适性系统，是一个带有创造性目的的活动。

设计选材是伴随着造物活动的出现而诞生的人类主观能动性活动，其产生和发展经历了由简单（从单一地使用石材）到复杂的（可供选择的材料极其丰富）过程。该活动同时又具有文化的特征，其变化反映着每个时代的物质生产和科学技术水平，也体现了一定的社会意识形态的状况，并与社会的政治、经济、文化艺术等方面密切相关。如在人类造物用材活动中，从使用石材、木材等天然材料过渡到烧制陶罐，反映了人类对自然认识的加深，知道通过烧制以改变土的性质（为后来的炼铜炼铁打下了基础）来制造用品，而该造物用材方式的改进，也改变了其原有的储物方式，可见造物用材的不同，会对人类生活的方方面面产生影响。设计师在选材时，不仅仅是为产品本身（实现它的功能），还要考虑产品在生产过程中的成本控制。如选用的材料是否能够与产品的形态相适（加工是否容易），后期的加工是否简便，选用的材料与产品所处的外部环境（消费者的使用环境和个人审美趋势）是否协调等等。在这个过程中，设计师的选材行为也就不知不觉或有意识地影响了人的生活方式，同时又通过用户的反馈来不断完善自身的选材行为。因此，设计选材是一门复杂的系统工程。

从人类造物选材的发展历程中，我们可以看到在每一时期对新材料或原有材料的改进应用中，都有其社会基础，反映了不同时期的经济、文化特点，且往往为人类创造出一个新的物化生存空间，从而改变了人的生活方式。随着社会的不断进步，新材料、新工艺的不断涌现，使设计选材活动得到了极大的扩展，选材实际上已成为了影响设计成败的关键因素。我们已不能再把设计中选材的行为简单地看成是一个无关紧要的环节，而应把其融入到整个设计过程中去。因此，设计选材过程也就成了一门复杂的系统工程。它需要设计师根据设计的目标，在社会文化趋势、用户的需求和产品的使用环境等外在因素下确定选材的目的；然后对可用材料的适应性（内在因素）进行分析，因势利导且合理应用，最终实现设计选材系统内在因素（材料的适应性）和外在因素的相适。这就是设计选材的相适性系统。

设计选材的相适性系统，由于有目的或有意图，使它具有适应外在不断变化的环境的根本特征。由于新的需求层出不穷、材料的种类不断丰富和加工技术的进步，这就使设计选材成了一个永无止境的活动，并一直在向更加合理挺进。

正如赫伯特·西蒙在《人工科学》中说的："工程师（更广义地说，设计师）所关心的是事物应当如何，即：为了实现目标，为了具备功能，事情就应该怎样。"即是说当谈到目标问题与"应当怎样"的问题，就需要引入对应着的"规范性、限定性"的描述方式。在传统自然科学无法描述的情况下，对设计选材的相适性系统则要从其目的、手段与外在环境相适的角度去讨论"应当怎样选材"来统一的问题，设计选材的根本任务就是在一定的时空（环境）中合情合理地用材。在设计选材的过程中，其涉及产品、用户、材料的材性、加工工艺、生产成本、使用环境等诸多因素。因此，材料的材性、被使用的环境（外在因素）及目的这三个要素是设计选材相适性系统的具体应用原则，该系统的目的成功与否，也就取决于它的内外环境之间的关系。以菲利普·斯塔克设计的juicy salif 柠檬榨汁机为例，它是一个令人诧异的经典设计，从目的上来看，它是用来榨汁的工具（从理性的角度，它不合理）；从外部环境来看，它是在厨房或客厅中，在用户心情极其放松时想享用果汁和体验动手的乐趣时使用的，脱离了这些情境，它可能是个无用的展品；从其选用的材料（抛光的铸铝）来看，该材料具有良好的铸造性和表面加工性能等，这有利于实现设计构想，且在其表面容易形成一层致密的氧化物，从审美的角度，这有利于使其较长时间保持光亮而精致的状态。用户购买它往往不是因为它的功能，而是它背后的故事：它能为新上门的女婿提供与丈母娘谈论的话题。这就使选用的材料（铝合金耐酸性差）由不合理变得合情合理。

人类设计选材活动本身是随外在环境变化而进行相应变化的，是受到人类的目的和能力限制的开放式的相适性系统。它是用户—环境—材料—社会关系的反馈，设计选材相适性的评价原则又是对这个反馈进行的思考、分析和再决策。这反映了设计选材合理性的相对性，只有在特定的社会环境中，在特定的时空中才能够对其是否合理进行评价，脱离了这个前提，任何评价都是不客观的。如商周时的青铜器，在当时它是统治者"使民知神奸"的工具，具有统治阶级意志的教育和启示功能，它选用青铜材料是因为该材料本身凝重厚实正好对应礼的庄严齐一，且青铜的良好铸造性，又可以使青铜器上的纹饰构图和秩序之美得到充分体现，若脱离了那时的社会背景，则这种选材就不一定合理。因此，对设计选材的合理性（是否与科学技术水平、文化、生活习俗、产品的象征功能等等方面相符）评价，需要把它还原到其产生的时代背景中去。

从人类历史发展的角度看，今天的设计选材是对昨天规划的延续。由于人的评价标准和预期的目的有着不断提高的趋势，同样，今天

图4-6　商周时的青铜器

的标准也很快会被更新，因此，在设计选材中没有最终的目的，它具有相对的有限性特征。它随着计划的实施、新的设计观念的出现、外在环境的变更而不断地修正原有的目标，是一个不断产生新目标的过程。正是设计选材的评价机制的时时更新，使得我们认识到评价设计选材的相适性这样一个目标系统归根到底还是为了诱发出新的目标。

设计选材的时代性和变化性，使得它不是一个简单重复性的技术活动，而是与社会文化密切相关的创造性的活动。正如前文所分析，它虽复杂，但却是由有层次之分的子系统构成。这种系统构成依据角度不同，得到的等级结构也不同。因此，我们利用该系统的可分解性，可以提出许多规范性或非规范性的选材方式、设计选材评价方法（相对有限的相适性原则）。设计选材的目标建立则是在这种原则指导下进行的。

设计选材目标的制定是以确定其使用范围为前提的，即材料的适应性。在材料使用范围的限定下，我们选材的注意力就由材料本身转到其将被需要的时空范畴中，这就是设计选材的评价原则（从材料所处的外在环境判断其选用是否合理）。

在对设计选材涉及的因素进行分析后，可以知道在该活动中，存在很多不确定的因素。因此，对于其评价不能完全使用定量的分析方法（在某些环节可以），在设计选材中，有时观念上的考虑也许会更重要。这就需要结合某个具体的选材行为并为之建立一套评价机制（具体问题具体分析）。但从相适性系统的目的或意图、材料适应性、材料使用的外在环境等三大方面对设计选材进行评价的总原则是科学合理的。

第三节　设计材料选择的复杂性

设计是人主观能动性的体现，是人有意识、有目的、有选择的活动，它也就蕴涵了“用什么材料”来造物和 “怎么用”的问题，这就是设计选材活动的本质，它随设计的产生而诞生。设计选材虽有其独立性，但同时又从属于产品设计活动。诚如赫伯特·西蒙所说的任何人工物欲达到目的或适应目标，则涉及以下三者之间的相互关系：目的或目标；人工物的性质；人工物的工作环境。产品作为人工物，它必然要受到决定它产生的外在因素（社会因素、经济因素、技术因素和用户等）和内在因素 （产品的造型、色彩、结构等）的规范。而外在因素的不确定性导致产品设计的复杂化，设计选材作为设计活动的一部分，必然也随设计的复杂化而更加不确定，这是由它从属于设计活动的特性所决定的。这主要体现为设计选材一直与材料技术、社会风气、流行趋势、经济水平等紧密关联并随着社会生活方式的多样化而呈现出逐渐复杂的趋势。设计选材的独立性则体现在设计师打破传统用材，发挥其主观能动性而进行的创造性选材行为上。

从人类整个造物选材的历程来看，设计选材的独立性和从属性往往是相伴相随的，而不是截然分离的。在人类社会的早期，由于社会生产力水平低下和对材料认识的局限，人们的设计造物活动仅限于对自然材料的简单加工，设计选材主要考虑满足生产生活的需要，如磨制石器、烧制陶器等等。随着社会生产力的发展，阶级和国家出现了，人们的社会生活方式越来越复杂，造物活动也越来越丰富多彩，设计选材考虑的因素也更复杂。比如奴隶主为了证明天赋神权及其统治的合理性，选用硬度高、易铸造、耐腐蚀的青铜来制作表面铸有巫教符号“饕餮纹”的器皿，其设计选材主要考虑的不再是满足生产生活的需要，而是满足统治阶级肯定自身和统治社会“协上下”、“承天休”的需要。后来，冶铁技术出现并逐渐成熟，铁器比石器、青铜器更锋利、更坚硬，因此被广泛地用来制造兵器、手工具和农具。到了明代，家具设计往往选用黄花梨、紫檀等优质硬木为材料，这与当时社会和经济发展有重大关系。明代和清代中期是中国封建社会发展的顶峰时期，出现了资本主义萌芽，商业高度发达。明初郑和先后七次下南洋，打开了中国与东南亚及非洲的海上贸易通道，从非洲和东南亚地区输入了大量的制作家具所需的高档木材——热带硬木（包括黄花梨、紫檀等）。清代中期家具设计中常常采用镶嵌的工艺，镶嵌的材料包括木、牙、螺甸、琥珀、玛瑙、玉石等等，这与清代统治者从游牧民族到一统天下，追求华丽和富贵的世俗作风是分不开的。

正是设计选材所具有的双重特性——从属性和独立性，使它成为了一门复杂的系统工程。一方面，由于设计随社会生活方式的改变而变化，使选材也随之改变；另一方面，随着材料品种的多样化，以及材料与功能、造型之间关系的不确定性，使设计师在设计目标确定的前提下，选材的自由度增大了。

20世纪50年代以来，新材料的开发与利用已经获得了突飞猛进的发展。材料的品种越来越多，人们在设计选材中面临的选择也越来越多。另外，由于材料和结构之间存在着比较确定的关系，而结构与功能之间却是一种不确定的关系，从而材料与功能之间也具有不确定关系。也就是说，为了实现同一功能，我们可以使用多种材料，而每一种材料都可以形成合理结构而完成所要达到的功能，从而产生相应的造型形式。例如：木制椅子和钢管结构椅子，虽然它们的材料、结构和造型都不同，但它们却实现着相同的功能。这种“功能”、“造型”和“材料”之间的不确定关系，一方面形成了丰富多彩的人造世界，另一方面却也使得设计选材更为复杂。（表4-1）

正是由于社会生活方式与材料品种的多样化，以及材料与功能、造型之间关系的不确定性，导致了设计选材越来越成为一门复杂的系统工程。

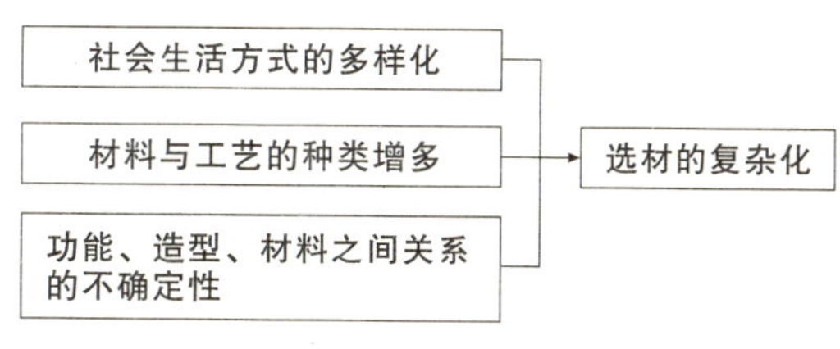

表4-1 设计选材的复杂性

第二章

CHAPTER FIVE
金属材料的设计表现力

[本章学习目标与要求]

了解金属材料的定义及其固有属性、感觉特性和造型特性；了解金属材料的主要类型；掌握金属材料的设计表现力。

[本章学习重点]

金属材料的固有属性——天时、地气；金属材料的感觉特性——材美；金属材料的造型特性——工巧；金属材料在设计中的应用。

[本章学习难点]

金属材料在设计中的表现力。

第一节　金属材料概述

一、金属材料定义

金属材料是由金属元素或以金属元素为主构成的具有金属特性的材料的统称。包括纯金属、合金、金属间化合物和特种金属材料等（图5–1）。人类文明的发展和社会的进步同金属材料关系十分密切。继石器时代之后出现的铜器时代、铁器时代，均以金属材料的应用为其时代的显著标志。现代种类繁多的金属材料已成为人类社会发展的重要物质基础。

金属材料通常分为黑色金属、有色金属和特种金属材料。①黑色金属又称钢铁材料，包括含铁90%以上的工业纯铁，含碳2%～4%的铸铁，含碳小于2%的碳钢，以及各种用途的结构钢、不锈钢、耐热钢、高温合金、精密合金等。广义的黑色金属还包括铬、锰及其合金。②有色金属是指除铁、铬、锰以外的所有金属及其合金，常分为轻金属、重金属、贵金属、半金属、稀有金属和稀土金属等。有色合金的强度和硬度一般比纯金属高，并且电阻大、电阻温度系数小。③特种金属材料包括不同用途的结构金属材料和功能金属材料。其中有通过快速冷凝工艺获得的非晶态金属材料与准晶、微晶、纳米晶金属材料等；还有隐身、抗氢、超导、形状记忆、耐磨、减振阻尼等特殊功能合金，以及金属基复合材料等。

二、金属材料应用简史

所谓造物，即是指人工性的物态化的劳动产品，它是使用一定的材料，为一定的使用目的而制成的物体和物品，它是人类为生存和生活需要而进行的物质生产。人类从石器时代就开始了造物活动，他们为了自身的生存生活而创造所需的工具和物品。由此可见，材料是造物中不可缺少的物质基础。人类造物用材在经历了石材、木材等天然材料后，在“天然火灾”的点拨下，发明了烧陶技术，实现了由使用天然材料到使用人工材料造物的质的飞跃。

图5-1 各种金属材料

这也昭示着金属材料大量应用的必然趋势（其中冶炼技术是在烧陶的基础上发展起来的，而人类的探索精神是内在驱动力）。

据考古学家的考古发现，人类早在公元前8000多年前，就已发现并利用天然铜块制作兵器和工具。如果说使用天然铜块拉开了人类使用金属材料的序幕，那么从公元前5000年人类掌握炼铜技术开始，人类生活就与金属材料结下了“不解之缘”，直至今日。我国在商代就已进入大量使用青铜器时期，青铜成为该时代造物的主要材料，从礼器、兵器（图5-2）到生活用具，青铜的身影无处不在。从作为统治者的国之重器、钟鸣鼎食之器（图5-3）的用材到“飞入寻常百姓家”，逐渐成为人们生活用品的主要材料。这反映了人类对青铜材料的材性和工艺的掌握日趋成熟，从而极大地改变了人类造物用材的方式。如《考工记》记载的“金有六齐”，说明了人类在那时就懂得根据不同需要配制不同的金属材料。这也创造了人类历史上长达500多年的第一个金属时代—— 青铜时代。在青铜器时代，除铜、锡的冶炼方法外，人类还掌握了铅、金、银、汞的冶炼方法，这些有色金属的开发和利用，使古代的青铜文化更加丰富多彩。随着农耕时代的到来，金属铁被推上了历史舞台，在人类的生产实践活动中，发现铁比铜硬，更适合制造农具和武器。在新的生活生产方式需要的驱动下，铁的冶炼和加工技术不断发展，并开创了人类文明的新时代——铁器时代。因此，无论是青铜时代，还是铁器时代，金属材料都是人类创造人工物的主要用材。

人类使用金属材料的历史虽已有几千年，但奠定金属材料在现代社会中不可替代的地位的，是随18世纪欧洲工业革命兴起的对金属材料的深入研究，这极大地促进了金属工业的发展。随着冶炼技术与加工工艺的进步，金属材料的种类日益丰富，并已进入到我们生活的各个角落，小到勺、剪子、刀（图5-4）等，大到机器设备、交通工具、航空航天器等，都离不开金属，它是现代工业生产和人民生活的重

图5-2 古代青铜剑

图5-3 古代青铜鼎

图5-4 各种金属刀具

要基础。

如今，金属材料的应用已不限于满足传统意义上的强度需要，而是以更加优越的性能，拓展其使用范围：一是新的加工技术出现，使金属材料的加工成型更方便；二是通过不断地改善金属材料的性能，使其具有新的功能（如超高强度钢、超低碳不锈钢），能够适应更复杂的使用环境；三是新型金属材料的相继问世（如高温合金、非晶态合金等），大大扩展了金属材料的使用范围。

第二节　金属材料性能

岁月的沧桑锈蚀在金属产品上浮起层层斑驳，然而金属材质以其天然的无可比拟的坚固性，永恒地保留下人类驾驭自然、改造自然的能力和创造造型美的才华。对于任何设计物而言，材料不仅是实现与维持其功能形态的物质基础，也是直接被产品用户所视与触及的唯一对象。在产品设计中，材料应该与产品的功能结构形态和用户心理（审美）需求取得良好的匹配，与金属材料在设计中的“多重身份”相对应。我们可以把金属材料的性能（图5-5）分为三个层次：核心层次是金属材料的固有属性（包括它的物理性能、加工性能等）；中间层次是通过人的感官能直接感受到的金属材料性能（如材料的重轻、冷暖、硬软等）；最外层是通过人的视觉能够接触到的金属材料的表面性能（如材料的色彩、肌理和光泽等）。因此，在设计选材中，既要使金属材料的核心层（其固有属性）与产品功能的实现能匹配，又要使金属材料与用户的触觉、视觉能匹配（金属材料性能的中间层与用户触觉匹配，其最外层与用户视觉匹配）。

金属材料性能的三个层次可以概括为：金属材料的固有属性——“天时、地气”；金属材料的感觉特性——“材美”（图5-6）；金属材料的造型特性——“工巧”。（图5-7）

一、金属材料的固有属性——“天时、地气”

金属材料的固有属性是指金属材料在使用条件下表现出来的性能，它是由金属材料本身的组成和结构所决定的，并受到外界条件的制约。

金属材料的特性与其内部的微观结构有关。一方面，金属材料内部的原子以金属键结合为主，在这种结合方式中，原子的点阵中存在大量的自由电子，而自由电子能够在外场力的作用下产生相应的效应；另一方面，自由电子与正离子之间有较强的结合力，而自由电子在离子键的点阵中又可自由运动。因此，金属的特性表现在以下几个方面：导电和导热性能良好；表面具有金属材料所特有的色彩与光泽；延展性良好，便于加工成型；可以制成金属间化合物，能与其他的金属或非金属在熔融

图5-5 金属材料的性能分类

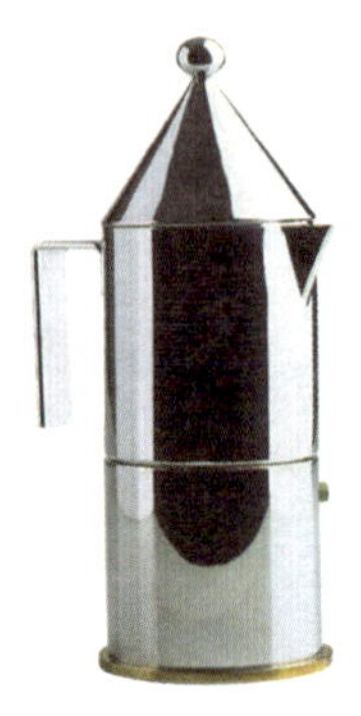

图5-6 金属材料的水壶

图5-7 金属材料的台灯

态下形成合金；除少数贵重金属外，绝大多数金属的化学性能都较为活泼，易被氧化而生锈；表面工艺性能优良，可以采用各种装饰工艺以获得理想的表面质感。

1. 金属材料的力学性能

金属材料的力学性能是指金属材料受外力作用时所反映出来的性能，主要有强度、塑性、硬度、韧性等。

（1）金属材料的强度

材料强度是其能够满足产品需要的重要指标之一，它关系到产品功能是否能顺利实现和用户安全等。例如，汽车车身所用材料的强度如不够，则会给用户带来安全隐患，甚至是无法实现其运输的功能性。

金属材料的强度是指金属材料在外力作用下抵抗外力荷载而不致失效的能力，也就是金属材料在外力作用下抵抗变形和断裂的一种性能。与其他材料相比，金属材料的强度性能优良，其在汽车、建筑、机电产品中常被用来作为结构用材。对于金属材料而言，其强度变化范围十分宽泛，从抗拉强度为数十兆帕的纯铁，到200兆~400兆帕的碳钢、400兆~1000兆帕的中强度钢……为其广泛应用奠定了基础。

（2）金属材料的弹性和塑性

金属材料良好的弹性和塑性是其在实践应用中不易变形和加工成型的重要保证，是设计选材中主要考虑的材料性能之一。

金属材料的弹性是指在外力作用下发生变形，并在外力撤消后能恢复原状的性能。材料的这一变形也称弹性变形。例如弹簧，在受到外力后的变形没有超过它的弹性极限时，它可以恢复到原始状态。

金属材料的塑性是指在外力作用下产生塑性变形而不被破坏的能力。具有良好塑性的材料，适于锻压、冷冲和冷拔等压力加工成型工艺。

（3）金属材料的硬度和耐磨性

金属材料的硬度是指抵抗更硬的物体压入其内的能力。通常情况下，金属的硬度愈高，其耐磨性也更好。耐磨性的好坏通常是以磨损量作为衡量标准的指标。磨损量越小，说明材料耐磨性越好。

金属材料的硬度高、耐磨性好是它被用作日用品、厨具、量具用材的主要原因，如使用金属材料的用品，不容易被划坏表面（尤其是量具），这对于保持日用品的美观性和实用性极其重要。因此，金属材料的良好耐磨性和较高的硬度有利于延长产品的使用寿命。

（4）金属材料的韧性

金属材料的韧性是指它抵抗冲击载荷的能力。实践证明，冲击力要比静力具有更大的破坏性。因此，在设计冲击载荷下工作的零件时，必须考虑材料的韧性。

金属材料的各种机械性能通常不是相互孤立，而是有一定联系的。例如提高金属材料的强度、硬度则往往会降低其塑性、韧性；为了提高其塑性、韧性，有时就会削弱其强度。在设计选材中，考虑的是材料的综合力学性能，这是由产品使用环境的复杂性决定的。每种产品对材料的各种力学性能都有要求，我们要依据特定的使用环境，在追求社会、经济效益最大化的情况下选择合适的材料。如iriver T20播放器（图5-8）的设计选材就很特别，该设计最大的亮点是采用了不锈钢按键和镜面金属机身一体化设计，设计时尚新颖，用材方式独特。它充分应用了不锈钢的力学性能，如机身和按键的一体化设计，使按键依靠不锈钢材料良好的弹性可自动恢复到原来的位置，且操作时弹性力适中，用户使用时手感良好。此外，不锈钢材料的应用提高了产品外壳的耐磨性能，实现了美观与实用的统一。

二、金属材料的感觉特性——“材美”

“燕之角，荆之幹，妢胡之笴，吴、粤之金锡，此材之美者也。”“材之美”是材料质感在人心理上形成的良好反应。材料的质感是指人对材料的生理和心理活动，它以人的生理为基础，是通过人的感觉器官（视觉、触觉）对材料产生的综合印象。金属材料的普遍使用和特有的“魅力”首先是源于它独特的质感，如图5-9所示为金属不锈钢，突出了金属材料极具个性的魅力。

金属材料的感觉特性既具有生理心理属性又具有物理属性。其中，金属材料的生理心理属性是指金属材料表面作用于人的触觉和视觉系统的刺激性信息，如浑重与单薄、华丽与朴素、坚硬与柔软（图5-10）等基本感觉特性；金属材料的物理属性则是指材料表面传达给人的知觉系统的意义信息，即是材料的类别、性能等，如金属材料的色彩、光泽、肌理和质地等。

金属材料的感觉特性按人的感觉可分为两种，即触觉质感和视觉质感。（表5-1）

图5-8 iriver T20播放器

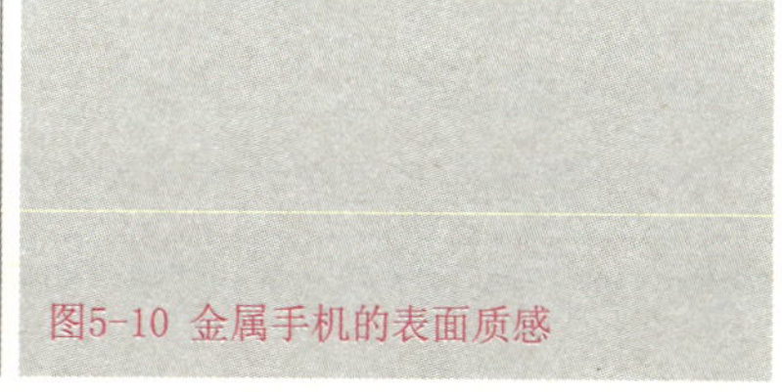

图5-10 金属手机的表面质感

图5-9 金属材料的台灯

表5-1 金属材料的肌理特点感觉特征

	材料属性			材料感觉特性
金属材料	粗糙度	光滑		人造、坚硬、光滑、理性、拘谨、现代、科技、冷静、凉爽、笨重
		纹理	规则纹理	
			自由纹理	
	透明度	不透明		
	反光度	高光		
		亮光		
		亚光或无光		

1. 金属材料的触觉质感

金属材料的触觉质感是指人通过手和皮肤触及金属材料而感知其表面特性，对它产生的复合感觉。通常人的触觉对事物的感觉灵敏性仅次于视觉，它是人认识外在事物和环境、确定对象的位置和形式的重要方式。金属材料的触觉质感是由其作用于人的生理和心理两方面综合而成的。

人手是一种特殊的感觉器官。当手跟物体接触时，人通过皮肤与肌肉紧张的运动形成对物体的感觉印象，如光滑、软硬、弹性、粗糙等感觉（图5-11，金属质感的女士用包）。金属材料的表面组织结构方式与其触觉质感密切相关。人对材料的触觉质感主要来源于金属材料表面微元的构成形式。同时，金属材料的一些物理属性也对其触觉有较大的影响，如金属材料的表面硬度、黏度、温度、湿度、密度。一般来说，金属材料的表面微元构成形式多种多样，如有镜面和毛面之分。非镜面的微元的构成又分曲线、条状、球状、孔状、点状、直线等，不同的微元构成又会产生不同的触觉质感。在产品设计中，合理应用金属材料的触觉质感，不仅可以丰富产品的造型语言，同时也能给用户带来更多的新感受。（图5-12，苹果公司的ipod播放器）

从物体表面对皮肤的刺激性来分析，根据材料表面特性对触觉的刺激性，触觉质感分为厌恶触感和愉悦触感。人们一般对锈蚀的金属器件，会产生粗、黏 、涩、乱、脏等不快心理，造成反感甚至厌恶；而易于接受表面光滑与精加工的金属表面，从而产生光洁、高贵、细腻、凉爽等感受，使人产生舒适、愉快等良好的感官效果。

2. 金属材料的视觉质感

视觉质感是靠视觉来感知的材料表面特征，是材料被视觉感受后经大脑综合处理产生的一种对材料表面特征的感觉和印象，它是对触觉质感的综合和补充。一般材料的感觉特性是相对于人的触感而言的。相对于人的触觉质感，视觉质感具有一定的间接性。因为材料的触觉相对于人的视觉而言是更为直接的。它是在人类长期触觉经验的积累之后，使人的一些触觉感受转化为了人的视觉间接感受。对于已经熟悉的材料，可根据以往的触觉经验通过视觉印象判断该材料的材质，从而形成材料的视觉质感。由于视觉质感相对于触觉质感的间接性、经验性、知觉性，也就具有相对的不真实性。利用这一特点，可以用各种表面处理工艺手段，以近乎乱真的视觉质感达到触觉质感的错觉。金属材料，特别是一些贵重金属、稀有金属，由于自身具有的优良属性，成为许多材料的模仿和加工对象。如图5-13为金属质感的诺基亚手机，通过表面处理，让手机显得高贵华丽。

图5-11 金属质感的女士用包

图5-12 金属材料的ipod播放器

图5-13 金属质感的诺基亚手机

图5-14 做工精巧的金属结构

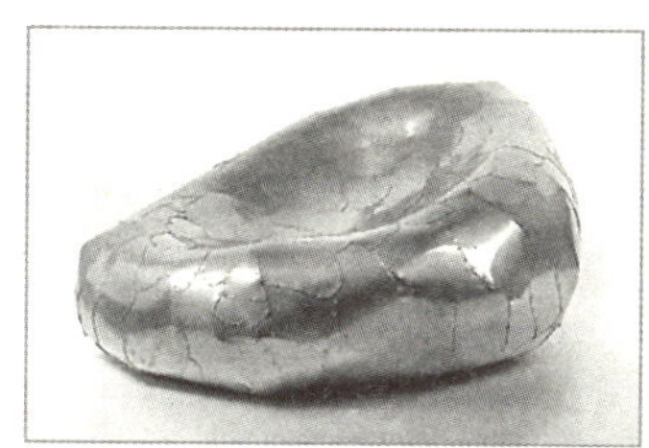

图5-15 由金属编织而成的沙发

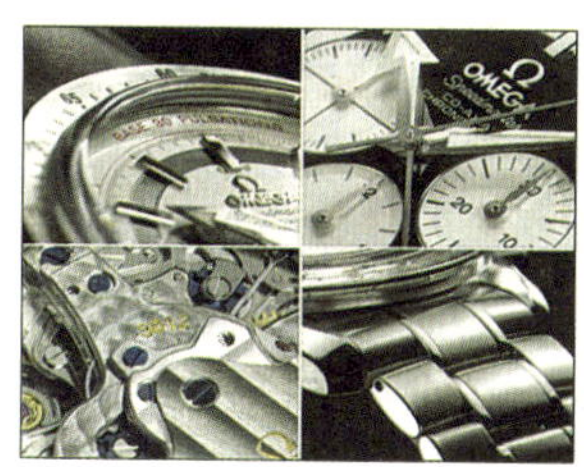

图5-16 工艺精巧的欧米茄手表

在产品设计中，形态感、色彩感和材料质感是产品的三大基本感觉要素，一般来说前两者是由视觉形成的，而材料质感主要是通过触觉和视觉两种感觉共同形成的，它具有除视觉之外的触觉感受，成为感性时代产品设计表现的又一角度。

三、金属材料的造型特性——“工巧”

对材料的认识是实现产品设计的前提和保证。设计中，除了少数材料所固定的特征以外，大部分的材料都可以通过表面处理的方式来改变产品表面所需的色彩、光泽、肌理等。通过改变产品表面的色彩、光泽、纹理、质地等，可以直接提高产品的审美功能，从而增加产品的附加值。在产品造型设计中要根据产品的性能、使用环境、材料性质等正确选择表面处理工艺，使材料的颜色、光泽、肌理及加工工艺特性与产品的形态、功能、工作环境匹配适宜，以获得大方美观的外观效果，给人美的感受。（图5-14）

金属材料的感觉特性除与金属材料本身固有的属性有关外，还与它的成型加工工艺、表面处理工艺有关，常表现为同质异感和异质同感。如同一质地的钢板材料，不经任何加工处理给人以朴实、自然的感觉，而表面经精磨加工后给人以精致、炫目、豪华、光滑等感觉。又如塑料制品表面经镀铬处理后，外观质感与不锈钢制品质感相同。由此可见，不同的加工方法和工艺技巧会产生不同的外观效果，从而获得不同的感觉特性。（图5-15）

锻造工艺，特别是在锻打过程中会产生非常丰富的肌理效果，可圆、可方、可长、可短、可规则、可随意、可粗犷、可精细，忠实地保留下制作过程中情绪化的痕迹，具有强烈的个性化特征和浓厚的手工美。

铸造工艺良好的复写功能可精确地复制出纤细的叶脉、粗糙的岩石，甚至流动的液体，丰富了金属的表现范围。

焊接工艺是现代科技的产物，各种复杂的造型均可通过焊接来完成。焊接不仅是实现造型、表达观念、倾泻情感的表述技艺，同时也是一种艺术的表现力。焊接后的锉平、抛光是一种工艺美，有意识地保留焊接的痕迹，能产生奇特的肌理美，丰富产品的艺术美感。

铆接工艺具有一种强烈的工业感和现代感。铆接的铆钉头有节奏地整齐排列，形成一种肌理变化。

编制工艺是一种由纤维艺术发展而来的工艺，是将丝状材料按一定的方法编制在一起，可产生极富韵律和秩序感的肌理效果。

磨削后的材料表面精细光滑，富有光泽感。

电镀的材料表面不仅能改变材料的表面性能，而且表面具有镜面般的光泽效果。

喷砂工艺能使材料获得不同程度的粗糙表面、花纹与图案，通过光滑与粗糙、明与暗的

表5-2 金属表面处理的分类

种类	效果	手段
表面精加工处理	使表面平滑、光亮、美观、具有凹凸肌理的表面状态	机械加工：切削，研磨，研削 化学方法：研磨，表面清洗，蚀刻，电化学抛光
表面层改质处理	改变材料表面的色彩、肌理及硬度，提高金属表面的耐蚀性、耐磨性及着色性能	化学方法：化成处理；面硬化 电化学处理：阳极氧化
表面被覆	改变材料表面的物理化学性质，赋予材料新的表面肌理、色彩和辉度等	金属被覆：电镀 有机物被覆：涂装、塑料衬里 陶瓷被覆：搪瓷、景泰蓝

对比给人以含蓄、柔和的美感。

金属表面处理的分类，如表5–2所示。

第三节　常用金属材料简介

设计是为人类创造更加合理的生存方式，而人的差异性则导致了需求的多元化。因此，在我们身边的物化空间是由不同材料制品组合而成的，即任何单一的材料都不可能满足现代人的需要。金属材料则以其良好的力学性能、加工性能和丰富的种类，以及特有的审美特征（金属材料具有良好的自然材质美、光泽感和肌理效果），成为了我们生活中必不可少的重要材料。正如罗·阿拉德所说：“金属质地坚硬，外观富有光泽，而且具有反光特性，是一种奇妙的材料。如果正确使用，它们不会变旧，而且即便是生了锈的金属也仍旧具有独特的美。对于设计师而言，了解金属材料的特性，并选择合适的金属材料，有利于快速实现自己的构想。”

一、铸铁的特性

铸铁是指含碳量W（C）在2.11%以上的铁碳合金，它是以生铁为原料，在重熔后直接浇注成的铸件。

铸铁在产品造型设计中应用非常广泛，它被大量地用作各种机床的床身、床脚、箱体、家具以及一些机电产品主要承受压力的壳体、箱体、基座等工业产品的材料。由于铸铁成型表面相对粗加工，工件在肌理上较粗糙，反光较暗淡、质硬，故在心理上给人以凝重、坚固、粗犷的质感效果，与工作台面、精制的面板、装饰件、精加工的表面等形成质感对比，从而起到了材质衬托作用。铸铁的铸造性优于钢，而且价格低廉，制作方便，因此在产品造型上获得广泛的应用。铸铁常被用来制造对强度、韧性要求不太高的，有良好消振性、耐磨性的零件，甚至较重要的零件。

工业上使用的铸铁种类很多，按其石墨的形态、组织和性能，可分为灰口铸铁、可锻铸铁、白口铸铁、球墨铸铁和蠕墨铸铁等。（表5–3）

表5-3 常用铸铁的性质和适用性

铸铁种类	主要性能	适合领域
灰口铸铁	具有极好的抗疲劳性和减振性	适于汽车发动机气缸、齿轮、调速论、刹车盘和鼓轮以及大型机床底座
可锻铸铁	可锻铸铁具有比灰口铸铁高得多的塑形和韧性	广泛适用于汽车、铁道、建筑、电力、纺织、家电、国防、机械制造等各个领域
白口铸铁	硬度高、脆性大，很难切削加工	适用于炼钢原料或制造可锻铸铁的毛坯
球墨铸铁	具有良好的可加工性、疲劳强度和较高的弹性模量；刚性、强度和抗冲击性都比灰口铸铁强，但减振性差	适用于汽车制造、拖拉机底盘等多种零件以及机具零件和阀门、电力线路零件等
蠕墨铸铁	强度和韧性高于灰口铸铁，但不如球墨铸铁，蠕墨铸铁的耐磨性较好	适用于制造重型机床床身、基座、活塞环、液压件等

二、钢材的特性

钢是指以铁为主要元素，含碳量W（C）在0.02%~2.11%之间的铁碳合金。除铁之外，组成钢的另外一种重要元素是碳，而碳含量的多少则直接影响到钢的性能，含碳量越多，钢的硬度和强度就越大，但其延展性会随着碳含量的增加而降低。常用钢材的适应性如表5-4所示。

三、铝及铝合金的特性

铝及铝合金的应用时间虽不长，但其产量和用量已成为仅次于钢铁的第二大金属用材。铝及铝合金以其良好的综合性能，目前已被广泛地应用在家电、汽车、建筑、电子产品等各个领域。

铝及铝合金的性能特征：

质轻是铝材的特色之一，如纯铝的密度约为2.7g/cm^3，大约为钢铁材料的1/3；它的微观晶体结构为面心立方点阵，使它具有良好的导电性；因铝和氧的亲和力强，通常在铝制品的表面能形成一层致密的氧化膜，使之具有良好的耐大气腐蚀能力，但铝耐酸、碱、盐腐蚀的性能较差（图5-17）。由于纯铝的强度很低，在实际的应用中铝常以合金的形式出现。

铝合金的性能特点是：质轻、强度高，比强度值接近或超过钢；具有优良的导电、导热性和抗蚀性，易加工、耐冲压，并且可阳极氧化成各种颜色。

铝合金根据成型处理工艺特点可分为变形铝合金和铸造铝合金。变形铝合金是指以压力加工方法生产的管、棒、线、型、板、带、条等半成品材料的铝合金，称为变形铝合金。变形铝合金主要有不可热处理强化的变形铝合金（防锈铝合金）和可热处理强化的变形铝合金（硬铝、超硬铝及锻铝合金）。铸造铝合金按主要合金元素的不同分为铝硅铸造铝合金、铝铜铸造铝合金、铝镁铸造铝合金等。（表5-5）

图5-17 移动之星B007铝合金产品

图5-18 铜合金弹起式插座

表5-4 钢的分类及其适应性

钢种	分类		主要性能	适合领域
碳素钢	普通碳钢		强度不高、焊接性能好、韧性和塑性好、价格低，常热轧成钢板、钢带、型钢、棒钢	桥梁和一些要求不高的零件
	碳素结构钢		韧性和塑性较好，有一定的伸长率，具有良好的焊接性能和热加工性	适用于制造各种焊接结构件、桥梁及一般不重要的机器零件，如螺栓、拉杆、铆钉、套环和连杆
	碳素工具钢		主要特点是经淬火后可提高其硬度和耐磨性；退火后硬度低、加工性能好	适用于制造刃具、量具、模具或其他工具
合金钢	合金结构钢	低合金结构钢	具有较好强度和良好的塑性、韧性	适用于较重要的钢结构，如压力容器、发电站设备、管道、工程机械、海洋结构、桥梁、船舶、建筑结构等
		调质钢	综合性能良好	适用于制造受力比较大、在一定的冲击载荷条件下工作的机械零件，如曲轴、连杆、齿轮、机床主轴
		弹簧钢	具有良好的弹性极限、强度极限、压强比；抗弹减性能、疲劳性能、渗透性、物理化学性能好	适用于机车、车辆、汽车、拖拉机、飞机和各种螺旋弹簧和板簧等
	合金工具钢		具有较高的强度、耐磨性、红硬性和足够高的强度，且具有良好的工艺性	适用于制造量具、刃具、耐冲击工具和冷、热模具及一些特殊用途的工具
	特殊性能钢	不锈钢	不锈钢在大气和弱腐蚀介质中具有较高的稳定性、能够保持不锈蚀，表面美观、光洁度高，焊接性能好	不锈钢的应用范围极其广泛，常用于家庭用品（餐具、橱柜、室内管线、热水器、锅炉、浴缸）、医疗器具、建材、化学、食品工业、农业、船舶部件、电子产品等等方面，是适应性很强的金属材料之一

表5-5 常用铝合金的性能和适用性

分类	合金名称	性能特点	适用领域
变形铝合金	防锈铝合金	抗蚀性、压力加工性与焊接性能好，但强度较低；耐腐蚀性好，抛旋光性好，抛光后能较长期地保持光亮表面	适用于焊接零件、构件、容器、管道、蒙皮以及需要深冲、弯曲的零件盒制品等
	硬铝	具有较高的强度和硬度，可以进行热处理强化	适用于中等强度构件，如骨架、叶片铆钉等
	超硬铝	室温强度最高	高强度构件及150℃以下工作的零件
	锻铝合金	具有良好的热塑性、铸造性和锻造性性能，并有较高的机械性能	适用于制造外形复杂的锻件和模锻件
铸造铝合金	铸造性能良好、耐热性能好		适用于制造形状复杂但强度不高的零件，例如仪器仪表、抽水机动性壳体和餐具

目前铝及其合金已被广泛用于工具、轻便用器、体育设备等方面。铝合金具有坚硬美观、轻巧耐用的优点，是制造飞机的理想材料；铝合金在汽车领域的应用也越来越普遍，使用铝作为材料可以降低车的重量，从而减少耗油量；此外，在3C产品（手机、笔记本电脑、PDA、CD机、网盘、数码相机、摄像机、MP3、便携DVD）中使用铝合金作为材料也越来越流行。

四、铜及铜合金的特性

铜及其合金和人类的生活密切相关，人类早期的许多工具和武器都是用铜作为材料的。同样，在现代社会中，铜也扮演着十分重要的角色，它被大量用在建筑结构中，用来作为传输电力的载体，由于其应用的历史，几千年来它一直被不同文化背景的人们作为制作身体装饰的原材料。它已从最初简单的译码传输，发展到在复杂的现代通信中扮演关键角色，作为人类利用时间最长的金属，它一路伴随着人类的发展与进步。（图5-18）

铜具有优良的导电性和导热性。由于纯铜的强度不高，在实际运用中通常是以紫铜（纯铜）、黄铜、白铜、青铜等合金形式出现。（表5-6）

五、镁及镁合金的特性

镁的密度为1.74g/cm^3，约为铝的64%，钢的33%，它不仅具有优良的性能，而且是日常应用中最轻的结构金属。在实际应用中，镁常以镁合金的形式出现。镁合金作为最轻质的金属工程结构材料，比强度、比刚度高，在相同的刚度和强度时，用它做的构件重量将大大减轻，这种特点使它在汽车行业、航空工业和便携式电子产品中逐渐被重视；镁合金具有比钢低的弹性模量，且降噪和减振功能好，故可承受较大的冲击振动力；具有较好的阻尼吸振降噪性能、铸造成型性、较好的机加工和表面装饰性、易于回收利用等特点，被誉为“21世纪绿色结构材料”。此外，镁合金具有良好的电磁屏蔽性能和导热性，较高的稳定性和较小的收缩率等。镁合金的加工速度快于其他金属，易于高温作业，并能通过喷漆和电镀进行精加工，且具有易焊接和良好的耐腐性特点。镁合金的缺点是对应力集中较为敏感，在设计时要避免凹槽出现。

表5-6 常用铜及铜合金的性能和适用性

种　类	主要性能	适用领域
紫铜	纯铜又称紫铜，强度低，但具有良好的导电性能，在干燥的空气中耐腐蚀性优良	适用于制作各种实用品及工艺美术用品
黄铜	主要性能是适合多种加工工业，可回收，具有良好的机械加工性、抗腐蚀性和良好的强度和韧度	黄铜合金种类繁多、适应性强，适用于电源插座头、电灯泡后座、精密医疗器械、电缆密封套、轴承、大齿轮、管道装备以及飞机、火车、汽车等零部件
白铜	白铜不仅机械及物理性能良好，还具有良好的延展性、高硬度、色泽美观、耐腐蚀性优良等优点	适用于电器、医疗器械、仪表、造船、装饰工艺品等领域
青铜	主要的特点是耐蚀、耐磨、弹性好以及铸件体积收缩率小等	适用于作高强度的弹性材料和耐磨材料，因其体积收缩小和耐蚀，故被广泛用来制作艺术铸件

镁及镁合金的应用：在3C领域，由于3C产品是当今全球发展最快的产业，在其朝着轻、薄、短、小方向发展趋势的推动下，镁合金的应用将大幅增长。这是因为镁合金做的内构件具备坚固、散热佳和可以模块化的特性，同时，以镁合金作为电子产品机壳，具备质轻和外观质感佳的优点。（图5-19）

第四节　金属材料在设计中的表现力

一、设计与金属材料的关系

设计中金属材料选择是一个复杂的系统，它受到系统内各元素的影响，同时系统内各因素间也会相互作用。正如前文所说，把该系统分为内在因素和外在因素两个子系统来探讨它们之间的关系。内在因素主要是指金属材料层面（材料的适应性），外在因素则包括产品层面、用户层面、SET层面。设计中金属材料选用的相适性系统就是要实现内在因素和外在因素间的相适（图5－20）。下面将对金属材料的适应性和决定其使用的外在因素间的关系进行分析。

1．金属材料与产品的关系

产品是提供某种服务以丰富、完善人的体验的载体，它是由色彩、造型、材料和技术等几个要素构成的。材料是产品的物质基础，无论是产品的色彩、造型，还是技术都离不开材料。

就金属制品构成要素中的材料与色彩的关系来看：一方面，金属材料的固有表面质感可以赋予产品不同的社会、文化价值，如黄金饰品的高贵、不锈钢厨具的光亮、铸铁的厚重；另一方面，金属材料良好的表面着色性能，使产品可以根据不同用户的不同需求而着色。金属材料良好的机械性能和加工成型性是产品构成要素之一——造型实现的关键。设计是创造性活动，金属材料良好的性能为金属制品设计提供了较大的发挥空间，从商周时期精美绝伦的青铜器具到现代社会人们使用的日常生活用品，这些形态各异的金属制品无不体现了金属材料无与伦比的适应性，但金属材料也有其限制性。因此，在选用金属材料时要考虑到其成型加工的适应性，才能实现彼此间的相得益彰。

技术指的是产品的核心功能，即产品源动力、使用产品所要求的部件间的相互关系以及用以生产产品的材料和方法。为实现产品的核心功能，选用的金属材料必然要能够满足技术各因素的需要，即材料和制造的选择一定要适合于设计的成本，并达到产品内部成分和式样的要求。

图5-19 索尼镁合金笔记本

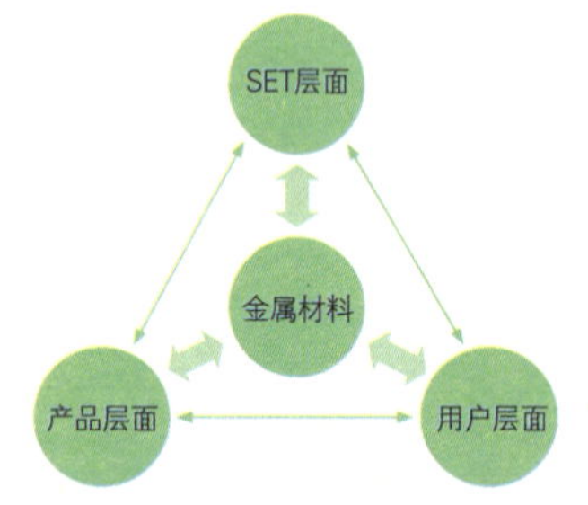

图5-20 金属材质内外系统之间的关系

2. 金属材料与用户的关系

如果说人类最开始创造工具是源于基本的生存需要，那么现在人类造物则是追求精神和物质上的双重满足。如今，人们需要的不仅是有用的产品，好用的并能带来快乐的产品才是他们之所需。正如唐纳德·A. 诺曼在其著作《情感化设计》中说的："设计有本能的、行为的和反思的三个层次。"本节就从用户需求的这三个层次来探讨其与金属材料间的关系。

本能层，顾名思义它是人类在进化过程中为了与环境中的其他人、动物、植物、山水、气候和其他自然现象共存而形成的人的本能反应。这使得我们可以敏锐地接受环境中的强大的情感信号，这些信号在本能层上自动地得到解释。由于本能层是人类本能的反映，故遵循人类本能的设计选材则永远容易被接受。在本能层面上，人类的物理特征——视觉、触觉和听觉处于支配地位，任何产品与用户最初接触的都是它的材料、造型和色彩。这时材料的表面质感、材料质地和重量就对用户有很大的影响。如运输工具用材就要能让用户感受到安全可靠，庞大建筑物常用钢结构来传达其结实的信息，不锈钢日用品因透出的简洁现代气息而备受欢迎（图5-21）。设计中选用金属材料时就要考虑到人类的这种本能层特征，并遵循该原则，挖掘金属材料独特的感觉特性，以满足人的本能层需要。

行为层，它讲究的是效用，即性能。行为层设计关注的是功能、易懂性、可用性和物理感觉。产品的功能、易懂性和可用性是以物质材料为基础的，在这层面，我们主要探讨物理感觉，它是与材料密切相关的因素。对于优秀设计师来说，产品的物理感觉不同可能会引起巨大的差异，如平滑光亮的金属带来的快乐和柔软的皮革制品给用户的感受完全不同。用户对产品物理感觉的迷恋是由其生物属性决定的，通过物理的身体、胳膊、腿以及大脑的感觉系统不断地探测环境并与环境进行交互。好产品都充分利用这一交换作用，如在烹饪时感受一把均匀而优质的刀的舒适，聆听厨具碰撞发出的声音……总之，产品良好的物理感觉是通过人对材料的触觉、嗅觉、视觉等提高产品效用的重要手段。正如唐纳德·A. 诺曼所说："使人感觉良好的产品，反过来使得用户更具创造性地去思考，产品也就变得更好用了。"

图5-21 金属材质的自鸣式水壶

图5-22 金属结构的台灯

反思层，它注重的是信息、文化以及产品或者产品效用的意义。反思层主要与人的经历和成长环境有关，某件产品可能会勾起一部分人的回忆或对自我形象的反思。奢华手机必然是与珠光宝石、黄金等材料无法分离，这些材料是财富的象征，是富贵的代表，而此类产品用塑料等其他材料则是不合适的。在城市工作的人们回到乡村去度假，以追忆儿时的无忧无虑，如果度假村从建筑物到使用的餐具、家具都和城市的一样则不妥，反而使用一些加工不精细的自然材料更适合。

上述三种层次彼此间相互作用，每一层次都可以调节其他层次。设计选材时要对用户层面的各元素进行分析，使材料的材性能满足用户的需要，实现材料层面与用户层面的相适。

3. 金属材料与SET的关系

SET层面指的是影响造物活动的社会

（S）、经济（E）、技术（T）等系列因素。其中社会因素主要是指文化和社会生活中相互作用的各种因素，如时尚潮流、人的生活方式等；经济因素是指人们拥有的或希望自己拥有的购买力；技术因素是指先进的和新兴的技术或对现有技术再利用。正如设计活动受SET系列因素的影响，设计选材也与之密切相关。

在农耕时代，新的社会生活方式的驱动（社会因素），冶炼技术的进步（技术因素）和大量铁矿的发现（使得铁比铜更容易获取和廉价，经济因素），使金属铁被广泛选用，开启了人类的铁器时代。

在当代，随着人类对自身生存环境的忧虑，形成了一系列的设计思潮，如生态设计、可持续性设计等观念。在设计中也更加强调将制造、生产过程中的资源利用以及回收利用中对环境所造成的负面影响降至最低。例如在欧洲国家，消费者和政府法规都对产品带给环境的压力更加关注。因此，在设计选材时必须将社会趋势和消费者的消费倾向作为重要的考虑因素。

设计选材也受到技术因素的影响。新材料的出现，新的加工技术（表面处理技术和成型工艺等）和新的材料回收技术的出现，都将拓展金属材料的应用范围。如自从18世纪工业革命后，金属材料的应用达到了前所未有的高度：这一方面是金属材料的种类层出不穷，另一方面是新的加工技术不断出现，使它适应性更强。因此，设计师需要时刻关注新技术的发展，为实现自己的构想寻找新的方式。

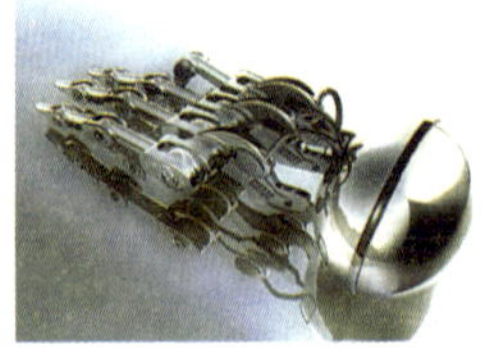

图5-23 不锈钢材质的产品

图5-24 摩托罗拉V3手机

简言之，任何设计选材活动都是在SET系列因素的大背景下进行的，并随其变更而变化（使材料层面与SET层面相适），这样才能使设计选材合乎社会趋势、合乎经济规律、合乎技术潮流，即选材合情合理。

二、设计中金属材料缺陷的弥补

在设计选材中，金属材料的适应性限制了其使用方式，但人类从来都不会以此为由束缚自己对金属材料运用的主动性，而是在设计选材中充分发挥其主观能动性，开拓金属材料应用的新领域。设计师对金属材料的创造性应用是通过合理的设计，因势利导地发挥金属材料的“材性”，即针对材料某方面性能的不足，设计合理的造型、结构或选择适合的工艺来弥补材性的不足。

1．以造型弥补金属“材性”的不足

在设计中以造型弥补“材性”的不足，即以材料容易加工出的造型弥补材料物理性能的不足。

在设计中通过造型来弥补材料物理性能不足的例子较为常见。比如铁的密度远大于水，人们通过设计凹面形状制成船，使铁制的轮船能够浮在水面上，弥补了密度过大的局限。如图5-25所示，金属的导热性好，在作为水杯材料时，水的热量容易透过金属流失，不易保温，并容易烫手。设计师通过改变其外在形式，把水杯设计成双层样式，中间保持真空来隔热，那这个金属杯子就克服了材料在隔热性能方面的局限，变得隔热保温了。

2．以“结构”弥补金属“材性”的不足

结构是造型中形态支撑的重要手段。在设计中以合理的结构弥补“材性”的不足，即以某种稳定的结构弥补材料机械性能的不足。

通常冲击荷载是最易让结构遭到破坏的外

在力量。这种外力主要来自于其他物体的撞击、震动。同时，材料自身的应力变化也是对结构造成影响而不容忽视的外力。由于受湿度和温度的影响，金属材料会产生膨胀和变形，这会对产品的使用带来安全隐患。为了防患于未然，应在造型最初的结构设计阶段就充分考虑它，如预留伸缩缝、预设变形余量、强化结构的刚性等。

因此，在平时的设计实践中，设计师应当发挥主观能动性，设计出合理的结构来弥补材料在机械性能上的不足。

3. 以“工艺性”弥补金属“材性”的不足

在设计实践过程中，设计师要以其主动性，积极地以工艺、技术弥补材料的不足，以适应多种成型工艺的需求，创造出更多、更好的实用品。在设计中以“工艺性”弥补“材性”的局限，即以合理的工艺弥补材料加工性能、化学性能、机械性能等的局限。如金属材料具有良好的综合性能，但大多数金属材料的耐腐蚀性不强，容易生锈，为克服金属材料在这方面的不足，设计师可以充分借助各种表面处理工艺，或改变它的表层性能，或进行涂覆等，这都将延长金属制品的使用寿命，且长时间保持其良好的外观效果。再如，金属表面拉丝工艺可以很好地掩盖生产中的机械纹和合模缺陷等。因此，在设计活动中，设计师可以通过工艺技术弥补金属材性的不足，拓宽金属材料的应用领域。

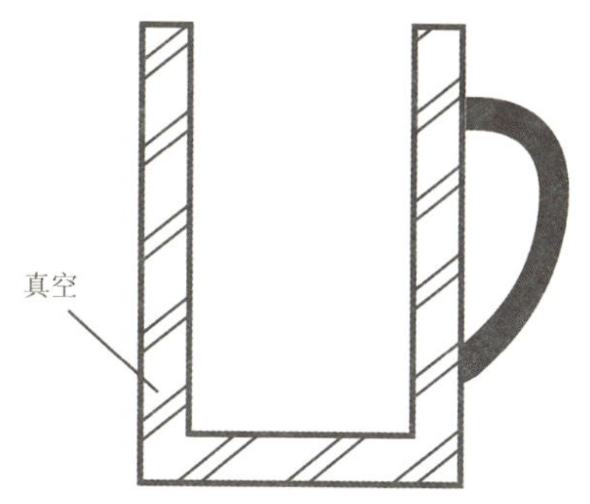

图5-25 金属水杯结构图

图5-26 金属水笼头

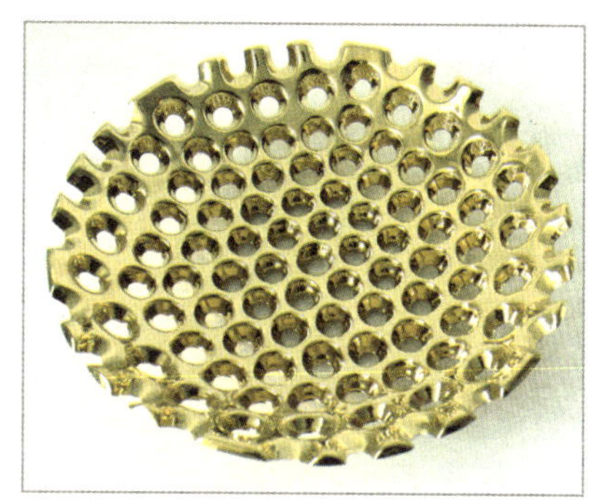
图5-27 金属果盘

三、设计中金属材料与工艺运用的典型案例

金属材料以其广泛的适应性成为人们衣、食、住、行中必不可少的要素，它不仅是构建人们生存空间的物质材料，还影响着人们的生存方式。在现实生活中，对金属材料的应用有合理的，也存在着许多不合理的，而合理地选用金属材料都是从内外因素综合考虑，最终实现选材中内在因素和外在因素的一致性。下面将从金属的选材与工艺上介绍金属材料的应用实例。

1. 表面精加工处理

（1）切削和研削

定义：利用刀具或砂轮对金属表面进行加工的工艺。

效果：得到高精度的表面。

（2）研磨

定义：是指可以达到把金属表面加工成平滑面效果的工艺。

效果：可以得到光面、镜面、梨皮面的效果。

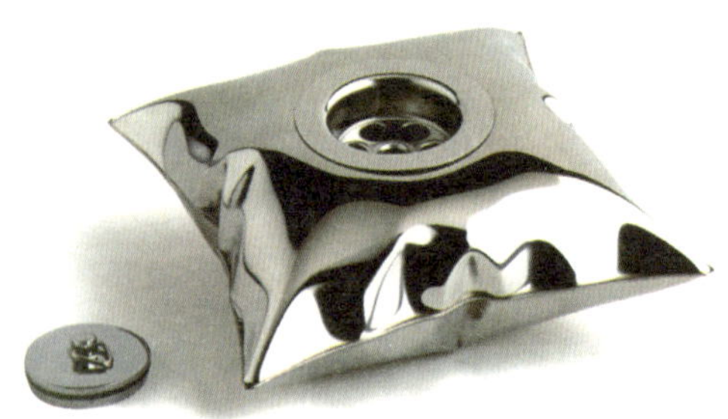

图5-28 抛光不锈钢容器

图5-29 抛光桌台设计

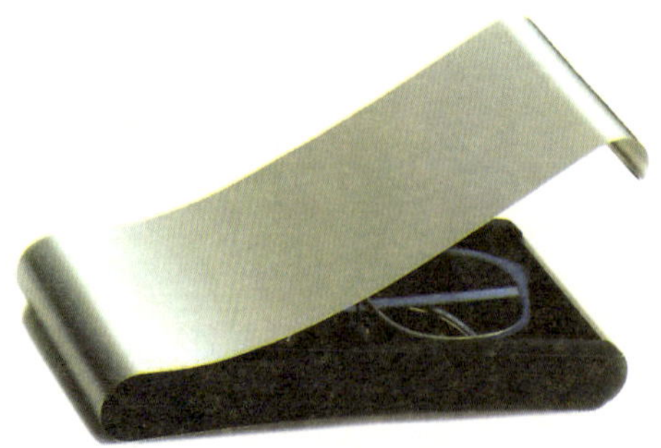

图5-30 眼镜盒设计

（3）表面蚀刻

定义：使用化学酸进行腐蚀而使金属表面得到一种斑驳、沧桑装饰效果的加工工艺。

原理：用耐药薄膜覆盖整个金属表面，然后用机械或者化学方法除去需要凹下去部分的保护膜，使这部分金属裸露。接着浸入药液中，使裸露的部分溶解而形成凹陷，获得纹样，最后用其他药液去除保护膜。

设计案例分析：

产品名称：带塞子的抛光不锈钢容器

设计师：斯蒂芬·纽拜

设计讲解：这些视觉效果柔和的枕头造型与其坚硬的钢质地形成了强烈的对比。抛光研磨工艺的应用使得这些枕头看起来并不如我们想象的那样坚硬，外观柔和而灵活，简直就像我们平常见到的普通枕头。

产品名称：桌台设计

设计师：罗恩·阿拉德（Aon Arad）

设计讲解：镜面抛光工艺的应用，使得普通的餐桌变得极其生动活泼。想象一下坐在桌子旁吃水果并欣赏桌上风景的情景吧。即使坐在旁边也是一种享受。

产品名称：眼镜盒

设计师：林德伯格公司

设计讲解：林德伯格公司为其一款造型简洁独特的眼镜框专门设计了这个眼镜盒。不锈钢材料要具有亚光的效果，可以通过研磨、喷砂和化学处理等工艺达到。在这款设计中，研磨工艺的应用，使得眼镜盒的设计更加朴素、简洁。整个设计的理念在材料、造型和功能之间达到完美的和谐。

2. 表面层改质处理

定义：表面层改质处理是通过化学或者电化学的方法将金属表面转变成金属氧化物或者

无机盐覆盖膜的过程。

效果：改变金属表面的颜色、肌理及硬度，提高金属表面的耐蚀性、耐磨性及着色性。

设计案例分析：

产品名称：韩国Ramos|蓝魔

设计讲解：Ramos|蓝魔RM—808方形全金属黑色机身，显得非常有气质。硬朗的线条，金属质感，正面采用时尚简约嵌入式高耐磨纳米镜片，采用高科技阳极氧化处理技术，比时下所谓UV亮面喷漆效果要更时尚前卫，彰显华丽贵气。

3. 表面被覆处理

原理：通过在材料表面覆盖一层皮膜，从而改变材料表面的物理化学性质，赋予材料新的表面肌理、色彩等。

类别：

（1）镀层被覆

定义：利用各种工艺方法在金属材料的表面覆盖其他金属材料的薄膜，从而提高制品的耐蚀性、耐磨性，并调整产品表面的色泽、光洁度以及肌理特征，以提高制品档次。

缺点：镀层色彩单调，对产品大小形状有所限制。

（2）涂层被覆

定义：在金属材料的表面覆盖以有机物为主体的涂料层的加工工艺，也被称为涂装。

目的：保护作用；装饰作用；特殊作用——隔热、防辐射、杀菌等。

优点：能赋予产品丰富的色彩和肌理。

缺点：涂层会老化和磨损，容易被划伤导致保护膜破损，使底层金属锈蚀。

（3）搪瓷和景泰蓝

原理：用玻璃材质覆盖金属表面，然后在800℃左右进行烧制而成。

效果：使金属材料表面坚硬，提高制品的耐蚀性、耐磨性，赋予产品表面宝石般的光泽和艳丽的色彩，具有极强的装饰性。

缺点：脆性高，不耐冲击，在急冷急热或变形冲击下，容易脱落。

（4）金银错

定义：又称为错金银，是先秦时期发展起来的一种用金银装饰青铜器物表面的工艺。

原理：在青铜器表面铸出或者錾刻出所需要的图案和铭文的凹槽，然后嵌入金银丝、片，捶打牢固，再用蜡石错磨，使嵌入的金银丝、片表面与青铜器的表面光滑过渡，最后用清水和木炭进一步打磨，使表面光泽更加光艳。

特点：青铜和金银的不同色泽互相映衬，图案、铭文透出华丽和典雅。

图5-31 韩国Ramos 蓝魔设计

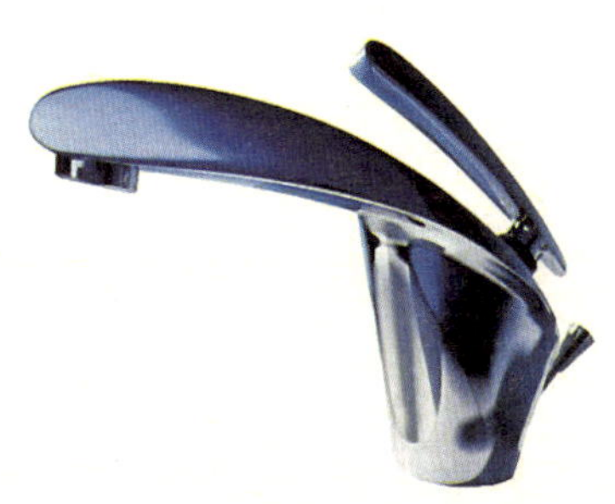

图5-32 吉而诺水龙头

图5-33 明月椅设计

图5-34 弹性回火钢椅设计

图5-35 景泰蓝设计

设计案例分析：

产品名称：吉而诺水龙头

设计师： 马西莫·伊奥萨·吉尼

设计讲解：高雅的设计造型，表面装饰性的镀铬层，使得水龙头具有精致细腻如镜面一般的抛光效果。将造型和材料表面效果完美地结合在一起，水流出来的时候，水龙头表面能倒映出水的姿态。

产品名称：明月椅

设计师： 仓右四郎（日）

设计讲解：该设计像一个闪着光的幻想。设计者通过采用能引起人们好奇心的网状材料和对部件的巧妙使用，在其诗境化的设计中向人们传达了精致的空间感和轻盈感。椅子由9部分镀镍钢丝网焊接而成，各部分的边缘相交焊接点同时覆盖环氧树脂，底部四边采用钢条加固，以支撑椅子的框架。

产品名称：弹性回火钢椅

设计师： 罗恩·阿拉德 （Aon Arad）

设计讲解：椅子由四部分组成，造型简单明快。采用1mm厚的优质钢材组成，钢材经过回火处理，具有良好的韧性，弹性优越，就有强烈的视觉效果，给人华丽、精致和现代感。为了使椅子发亮的表面在搬运和使用中不留下滑痕，其表面覆盖有一层塑料膜。

产品名称：景泰蓝

设计讲解：中学课本里的一篇《景泰蓝的制作》使得中国人对这种传统的工艺品既熟悉又亲切。在中国，景泰蓝、玉器、漆器和牙雕被称为传统工艺美术中的“四大名旦”，但令我们痛心的是，这些老祖先们传下来的工艺，至今已是七零八落，多种工艺濒临失传或已经失传。

产品名称：黄铜喇叭

设计讲解：这款设计是采用电铸工艺成型

的。大多数的加工方法是通过改变材料的状态来实现最终的造型。而电铸工艺则是通过在模具表面缓慢积淀一层具有一定厚度的金属层来实现造型。该工艺简单，成本相对低廉。另外，该工艺还有一个优点，即沿着模具表面形成的金属镀层厚度十分均匀。

产品名称：驰为M20

驰为M20是首家采用了独创性的航空级的全压铸模锻工艺的高清MP5，不仅牢固耐用，抗摔、抗压，而且能够防掉色，防划花。全压铸模锻工艺使得驰为M20在品质上和个性化方面比其他高清MP4明显技高一筹。

全压铸工艺也称为极限成型工艺，压铸模锻工艺是一种在专用的压铸模锻机上完成的工艺，是一种将熔融合金液倒入压室内，以高速充填钢制模具的型腔，并使合金液在压力下凝固而形成铸件的铸造方法。采用压铸模锻工艺的材料的抗拉抗压能力，比普通铸造合金要高近一倍。

除此之外，采用压铸模锻工艺生产的模具，具有尺寸精确、表面光洁等优点，一般外表面光洁度达到7级，富有金属光泽，比采用塑胶等普通模具的产品在质感、使用手感等方面都明显更胜一筹。

图5-36 驰为M20

第八章

CHAPTER SIX 塑料的设计表现力

[本章学习目标与要求]

了解塑料的发展历史、组成、类型及基本特性；了解设计中常用的塑料及塑料的工艺特性；掌握塑料在设计中的应用方式及常用加工工艺。

[本章学习重点]

塑料的成型工艺及加工工艺；塑料在设计中的应用形式及特性。

[本章学习难点]

产品设计中塑料的应用方式及加工工艺。

第一节 塑料材性概述

塑料作为一种具有多种特性的现代材料，第二次世界大战后在世界各国获得迅速的发展，主要原因是塑料的原料广泛，性能优良（质轻，并具有电绝缘性、耐蚀性、耐药性、绝热性等），加工成型方便，具有装饰性和现代质感。而且，塑料的品种繁多，价格比较低廉，在仪器、仪表、家用电器、医疗器械、交通运输、农业轻工、包装日用杂货乃至生活领域的各个方面都获得广泛的应用。在工业设计中，合理使用塑料可获得事半功倍的效果。例如，若设计的零部件是用于化工设备，则可选用聚四氟乙烯、氯化聚醚等耐腐蚀性极好的材料；若对于要求足够强度、刚性、耐冲击性、耐震性以及良好外观的汽车保险杠，则应选用聚丙烯、聚碳酸酯等具有高刚性、高耐冲击性、可焊接以及有良好表面光泽的材料。近年来，塑料工业发展很快，为适应这种发展趋势，设计人员需要熟悉掌握塑料的性能和用途，才能有助于研究材料应用的相适性。

一、塑料发展历史

塑料是一类很重要的合成高分子材料。在20世纪初，塑料这个词最初是用来表示改性的天然聚合物，后来，很多用合成法生产的聚合物都被称为塑料（图6-1）。塑料的最初发明来自西方国家，英语中对塑料“Plastic”的解释为：可塑的，能被塑造成型的（Capable of being shaped or formed）。在物理学领域的解释是：塑性的，能历经持续变形而不断裂并松弛的（Capable of undergoing continuous deformation without rupture or relaxation）。这些词义都体现了塑料的性质。现在塑料在工业上的定义就是一类以合成树脂为基本成分，加入一定量不同添加剂的混合物，在一定温度、压力和时间下可制成规定形状和尺寸且具有一定功能的塑料制品。

最初的合成树脂产生于摄影师的暗房实验，当时它被用于制作类似于今天照相胶片的

图6-1 各种塑料材料

物体。19世纪50年代，它与其他填料混合后产生了一种可弯曲的硬材料，被称为“帕克辛”，那便是最早的塑料。“帕克辛”当时被制作成了各类物品：梳子、笔、纽扣和珠宝饰品等。然而，这种最初的塑料在当时并没有工业生产并大量运用，直到后来纽约的约翰·韦斯利·海亚特改进了“帕克辛”的制造工序，制成了“赛璐路”（当时也被成为假象牙）。最初使用“赛璐路”代替来源紧缺的象牙制作台球，不久后就开始用塑料制作出各种各样的产品，人们开始挖掘塑料的新用途。早期的塑料耐热性较差，限制了用它制造产品的范围。第一个能成功地耐高温的塑料是“贝克莱特”（即酚醛塑料）。1906年，美国的贝克兰首次合成了酚醛塑料，耐热性非常优良。可以应用于更多的生产领域，酚醛塑料的发现与使用是塑料材料应用的真正开端。到20世纪30年代，尼龙（图6-2）被制造出来，为此后各种塑料的发明和生产奠定了基础。后来由于第二次世界大战中石油化学工业的发展，塑料的原料以石油取代了煤炭，塑料制造业也得到飞速的发展。

塑料相对于金属是一种质量较轻的材料，加热能变软，可随心所欲地成型为各种复杂的形状，因此具有独特的造型性能。同时，塑料制品色彩鲜艳，重量轻，不怕摔，经济耐用，给人们的生活带来了诸多方便，也极大地推动了工业与设计的发展。但同时，由于塑料是从石油或煤炭中提取的化学石油产品，较难自然降解，即使埋在地下200年也不会腐烂降解，而且大量的塑料废弃物填埋在地下，会破坏土壤的通透性，使土壤板结，影响植物的生长。塑料在现代社会的大量应用给人类的生存环境带来极大威胁。大量的废弃塑料作为垃圾被埋在地下，无疑给本来就缺乏的可耕种土地带来更大的压力。因此，在塑料大量运用的今天，除了要针对其性质“因材施用”，还要注意其对自然环境等方面的影响，以达到材料与产品内外部因素的全面相适。

二、塑料的组成与分类

1. 塑料的组成

塑料由合成树脂、填充剂、增塑剂、润滑剂、着色剂、固化剂、稳定剂、阻燃剂等组成。总的说来其成分主要分为两类：合成树脂和添加剂。

（1）合成树脂

合成树脂是用人工合成的方法，将低分子的有机化合物（一般是指从石油、天然气、煤或农副产品中提炼出的物质）作为原料，经过化学合成而制造出的与天然树脂某些性能相似的树脂状产物，是塑料中能起粘结作用的部分，也叫粘料，使塑料具有成型性能。合成树脂是塑料的主要成分，一般约占塑料全部组分的40%~100%。虽然添加剂能改变塑料的性能，但树脂的种类、性质以及它在塑料中占有比例的大小，对于塑料的性能起着决定性作用。

特别要提到的是合成树脂和塑料两个名称的区别，塑料是以合成树脂为主要成分，再添加多种添加剂制备的可塑性材料，这和合成树脂是有区别的，但在实践中合成树脂和塑料之间的定义很难严格区分，树脂合成过程中也要加入一些添加剂，这与塑料加工过程类似，而某些树脂加工过程中没有加入任何添加剂，也可称为塑料制品。因此，基本上约定俗成不严格区分二者名称。

（2）添加剂

添加剂是添加在合成树脂中可以改善或调节塑料性能的辅助剂。常用的添加剂有填料、增强剂、增塑剂、润滑剂，着色剂、抗氧剂、光稳定剂、固化剂、阻燃剂等。以同一树脂为基础的塑料，所含添加剂品种和数量不同，性能亦有很大差别，这就使得塑料的品种、品级出现了性能的多样化和应用的广泛性。

填充剂，又称填料，在许多塑料中占有相当的比重，约占20%~60%。加入填料的主要目的是弥补树脂某些性能的不足，以改善塑料的性能。

增塑剂，是用来提高树脂可塑性与柔软性的一种添加剂。增塑剂的作用主要是使高分子

图6-2 常见尼龙绳

材料具有好的弹性及韧性，更有利于塑料产品的成型。

润滑剂，是塑料在成型加工过程中为防止粘模而采用的一种添加剂。润滑剂可使塑料制品的表面美观光亮。

着色剂，是在塑料中用来着色的有机染料或无机颜料，它能使塑料制品具有美丽的色彩，以满足使用上的要求。

固化剂，是在热固性树脂成型时，由线型结构转变为体型结构的过程中所加入的某种物质。它的作用在于通过交联使树脂具有体型网状结构，成为较坚硬和稳定的塑料制品。采用哪一种固化剂，视塑料品种及加工条件而定。

稳定剂，是为防止某些塑料在光、热或其他条件下过早老化，延长制品的使用寿命所加入的少量物质。一般稳定剂的用量为千分之几。稳定剂有抗氧剂和紫外线吸收剂等。一般抗氧剂为酚类及胺类等有机物，常用的紫外线吸收剂为炭黑。

阻燃剂，是用来遏止燃烧或造成自熄的物质。比较成熟的阻燃剂有氧化锑等无机物或磷酸酯类和含溴化合物等有机物。

塑料的添加剂除上述几种外，还有抗静电剂、发泡剂、溶剂和稀释剂等。添加剂的种类较多，并非每一种塑料要加入全部添加剂，而是根据塑料品种和产品的功能要求加入所需的某些添加剂。

2. 塑料的分类

塑料种类繁多，通常可以按如下四种方法分类：

（1）按受热时的行为分类

热塑性塑料：热塑性塑料加热时变软以至熔融流动，冷却时凝固变硬，这种过程是可逆的，可以反复进行，工艺上具有多次重复加工性。聚烯烃类、聚乙烯基类、聚苯乙烯类、聚酰胺类、聚丙烯酸酯类、聚甲醛、聚碳酸脂、聚砚、聚苯醚等，都属于热塑性塑料。

热固性塑料：热固性塑料在第一次加热时可以软化流动，加热到一定的温度时产生化学反应，交联固化而变硬，其过程是不可逆的，再次加热已不能变软，工艺上不具备重复加工性。酚醛、脂醛、三聚氰胺、环氧、不饱和聚酯、有机硅等，都属于热固性塑料。

（2）按塑料中树脂合成的反应类型分类

聚合类塑料：塑料中的树脂是由含有不饱和键的单体在引发剂（或催化剂）存在下按自由基等机理进行聚合反应所形成的。

缩聚类塑料：塑料中的树脂是由单体通过缩聚反应所形成，在此过程中有低分子副产物生成。

（3）按塑料中树脂大分子的有序状态分类

按树脂大分子的有序状态为分类标准，主要将塑料分为无定性塑料和结晶型塑料两种：

无定性塑料：树脂大分子的分子链的排列是无序的，不仅各个分子链之间排列无序，同一分子链也像长线团那样无序地混乱堆砌。

结晶型塑料：树脂大分子链的排列是远程有序的，分子链相互有规律地折叠，整齐地紧密堆砌。

（4）按性能特点和应用范围分类

按性能特点和应用范围，可大致将现有的塑料分为通用塑料、工程塑料和特种塑料三大类。但要注意的是，这种分类并不十分严格，随着通用塑料工程化（也叫优质化）技术的进步，通过改性或合金化的通用塑料，已可以在某些领域替代工程塑料。在设计领域以材料应用为主，因此多采用这种分法。（表6-1）

表6-1 塑料分类示意图

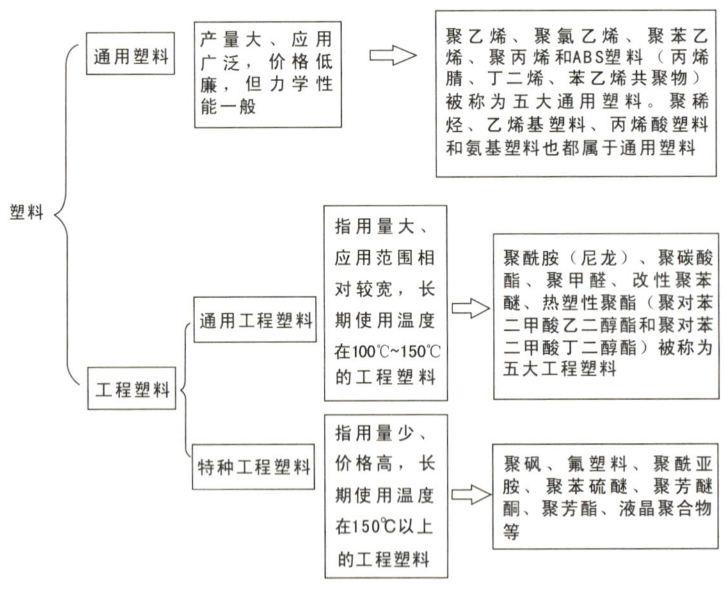

通用塑料：是指产量大、应用范围广泛、价格低、综合性能较好但力学性能一般的一类塑料。主要用于非结构材料。

工程塑料：是指物理力学性能及热性能好，能在较宽的温度范围和苛刻的物理、化学环境下使用的塑料。价格较昂贵，性能优异，可作为结构材料。工程塑料用途范围相对狭窄，一般都是按某些特殊用途生产一定批量的材料。但随着科技的发展，当今工业部门和工程对工程塑料的需求量迅速增长，推进了工程塑料的工业化进程。工程塑料一般分为通用工程塑料和特种工程塑料两种。

目前，塑料已在工业产品材料中占据重要地位，从国防工业到民用工业、从尖端技术到一般工农业生产部门，都可见到塑料制造的零部件。塑料在工业产品中的大量应用，正逐渐改变过去那种工业产品外观材料由金属独揽的情况，给现代产品增添了时代感。塑料在产品设计中得到越来越广泛的应用。

三、塑料的基本特性

1. 塑料的一般特性

塑料的品种规格繁多，不同品种规格的塑料具有不同的物理、化学、机械性能。总的来说具有以下一些基本特性：

（1）质量轻、强度高

塑料的密度约为钢的1/6，铝的1/2。由于质量轻，塑料的比强度（按材料单位重量计算的强度）较高。若按比强度来衡量材料性能，塑料并不逊于金属，算是现代工业中强度较高的造型材料。质轻对于减轻机械设备的重量非常有利，特别是对于那些要求全面减轻自重的车辆、船舶、飞机、火箭、导弹、人造卫星和其他尖端设备来说，更具有重要意义。日常生活中塑料特别适合制造轻巧的日用品和家用电器零件，如图6-3所示为生活中常见的塑料用品，它们都具有质轻且强度高的特点。

图6-3 生活中各种塑料产品

图6-4 工程塑料PC

图6-5 苹果笔记本ibook

图6-6 聚酯塑料工具箱

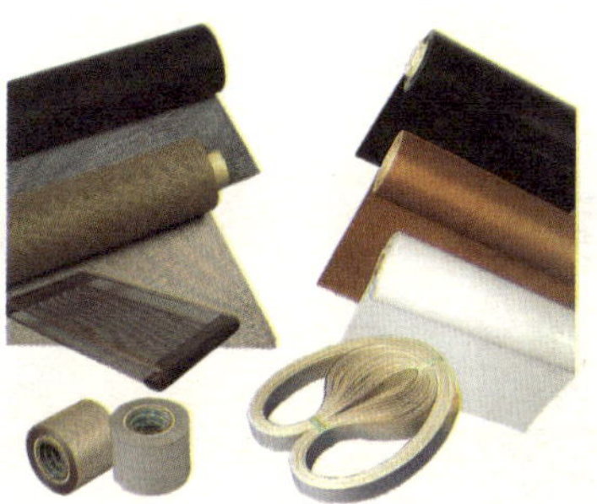
图6-7 聚四氟乙烯玻璃纤维漆布

图6-8 多功能螺丝刀

（2）较好的化学稳定性

塑料一般都有较好的化学稳定性，对酸碱等化学物具有良好的抗腐蚀性能。例如图6-7，聚四氟乙烯能耐各种酸碱的侵蚀，甚至在能溶解黄金的“王水”中煮沸时，仍不受影响。

（3）优异的电气绝缘性

几乎所有的塑料都具有优越的电绝缘性、极小的介质损耗以及优良的耐电弧特性。它们可以与陶瓷、橡胶等绝缘材料相媲美，在电器、电机、无线电和电子工业上应用塑料具有独特的意义。塑料被广泛地用来制造电绝缘材料、绝热保温材料以及隔音吸音材料。如图6-8所示为多功能螺丝刀，其手柄材料采用了乙酸酯纤维素塑料，可以很好地绝缘。

（4）优良的耐磨性、减摩性和自润滑性

塑料的硬度比金属低，但是塑料的摩擦、耐磨损性能却远远优于金属。塑料的摩擦系数较低，同时，许多塑料本身就具有润滑性，如聚四氟乙烯、尼龙等。

（5）良好的消声性和吸振性

采用塑料制成的传动摩擦零件，可以减少噪音，降低振动，提高运转速度。例如采用塑料齿轮可提高其运转稳定性，并能减少噪音，改善了劳动环境。

（6）优异的光学性能

塑料的折光率较高，并且具有很好的光泽。不加填充剂的塑料大都可以制成透光性良好的制品，如由有机玻璃、聚苯乙烯、聚碳酸酯等制成的产品都有晶莹透明的效果。目前，这些塑料已广泛地被用来制造玻璃窗、罩壳、透明薄膜以及光导纤维材料。如图6-9所示为Dandelion灯，由马泰奥·巴齐卡卢波和拉法埃拉·曼加罗迪设计。设计灵感来源于蒲公英，由许多晶莹透明的聚碳酸酯小喇叭组成，由于材料折光率好，可以使耗电量很低的二极管光源成倍扩散。

（7）多种防护性能

塑料的耐蚀性、绝缘性等，皆体现出塑料对其他物质的防护性。此外塑料还具有防水、防潮、防辐射、防震等多种防护性能，被广泛地用来制造食品、化工、航天、原子能工业的包装材料和防护材料。（图6-10）

2. 塑料特性上的缺陷

塑料虽然具有上述的优良性能，但也存在许多不足之处。在使用塑料时，还必须考虑以下几个问题：

（1）塑料性质随外部条件变化的问题

塑料的力学性质随外部条件的变化而改变，因此在产品设计中，必须充分考虑到塑料的力学性质随外部条件（如温度、应力状态、时间等）变化而变化的特点，注意安全并合理选用，从而正确设计塑料制品。例如，抗拉强度一般是指在室温和短时间内拉伸的测定值，但只要长时间保持负荷，即使在很低的负荷下，塑料制品也会慢慢地发生变形、伸长，以

图6-9 Dandelion 灯

图6-10 聚氨酯PU制品

致逐渐破坏。这种现象称为“蠕变”，使用温度越高越需注意，一般情况下只使用其抗拉强度值的1/3。而在连续承受交变负荷的使用场合，即使材料处于低应力状态，也容易发热，为此，需进行疲劳试验。一般说来，在受冲击时，塑料外表上有缺口的部件比无缺口的部件更容易折断，而且随缺口程度的增加该性质越发显著。所以重要的塑料零件和产品，一般根据实际使用需求，需设计一定的试验方法进行检验，以作为产品设计的依据。

（2）塑料的老化问题

塑料制品在使用过程中，由于受到氧、热、紫外光线、机械力、水蒸气以及微生物等因素的作用，逐渐失去弹性，出现龟裂、变硬变脆或发粘软化，失去光泽或变色，物理机械性能变差等现象，这种现象被称为塑料的老化。塑料与金属及工业陶瓷相比更容易老化。

改进塑料的抗老化能力主要从以下三个方面来进行：其一，表面防护，是指在塑料表面涂镀一层金属或防老化涂料，以隔离或减弱外界中的老化因素作用；其二，改进塑料的结构，减少塑料各层次结构上的弱点，提高稳定性，推迟老化过程；其三，加入防老化剂，消除在外界因素影响下高聚物中产生的游离基，或使活泼的游离基变成比较稳定的游离基，以达到防止老化的目的。

（3）塑料的耐腐蚀问题

塑料放置在自然界中不生锈，无外观变化，但完全抗强酸、强碱、无机化学药品、有机化学药品、溶剂类腐蚀的塑料仍然很少。被腐蚀后的塑料一般重量增加、体积膨胀、强度下降。

（4）塑料的带电问题

塑料有摩擦带电的现象，特别是在干燥的冬季，塑料制品更易吸附尘埃。所以，用塑料制作的椅子坐板或靠背易使化纤衣料纤维脱落。

（5）塑料的降解与环境问题

设计塑料产品时要注意材料的回收和降解，以保护生态环境。

四、塑料在设计中的特性

1. 塑料的质感分析

随着塑料材料科学及其加工技术的不断进步，塑料越来越受到设计师的青睐。产品在取得合理的功能后，产品表面的质感设计往往使产品形态成为更加真实、含蓄、丰富的整体，使产品以自身的形象向消费者显示其个性，向消费者感官输送各种信息，以满足他们对各种产品的新要求。

塑料质硬且具有适当的弹性和柔度，给人以柔和、亲切、安全的触觉质感。表面美观、光滑、纯净，可以注塑出各种形式的花纹皮纹，容易整体着色，色彩艳丽，外观保持性好，还可以模拟出其他材料的天然质地美，达到以假乱真的各种不同材质的外观效果，被大量地用作外观装饰材料。塑料可获得不同纹理的柔和的外观表面；也可模仿天然大理石制成人造大理石；在塑料原料中加入其他成分的原料，还可以获得各种意想不到的质感效果。例如有机玻璃本身具有无色透明、表面光洁以及犹如水晶般的质感，若再在甲基丙烯酸甲酯液体中加入染料，就能制成鲜艳夺目的彩色有机玻璃（图6-11），呈现出富丽堂皇、高雅的质

图6-11 彩色有机玻璃

图6-12 柔性PCB灯条

图6-13 透明树脂马桶盖

图6-14 Brazilia椅子

图6-15 全塑料轻型汽车

感效果；若在甲基丙烯酸单体中加入珠光粉和颜料就能聚合成珠光塑料，其特点是具有鲜艳的色彩和珍珠般的闪光效果。图6-12与图6-13所示产品展示了设计师们对塑料质感的独到理解，体现出了塑料优美、丰富的质感效果。我们在选用塑料时，材质肌理的独特处理和贴切的组合，往往是一件作品成功的重要元素。

2. 塑料的造型特点

塑料成型方便，易制作形状复杂的零件，因而产品的造型设计不受约束，可以比较自由地表达工业设计师构思的艺术形象。塑料产品可采用整体化设计，应用一次成型工艺来生产，过程十分简便。例如，用工程塑料制作工业产品的机壳、外观件和装饰件，可以把机壳、外观件和内部固定组件的支架连成一体，一次注塑成型。还有现在的许多家用电器，如造型新颖别致的电视机、吸尘器外壳等，其线型圆滑流畅，只有采用塑料制作才易成型，且经济美观、重量轻。在家具设计中，塑料一次成型的经典产品就更多。图6-14所示为“躺椅和脚凳”，由意大利的Zanotta设计，材料为冷铸造高强度光面聚亚安酯，其具有小山一样起伏的优美造型。

因此塑料的重要特性在于，可用最少的劳动将其加工成具有所需性能且几何形状复杂的产品。大部分塑料都可以用注塑或挤压等方法成型，且往往是一次成型，实现少切削或无切削加工，工序少，可提高生产率。它与用铸锻方法制造毛坯，再经切削加工的同类金属零件相比成本更低，这也是塑料在工业设计中的应用得到迅速发展的重要原因之一。例如，汽车横拉球头座，原用碳钢要经五道工序，批量生产每小时生产10个，改用尼龙后可一次成型，每分钟就生产10个。如图6-15所示这辆车为全塑料轻型汽车，车体板是热塑性塑料，应用了塑料的挤压成型和真空成型工艺，成型过程相对合金大为简化，充分展示了塑料制品在造型上相对传统合金材料的优势。

五、产品设计中常用的塑料

1. 五大通用塑料

（1）聚乙烯（PE）

聚乙烯是由单体乙烯聚合而成的聚合物（图6-16），乙烯单体通过石油裂解得到，属于热塑性塑料。易于加工成型，无味、无毒；抗冲击性能好，是一种典型的软而韧的聚合物材料；有十分优异的电绝缘性，能做高压绝缘材料；有良好的化学稳定性，在常温下各种酸、碱对其不起作用。

主要用途：①低密度聚乙烯常用于制造家具、玩具、家用电器和高透明塑料薄膜、塑料瓶等；②高密度聚乙烯常用于制造农药喷雾器的气室、摩托车的链条护罩板、汽车油箱等；③制作电线护套层、电缆绝缘护套等。

（2）聚氯乙烯（PVC）

聚氯乙烯是氯乙烯单体在过氧化物、偶氮化合物等引发剂作用下，或在光、热作用下聚合而成的聚合物，属于热塑性塑料，是最早工业化生产的塑料品种之一（图6-17）。目前产量仅次于聚乙烯，位居第二，但其密度、强度、刚度、硬度均高于聚乙烯。按加入增塑剂用量，聚氯乙烯可分为硬质聚氯乙烯和软质聚氯乙烯。软质聚氯乙烯坚韧柔软，具有弹性体性质；硬质聚氯乙烯强度、刚度、硬度较高，韧性较差，冲击强度很低，是脆性材料，冲击强度强烈地依赖于温度，低温下韧性差。特别需要注意的是，单体氯乙烯含有毒物质，这些物质遇水、酸、碱、酒精、油脂等便会溶出从而污染食品，人们食用显然是不安全的，在产品设计中要充分注意。

主要用途：聚氯乙烯的应用极为广泛，建筑领域、电子电器产品领域、日用品领域等均有它的制品。可制作各种管材、板材，家用电器外壳，办公用品、家具等。

（3）聚丙烯（PP）

聚丙烯是以丙烯为单体，经过多种工艺方法聚合制得的高聚物，通常为白色、易燃的蜡状物，属于热塑性塑料（图6-18）。它的相对密度小，是塑料中除4－甲基－1－戊烯之外最轻的材料，光泽性好，着色性好；机械强度、刚度、硬度在通用塑料中较高，具有优良

图6-16 生活中的聚乙烯产品

图6-17 聚氯乙烯（PVC）材料

图6-18 聚丙烯（PP）颗粒

图6-19 聚丙烯（PP）食物盒

的抗弯曲疲劳性；耐热性能良好（可以加热至150℃不变形），是很好的绝热保温材料。

主要用途：制作薄膜、纺织袋以及中空包装制品；制造汽车的内外装件，如方向盘、座椅靠背、行李架、窗框和灯罩等；制造电器外壳、家具、玩具、餐具（图6-19）、灯具等；还可制作新兴的纺织品聚丙烯无纺布。

（4）聚苯乙烯（PS）

聚苯乙烯是由苯乙烯单体通过自由基聚合而成（图6-20）。品种包括通用型聚苯乙烯和可发性聚苯乙烯（聚苯乙烯泡沫）。聚苯乙烯成本较低，是应用极广的热塑性塑料之一。材料表面有光泽，无味、无毒，相对密度小。常温下是透明的坚硬固体，透光率可达88%~90%。脆性大，无延伸性，易出现应力开裂现象；热导率小，受温度影响不显著，可作良好的绝热保温材料；耐候性不好，长期暴露在日光下会变色变脆，耐氧化性也差。通用塑料中最容易加工的品种之一，可以在很宽的温度范围内加工成型且易着色。

主要用途：①可发泡做填充物，泡沫制品是聚苯乙烯的主要用途之一。聚苯乙烯泡沫是目前广泛应用的绝热和减震材料。②用于制造仪表、电器外壳、汽车灯罩、仪器灯罩、化工贮酸槽、化学仪器零件、电讯零件等。③由于透明度好，可制作光学仪器与透明模型。

（5）ABS

ABS是由丙烯腈（AN）、丁二烯（Bd）、苯乙烯（St）单体接枝共聚而成的三元共聚物，具有三种组分的共同性能（即坚韧、质硬、刚性），属于热塑性塑料（图6-22）。通用塑料在近年来趋向“工程化”，目前已将ABS由原来归类为工程塑料，变为通用塑料，成为五大通用塑料之一。其外观为浅象牙色，不透明，有很好的着色性和光泽度，能制成各种具有高度光泽色彩效果的产品；力学性能优良，最突出的是冲击性能，有很好的强度和耐磨性；但耐候性较差，在紫外线或热作用下易氧化降解，设计户外产品时，选择ABS为材料要注意这一点。ABS易于表面印刷、涂层，有很好的电镀性能，是极好的非金属电镀材料。

主要用途：ABS作为通用塑料的重要品种，由于具有工程塑料的一些性能，其应用十分广泛，适宜制造机械强度要求较高的产品，大量应用在汽车、电子电器和各种设备的制作

图6-20 聚苯乙烯（PS）材料

图6-21 聚苯乙烯（PS）饮料瓶

图6-22 ABS材料

图6-24 尼龙绳（聚酰胺PA）

图6-26 聚碳酸酯眼镜

图6-23 ABS材料的电脑机箱

图6-25 尼龙灯（聚酰胺PA）

图6-27 聚碳酸酯质的盒子

上。例如，图6-23为ABS制作的机箱外壳，利用了材料坚韧、质硬且具有光泽的特性。另外还可以制造各种用途的管材、容器、乐器、文具、玩具、家具等。

2. 五大通用工程塑料

（1）聚酰胺（PA，俗称尼龙，图6-24）

聚酰胺通常称为尼龙，是在聚合物大分子链中含有重复结构单元酰胺基团的聚合物的总称。聚酰胺是开发最早、使用量最大的热塑性工程塑料。其制品坚硬、表面有光泽，为白色至淡黄色；具有优良的力学性能，拉伸强度、刚性都比较好，冲击强度和耐磨耗性突出；耐候性一般，若长期暴露在大气环境中，会变脆，力学性能明显下降，在产品设计中应用时尤其要注意这一点。

PA主要用途：在机械工业领域广泛用来代替铜以及其他有色金属制作机械、化工、电器零件；在汽车工业、交通运输业、电子电气工业、包装业、体育器材以及家具制造业、日用品等领域也越来越广泛地使用聚酰胺塑料。如图6-25所示为设计师罗·阿拉德、杰弗·克罗斯等设计的著名尼龙灯具，可以随意拉长。其功能与材料良好的拉伸强度和耐磨耗性十分符合。

（2）聚碳酸酯（PC，图6-26）

聚碳酸酯是指分子主链中含有碳酸酯基的高分子聚合物。材料透明，呈轻微淡黄色，透光率很高，无毒、无味、无臭；具有优良的力学性能，最突出的优点是冲击韧性极高，是一种既刚又韧的材料。在很宽的温度范围内具有高度的尺寸稳定性，常被人们誉为“透明金属”，有很高的耐热性和耐寒性，长期使用温度可在-100℃~130℃范围内，因此可制作对温度要求较高的聚碳酸酯质的盒子（图6-27），材料性质与产品所要求的功能十分适合。另外，材料耐候性较好，在空气中较稳定，在室外暴露一年其机械性能基本不变。

主要用途：①汽车照明系统：现代车灯设计造型美观，形状复杂多样，灯玻璃要有很高的弯曲率，使用聚碳酸酯代替玻璃，大大简化了工艺，成为车灯玻璃首选替代品。②电子电器领域：大量用于制造办公设备、通讯设备和电子电器设备的外壳与元件。③其他领域：可制作摄像器材镜头、眼镜镜片；透明医疗器械；透明包装容器；光盘材料；高层建筑的采光屋顶；室内和商厦的灯具外壳等。

（3）聚甲醛（POM）

聚甲醛是一种无侧链、高密度、高结晶度线性聚合物，具有优异的综合性能。材料表面光滑且有光泽，着色性好，吸水性小；力学性能好，具有高弹性模量、硬度和刚性；热变形温度较高，短期使用温度可达到140℃；电绝缘性能优良，是一种综合性能良好的工程材料。

主要用途：在汽车、机床、精密仪表工业、化工、电子、纺织、农机等领域均获得广泛应用，主要是代替部分有色金属与合金制作一般结构零部件、耐磨耐损耗以及需要承受高负荷的零件。用量最大的是汽车工业、机械制造、精密机器、电器通讯设备乃至家庭用具等领域。

（4）聚苯醚（PPO，图6-29）

聚苯醚又称为聚亚苯基氧，是一种线型的、非结晶性的聚合物，综合性能优良，具有很高的拉伸强度和抗冲击性能，刚度和硬度都比较大；有优良的耐化学药品性、耐热性、电绝缘性；具有很好的耐沸水性能，可以在高温下作为耐水制品使用；成型收缩率较低，废料可重复使用3次左右，用于制造对性能要求不高的产品。聚苯醚虽然具有许多优异性能，但加工性能差、制品易开裂，使其应用受到限制。

主要用途：聚苯醚广泛应用于国防工业、电子工业、航空航天、仪器仪表、医疗器械等方面，制造在较高温度下工作的齿轮、轴承、凸轮、运输机械零件、泵中轮、鼓风机叶片、水泵零件、煤气罐手柄等，并可代替有色金属和不锈钢制作各种机械零件和外科手术用具。

图6-28 聚甲醛（POM）齿轮

图6-29 聚苯醚（PPO）彩球

（5）热塑性聚酯

特性概述：热塑性聚酯是由饱和二元酸和饱和二元醇缩聚得到的线性高聚物。热塑性聚酯品种很多，但目前最常使用的有两种：聚对苯二甲酸乙二醇酯（PET）和聚对苯二甲酸丁二醇酯（PBT）。它们的性能主要如下：①聚对苯二甲酸乙二醇酯：具有较高的拉伸强度、刚度和硬度，但也有一定的柔顺性、良好的耐磨性、耐蠕变性，并可以在较宽的温度范围内保持这些良好的力学性能；具有优良的电绝缘性；具有优良的耐候性，在室外暴露6年，其力学性能仍可保持初始值的80%。②聚对苯二甲酸丁二醇酯：结构和聚对苯二甲酸乙二醇酯接近，但它的柔顺性好一些，熔融温度和刚性都相对小一点。

主要用途：①聚对苯二甲酸乙二醇酯最主要用途是作为食品、药品、纺织品、精密仪器、电器元件等的包装，其制作的中空容器强度高、透明性好、无毒无味，是碳酸饮料、啤酒、食用油等广泛应用的塑料包装材料，当前市场上的矿泉水瓶采用的几乎都是这种材料。②聚对苯二甲酸丁二醇酯主要用途有：制作各种汽车零件，电子电气零件，各种电器外壳及组件，如电话机、室内外照明用具外壳、电吹风组件等。

六、塑料产品设计内部因素

塑料在产品设计中的应用还应注意其工艺上的设计原则，虽然这些规定看起来与塑料工艺的联系更为紧密，但在选材、用材过程中仍然要注意所设计的产品形态、结构与材料成型性方面的关系，以帮助设计师更好地进行选材。

1. 易于模塑

塑件的内外表面形状应设计得易于模塑，即在开模取出塑件时，尽可能不采用复杂的瓣合分型与侧抽芯，为此塑件要尽量地避免旁侧出现凹陷部分。通常，在产品设计中只有适当选择产品的结构，才能大大简化工艺。

2. 斜度

在塑件的内外表面，沿脱模方向均应设计足够的脱模斜度，否则会发生脱模困难，或顶出时拉坏擦伤塑件。塑件沿脱模方向常用斜度值为1°~1.5°，也可以小到0.5°，只有塑件高度不大时才允许不设斜度。

3. 壁厚

塑料制件的壁厚对塑件质量影响很大。壁厚过小成型时流动阻力大，大型复杂制品就难以充满型腔。壁件厚度的最小尺寸应满足以下几方面要求：具有足够的强度和刚度；脱模时能经受脱模机构的冲击与震动；装配时能承受紧固力。塑料制件规定有最小壁厚值。它随塑料品种牌号和制品大小不同而异。壁厚过大，不但造成原料的浪费，而且对热固性塑料的成型来说增加了压塑的时间，造成固化不完全；对热塑性塑料则增加了冷却时间，另外也影响了产品质量，如易产生气泡、缩孔、翘曲等缺陷。同一个塑料零件的壁厚应尽可能一致，否则会因冷却或固化速度不同而产生内应力。

4. 加强筋与其他防止变形的结构设计

加强筋的主要作用是增加制品强度和避免制品变形翘曲。单用增加壁厚的办法来提高塑料制品的强度，常常是不合理的，易产生缩孔或凹痕，此时可采用加强筋以增加塑件强度。在布置加强筋时，应避免或减少塑料局部集中，否则会产生缩孔、气泡。除了采用加强筋外，薄壳状的制件可做成球面或拱曲面，这样可以有效地增加刚性和减少变形。

图6-30 聚酯橡胶（TPEE）沙发

5. 支承面

以塑件的整个底面做支承面是不合理的，因为塑件稍许翘曲或变形就会使底面不平。常以凸出的底脚（三点或四点）或凸边来做支承。

6. 圆角

塑料之间除了使用上要求采用尖角之处外，其余所有转角处均应尽可能采用圆弧过渡，因制件尖角处易产生应力集中，在受力或受冲击振动时会产生破裂，甚至在脱模过程中由于模塑内应力而开裂。

塑件设计成圆角，使模具型腔对应部位亦呈圆角，这样增加了模具的坚固性，塑件的外圆对应着型腔的内圆角，它使模具在淬火或使用时不致因应力集中而开裂。同时，圆角也增加了产品的美观。但是在塑件某些部位如分型面、型芯与型腔配合处等不便做成圆角而只能采用尖角。

7. 孔的设计

塑件上常见的孔有通孔、盲孔、形状复杂的孔、螺纹孔等。这些孔均应设置在不易削弱塑件强度的地方。在孔之间和孔与边壁之间均应留有足够距离。孔与边缘之间的距离应大于孔径，塑件上固定用孔和其他受力孔的周围可设计凸边来加强。

8. 嵌件设计

为了增加塑件制件局部的强度、硬度、耐磨性、导磁导电性，或者为了增加塑件的尺寸

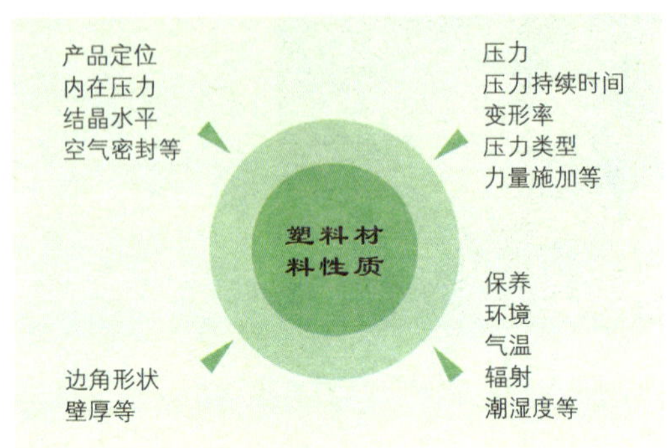

图6-31 塑料材料的外部属性

和形状的稳定性、提高精度，或者为了降低塑料消耗以及满足其他多种要求，塑料制件采用各种形状、各种材料的嵌件。但是采用嵌件一般会增加塑件的成本，使模具结构复杂，而且向模具中安装嵌件会降低塑件的生产效率，难以实现自动化。

七、塑料产品设计的外部因素

塑料在不同的操作环境下，其基本性质会随着不同的外界因素而改变（图6-31）。如果原材料在不适合的范围内加工，再好的设计也会失败。只有综合考虑产品所处的环境、应用的空间和时间等多方面内外部因素才能保证产品的质量。相比于金属材料，塑料对设计中的失误更容易受到影响，在设计塑料产品时，更需要配合其特性来进行设计。因此，在设计之前，必须对产品所有的要求和限制条件进行完整和细致的分析才能真正达到材料与产品的相适。

第二节 产品设计中塑料的工艺特性

一、塑料工艺发展历史

第一个半合成的高分子材料出现于1869年，Hyatt发明了硝酸纤维素用樟脑增塑后的赛璐路，然后通过挤出成型、注射成型实现各种制品的工业化，这标志着热塑性塑料时代的到来。现代的注射机和挤出机的原型在20世纪30年代确定。从20世纪30年代到70年代，这一时期不仅开发了多种塑料工艺，而且在中空吹塑成型、浇铸成型、压延成型等工艺技术和机械方面取得显著的进展，如聚乙烯工业的发展带动了中空吹塑技术的进步。

目前塑料的加工方法已达三四十种之多，其中应用较广泛的是注射成型、挤出成型、吹塑成型和压制成型这四种，尤其是注射成型的制品约占所有塑料制品的60%；其中压延成型、热成型、手糊成型、传递模塑成型、浇铸成型、缠绕成型 、喷射成型、醛涂成型等，也将随着成型的需要而将占据一席之地。随着材料技术和科技水平的不断提高，为适应更多成型的需要，开发出许多新的工艺技术，比如气体辅助注射成型、拉拔成型、片状模塑料成型、发泡成型等。为适应产品的实际需要，在满足其成型工艺的基础上，也相继开发出多种塑料的连接工艺和表面处理工艺，比如有机械连接、化学粘接、焊接和胶接等连接工艺；有电镀工艺、着色工艺、印刷工艺、涂装工艺、真空镀膜工艺等表面处理工艺。

二、塑料的工艺特性

塑料的工艺特性是指将塑料原料转变为塑料制品的工艺特性，即塑料的成型加工工艺特性。包括材料的成型工艺、加工工艺和表面处理工艺。根据加工时聚合物所处状态的不同，塑料成型加工的方法大体可分为三种：一是处于玻璃态的塑料，可以采用车、铣、钻、刨等机械加工方法和电镀、喷涂等表面处理方法；二是当塑料处于高弹态时，可以采用热压、弯曲、真空成型等加工方法；三是把塑料加热到粘流态，可以采用注射成型、挤出成型、吹塑成型等加工方法。

根据塑料热性能的不同，塑料可分为热塑性和热固性两大类，其工艺特性也有所区别。

1. 热固性塑料的工艺特性

（1）收缩率

收缩性是指塑料自模具中取出冷却到室温后，会发生尺寸收缩的特性。不同品种塑料的收缩率不同，影响制件收缩率的因素有塑料品种、塑件特性、模具结构、成型工艺等，如挤出成型、注射成型工艺一般收缩率较大。采用挤出或注射成型时，则要按塑料制件各部位的形状、尺寸、壁厚等特点选取不同的收缩率。

（2）流动性

流动性是指塑料在一定温度与压力下填充型腔的能力。流动性大，易造成原料填充模具型腔不密实、溢料过多、制件组织疏松、易粘膜及清理困难、原料和填料分头聚积、硬化过早等问题；流动性小，则易造成填充模具型腔不足、成型压力大、不易成型等问题。因此，所采用塑料的流动性必须与制件要求、成型工艺及成型条件相适应。

（3）比体积及压缩率

比体积为每1g塑料所占有的体积（cm^2/g）。在实际成型过程中，要根据比体积和压缩率的值来衡量其成型周期。

（4）硬化特性

硬化特性是指热固性塑料在成型过程中的加热受压下转变成可塑性的粘流状态，随之流动性增大，填充型腔，与此同时发生缩合反应，交联密度不断增加，流动性迅速下降，融料逐渐固化的一种特性。硬化速度可从保持时间来分析，它与塑料品种、壁厚、塑件形状、模温有关。硬化速度可通过调节预热或成型条件加以适当控制。在实际成型过程中，硬化速度应适合成型方法要求。如注射、挤压成型时要求在塑化、填充时化学反应慢、硬化慢，应保持较长时间的流动状态；当原料充满型腔后，在高温、高压下应快速硬化。

（5）水分及挥发物含量

各种塑料中含有含量不同的水分和挥发物，这类物质含量过多时将会导致塑料流动性增大、保持时间长、易溢料、易发生波纹、收缩增大、翘曲等问题，从而影响制件的机电性能；但当塑料过于干燥时将会导致流动性弱、成型困难。因此，不同的塑料应按要求进行预热干燥，在模具设计时，应对各种塑料此特性有所了解，并采取相应的措施，以满足制件成型的需要。

2. 热塑性塑料的工艺特性

（1）收缩率

热塑性塑料成型收缩的形式及计算与热固性塑料相似。影响其收缩的因素有塑料品种、塑件特性、进料口、成型条件等。从塑料品种来看，热塑性塑料的收缩率较大，收缩范围宽，方向性明显；成型后的收缩、退火或调湿处理后的收缩一般都比热固性塑料大。从制件的特性来看，壁厚、冷却慢、高密度层的则收缩大；有无嵌件及嵌件布局、数量多与少直接影响料流方向、密度分布及收缩阻力大小等。从进口料来看，直接进料口截面大（尤其截面较厚的）则收缩小但方向性大；进料口宽及长度短的则方向性小；距进料口近的或与物流方向平行的则收缩大。从成型条件来看，模具温度高，融料冷却慢、密度高、收缩大，尤其对结晶料则因结晶温度高，体积变化大，故收缩更大。因此，模具设计时应考虑各种塑料的收缩范围，制件壁厚、形状，进口料形式尺寸及分布情况，按经验确定制件各部位的收缩率，再来计算型腔尺寸。

（2）流动性

热塑性塑料流动性的大小，可从分子量大

小、熔融指数、阿基米德螺旋线长度、表面粘度及流动比（流程长度/塑件壁厚）等一系列指数来进行分析。模具设计时应考虑所用塑料的流动性，采用合理的结构。成型时也可控制原料温度、模具温度及注射压力、注射速度等因素来适当调节填充情况以满足成型的需要。

（3）结晶性

结晶现象是指塑料从熔融状态到冷凝时，分子由独立移动，完全处于无次序状态，变成分子停止自由运动，按略微固定的位置，并有使分子排列成为正规模型倾向的一种现象。热塑性塑料按其冷凝时有无出现结晶现象可分为结晶性塑料与非结晶性（又称无定型）塑料两大类。

（4）热敏性及水敏性

热敏性是指某些塑料对热较为敏感，在高温下受热时间较长或进料口截面过小，剪切作用大时，料温增高易发生变色、降聚、分解的倾向的特性。水敏性是指塑料在高温、高压下会发生分解的现象，对此类塑料必须预先加热。对于热敏性塑料而言，在模具设计、选择注射机及成型过程时，应选用螺杆式注射机，浇注系统宜大，模具和料筒应镀铬，不得有死角滞料的现象，并且必须严格控制成型温度，以减弱塑料的热敏性。

（5）应力开裂及熔融破裂

应力开裂是指某些塑料对应力敏感，成型时易产生内应力并致脆易裂，塑件在外力作用下或在溶剂作用下即发生开裂现象。熔融破裂是指一定熔融指数的聚合物熔体，在恒温下通过喷嘴孔时其流速超过某值后，熔体表面发生明显横向裂纹的现象。在模具设计时，应增大脱模斜度，选用合理的进料口与顶出机构等。

（6）热性能及冷却速度

各种塑料有不同的比热容、热传导率、热变形温度等热性能。对于比热容高的塑料而言，在塑化时需要的热量大，应选用塑化能力大的注射机。热变形温度高的，冷却时间缩短，脱模早，但要防止脱模后冷却变形。热传导率低的，冷却速度慢，必须充分冷却，要加强模具冷却效果。各种塑料按其品种特性及塑件形状要求，必须保持适当的冷却速度。

（7）吸湿性

根据对水分的亲疏程度，塑料大致可以分为吸湿、粘附水分及不吸水也不易粘附水分两种。塑料原料中含水量必须控制在允许范围内，否则将在高温、高压下水分变成气体或发生水解作用，导致树脂起泡、流动性下降、外观及机电性能不良等问题。

三、塑料成型工艺特性

1. 注塑成型工艺

注塑成型又称注射成型，是热塑性塑料的主要成型方法之一，也适应部分热固性塑料的成型。其原理是将粒状或粉状的原料加入到注射机的料斗里，原料经加热熔化呈流动状态，在注射机的螺杆或活塞推动下，经喷嘴和模具的浇注系统进入模具型腔，在模具型腔内硬化定型。（图6-32）

注射成型的模具具有一个型腔，其形状与需要加工成型的零件形状相反。熔融的塑料通过模具中心的浇注口进入，填充模具，溶液在模具内部形成了中空的形状。

注射成型工艺的优点有：能一次成型外形复杂、尺寸精确的塑料制件；可利用一套

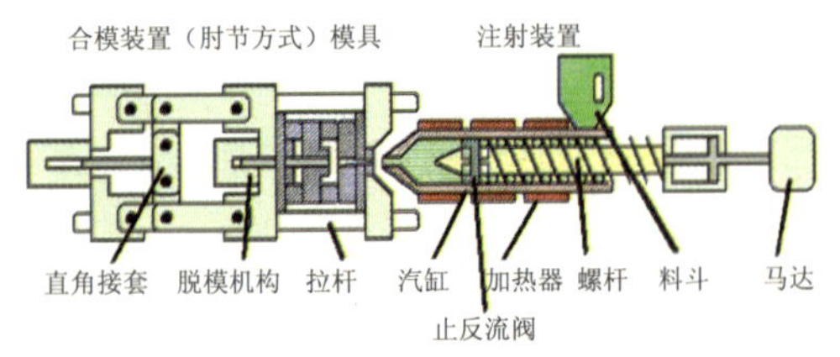

图6-32 注射成型原理图

模具，成批地制得规格、形状、性能完全相同的产品；生产性能好、成型周期短、可实现自动化或半自动化作业；原材料损耗小、操作方便、成型的同时产品可取得着色鲜艳的外表等。注塑成型工艺复杂，前期成本较高，但由于它可以进行快速、批量的生产，且成品率高，因此在产品设计中，注塑成型工艺被广泛应用于厨房用品（垃圾桶、碗、水桶、壶、餐具以及各种容器），电器设备的外壳（吹风机、吸尘器、食品搅拌器等），玩具与游戏，汽车工业的各种产品，其他许多产品的零件等。

目前，为了适应多种成型需要，开发了反应注射成型、气体辅助注射成型、流动注射成型、结构发泡注射成型、排气注射成型、共注射成型等工艺。

2. 挤出成型工艺

挤出成型又称挤塑成型，主要适合热塑性塑料的成型，也适合部分流动性较好的热固性和增强塑料的成型。其成型过程是利用转动的螺杆，将被加热熔融的热塑性原料，从具有所需截面形状的机头挤出，然后由定型器定型，再通过冷却器使其冷硬固化，成为所需截面的产品。挤出模口的截面形状决定了挤出制品的截面形状，但挤出后的制品由于冷却、受力等各种因素的影响，制品的截面形状和模头的挤出截面形状并不是完全相同的。

挤出成型工艺的优点有：设备成本低；占地面积小、生产环境清洁、劳动条件好；操作简单、工艺过程容易控制、便于实现连续自动化生产；生产效率高；产品质量均匀、致密；通过改变机头口模可成型各种断面形状的产品或半成品。

在产品设计领域，挤出成型具有较强的适用性。挤出成型的制品种类有管材、薄膜、棒材、单丝、扁带、网、中空容器、窗户、门的框架、板材、电缆包层、单丝以及其他异型材等。

3. 压制成型工艺

压制成型主要用于热固性塑料的成型，根据成型物料的性状和加工设备及工艺的特点，压制成型可分为模压成型和层压成型两种，这里着重分析模压成型工艺。

模压成型又称压缩模塑，是热固性塑料和增强塑料成型的主要方法（图6-33）。其工艺过程是将原料在已加热到指定温度的模具中加压，使原料熔融流动并均匀地充满模腔，在加热和加压的条件下经过一定的时间，使原料形成制品。酚醛、尿素甲醛和密胺都是典型的模压材料。模压成型制品质地致密、尺寸精确、外观平整光洁、无浇口痕迹、稳定性较好。在工业产品中，模压成型的制品有电器设备（插头和插座）、锅柄、餐具的把手、瓶盖、座便器、不碎餐盘（美耐皿）、雕花塑料门等。

4. 吹塑成型工艺（图6-34）

吹塑成型是将从挤出机挤出的熔融热塑性原料夹入模具，然后向原料内吹入空气，熔融的原料在空气压力的作用下膨胀，向模具型腔壁面贴合，最后冷却固化成为所需产品形状的

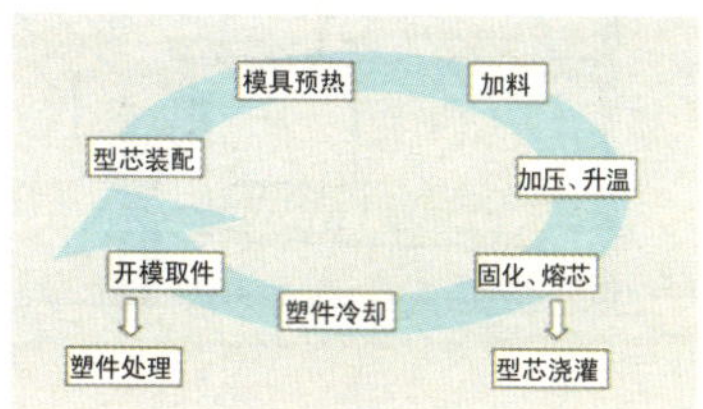

图6-33 模压成型流程

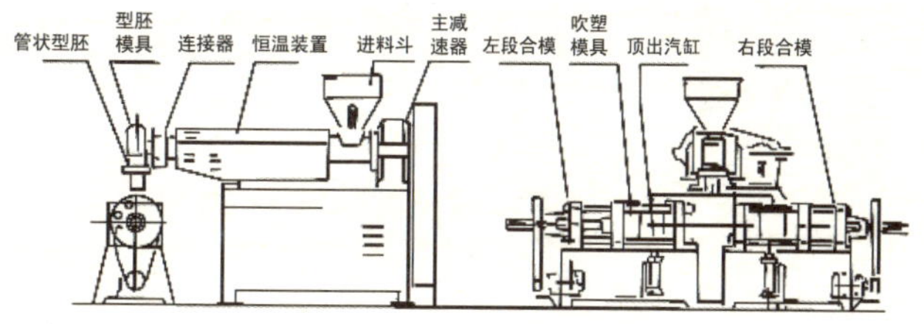

图6-34 吹塑成型工艺

方法。

吹塑成型分为薄膜吹塑和中空吹塑两种，主要用于制造塑料薄膜、中空塑料制品（瓶子、包装桶、喷壶、油箱、罐、玩具等）。用于吹塑成型的树脂有聚乙烯、聚氯乙烯、聚碳酸酯、聚丙烯、尼龙等材料。

薄膜吹塑是将熔融塑料从挤出机机头口模的环行间隙中呈圆筒形薄管挤出，同时从机头中心孔向薄管内腔吹入压缩空气，将薄管吹胀成直径更大的管状薄膜（俗称泡管），冷却后卷取。薄膜吹塑成型主要用于生产塑料薄膜。

中空吹塑成型是借助气体压力，将闭合在模具型腔中的处于类橡胶态的型坯吹胀成为中空制品的二次成型技术，是生产中空塑料制品的方法。中空吹塑成型按型坯的制造方法不同，有挤出吹塑、注射吹塑、拉伸吹塑。

5. 浇铸成型工艺

浇铸成型又称铸塑成型，它是将热固性塑料原料（最好是经预压成锭和预热的原料）加入模具加料室内，使其受热成为熔融态，并在活塞压力作用下经过浇铸系统，进入闭合型腔，塑料在型腔内继续受热受压而固化成型，最后打开模具取出制件。（图6-36）

浇铸成型工艺简单，成本低，可以生产大型制件，适用于流动性大而又有收缩性的塑料，如有机玻璃、尼龙、聚氨酯等热塑性塑料和酚醛树脂、不饱和聚酯、环氧树脂等热固性塑料成型。浇铸技术包括静态浇铸、嵌铸、离心浇铸、流延铸塑、滚塑成型和搪塑成型等。以下着重分析滚塑成型工艺。

滚塑成型工艺亦称旋转成型、回转成型。该成型方法是先将塑料加入到模具中，然后模具沿两垂直轴不断旋转并使之加热，模内的塑料在重力和热的作用下，逐渐均匀地涂布、熔融黏附于模腔的整个表面上，成型为所需的形状，经冷却定型而得到塑料制品。

滚塑成型适于模塑大型及特大型制件；适用于多品种、小批量塑料制品的生产；滚塑成型极易变换制品的颜色；适于成型各种复杂形状的中空制件；节约原材料。滚塑成型也存在一些缺陷，如制品内部易产生气泡，制品易出现弯曲、收缩、变色等，从而影响了制品的外观形象和力学性能。

6. 缠绕成型工艺

缠绕成型是纤维增强塑料的成型方法之一，是将浸渍过树脂的连续纤维按一定方式缠绕在芯模上制成坯件，经固化而制成一定形状的制品的方法。（图6-37）

缠绕成型分为湿法缠绕和干法缠绕。湿法缠绕是指纤维浸渍树脂后直接缠绕于芯模上；干法缠绕是指纤维浸渍树脂后烘干，缠绕时再加热熔融树脂，使缠绕在芯模上的纤维彼此粘

图6-35 吹塑成型制成的瓶子

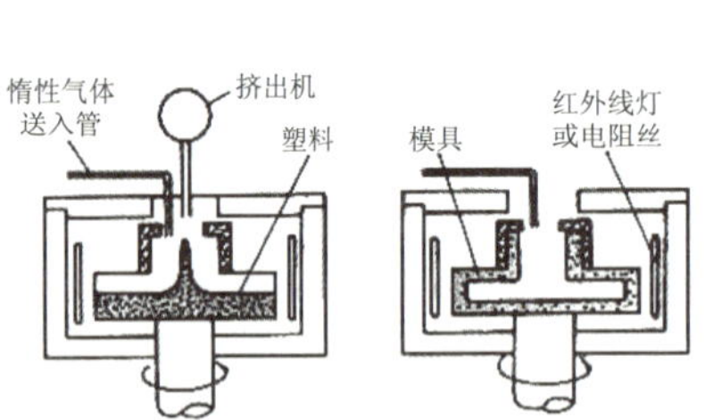

图6-36 浇铸成型原理

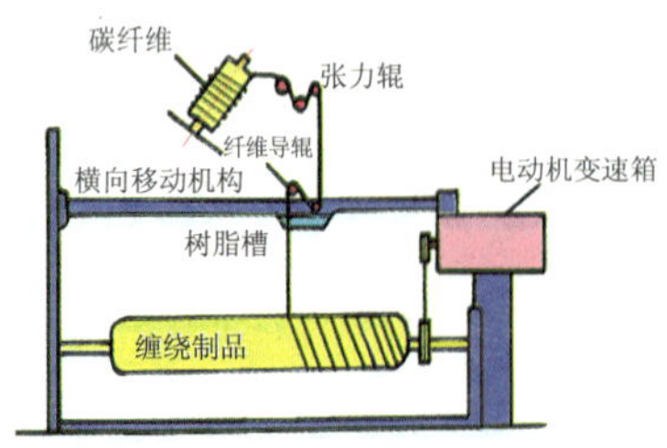

图6-37 缠绕成型工艺原理

着。缠绕成型制品强度高、质量较稳定，易于实现机械化生产，多用来制作圆筒形、球形、管形等大型旋转体制品。

7. 发泡成型工艺

发泡成型是先将塑料颗粒预发泡，经过一定的时间熟成后，把它填入铝合金做的模具中用蒸汽加热而成型。如图6-38为发泡成型过程示意图。

发挥发泡成型产品的特长，可以制作许多符合隔热、缓冲、漂浮等要求的产品与材料。常见的发泡材料有PE，PP，PS，PVC，CPE，ABS及PC等。

四、塑料加工工艺特性

1. 常用的塑料连接工艺

大多数塑料制品都是由模具成型而得，其尺寸及结构复杂程度因模具的尺寸和结构所限而受到制约。特别是生产大型复杂的热塑性塑料零件，通常最经济有效的方法就是将注塑出的多个零件连接在一起。因此出现了各种各样的塑料连接方法。

传统的热塑性塑料连接方法，主要有外部加热焊接（如电炉焊接、热板焊接、热气挤压焊接、高频焊接、电阻注入焊接、感应焊接等）、外加部件胶接连接、注入焊接等。这些传统的方法有很多弊病，如外部加热焊接，塑料件容易和加热源粘接在一起且会造成空气污染；注入焊接需要加入导电材料；特别是胶粘固定方法，需经过表面打毛、涂胶、粘接、固化、电烙铁烫平、修整等工序，全部采用手工操作，劳动强度大，工序多，生产效率低，质量难以保证，而且胶粘剂的挥发成分污染环境，影响操作人员身体健康；采用螺钉、卡环等机械连接强度不易达到要求且不能对连接表面质量有所要求。随着塑料产品在汽车、电子、化工、医药、机械等行业的大量应用，用传统的塑料连接方法根本不能满足外观、连接强度及连接后尺寸精度的要求，越来越不适应当今工业的大规模集成化、自动化生产及环保的要求。因此，研究热塑性塑料件之间的经济有效、先进、无污染的连接方法就成为非常紧迫的事情。

当前塑料的连接方法主要有机械连接、化学粘接、焊接和胶接等，一般常用的粘接方法有热熔粘接、溶剂粘接、胶粘剂粘接等。

（1）热熔粘接

热熔粘接又称塑料焊接，是热塑性塑料连接的基本方法。塑料焊接是对塑料制品被粘接处进行加热使之熔化，待凝固冷却后将两个制品连成一个整体的工艺方法。常用的加热方法有摩擦加热和热风加热。

以下着重分析热风焊接、热板方式连接、旋转熔接法、超声波熔融法、热熔法几种连接方式，见表6-2。

（2）机械方式连接

塑料制件之间机械连接的主要方式是铆接和螺栓连接，与金属件连接相同。

要依据各种连接方式的特性和塑料制件的

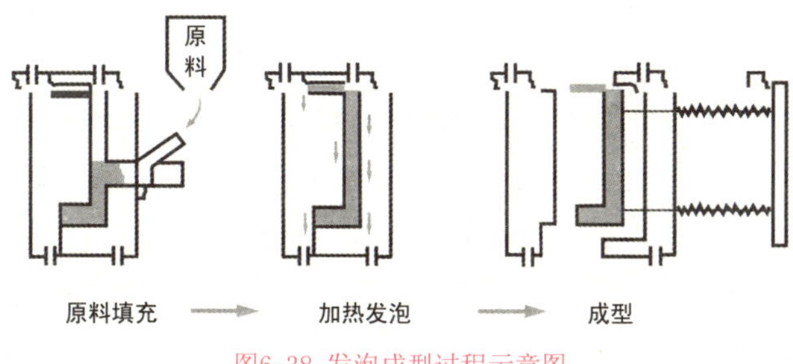

图6-38 发泡成型过程示意图

表6-2

名称	简图	分析
热风焊接	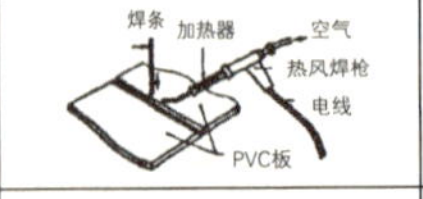 焊条 加热器 空气 热风焊枪 电线 PVC板	连接的表面相当粗糙
热板方式连接	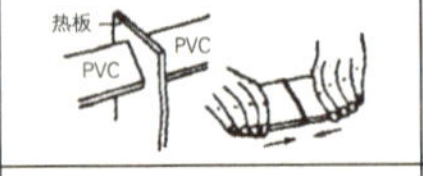 热板 PVC PVC	容易产生飞边，有必要进行后续加工
旋转熔接法	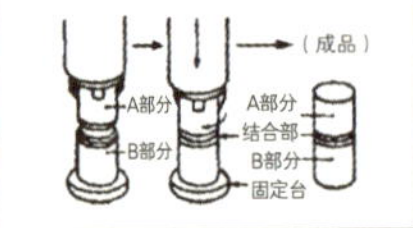 （成品） A部分 B部分 A部分 结合部 B部分 固定台	适用于两个连接部的形状为圆形的热可塑性的树脂产品，不须另外使用黏结胶、溶剂或者外部热量。
超声波熔融法	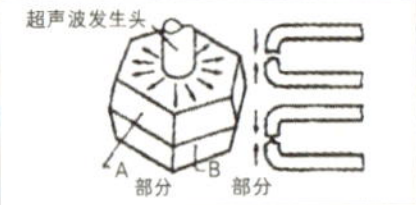 超声波发生头 A部分 B部分	对热可塑性树脂产品有效，可以进行高速加工，形状也可以任意。
热熔法	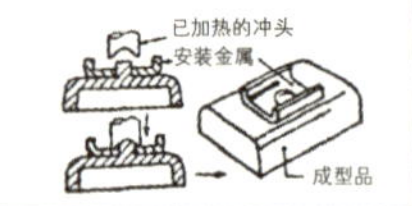 已加热的冲头 安装金属 成型品	粘接强度不是很好

表6-3

名称	简图	分析
螺钉连接	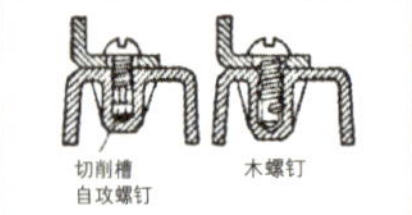 切削槽 自攻螺钉 木螺钉	对热可塑性树脂产品有效，可以进行高速加工，形状也可以任意。
弹性连接	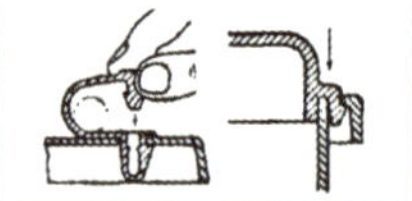	粘接强度不是很好

特征等多方面因素来选择合适的机械加工方法。螺钉连接和弹性连接的分析见表6–3。

（3）溶剂粘接

溶剂粘接是借助溶剂的作用，将两个塑料零件粘接成一体。此法适用于某些相同品种的热塑性塑料，不适用于不同品种塑料的粘接。热固性塑料由于不溶解，也难用此法粘接。选用的溶剂，挥发性要快慢适宜。太快，粘接不牢或有内应力；太慢，使粘接时间延长。快干溶剂有甲乙酮、丙酮、酯酸乙酯，挥发性中等的溶剂有三氯乙烯，缓慢的挥发溶剂有二甲苯等。

（4）胶粘剂粘接

胶粘剂粘接是在两个粘接表面之间涂以适当的胶粘剂，形成一层胶层，靠胶导的作用将两个零件粘接在一起。绝大多数工程塑料都可以用胶粘剂进行粘接，它是热固性塑料唯一的粘接方法。

五、塑料表面处理工艺种类

1. 塑料电镀工艺

塑料电镀是在塑料件表面上通过金属化处理的方法沉积一层薄的金属层，然后再在这薄的导电层上进行电镀加工的方法。

塑料电镀的特点分析：塑料电镀制品同时具有塑料和金属两者的特性。它的比重小，强度高，硬度大，耐腐蚀性能良好，成型简便，具有金属光泽和金属的质感，还有导电、导磁和焊接等特性。它可以节省繁杂的机械加工工序、节省金属材料，而且美观，装饰性强，同时，它还提高了塑料件的机械强度。由于金属镀层对光、大气等外界因素具有较高的稳定性，因而塑料电镀金属后，可防止塑料老化，延长塑料件的使用寿命。

适合性分析：在ABS、聚丙烯、聚碳酸酯、环氧树脂、聚砜类塑料、尼龙、酚醛玻璃纤维增强塑料、聚苯乙烯等塑料表面上进行电镀，其中尤以ABS塑料电镀应用最广，电镀效果最好。

2. 塑料涂装工艺

塑料涂装是通过一定的涂装工艺将涂料涂覆于塑料制品的表面，形成装饰性涂层的一种表面涂饰方法。

塑料涂装的作用分析：防溶剂和化学药品的腐蚀，增强耐湿热性、耐候性、耐溶剂性，延长使用寿命等；防光老化和防氧化，增强塑料的抗紫外线能力；防增塑剂挥发及渗出、抗辐射、防静电的能力；增加光泽，美化装潢等。

适合性分析：应根据涂料的性质和被涂制件的形状，并综合考查所需制件涂层的要求，选择合适的涂装工艺。

3. 塑料印刷工艺

塑料制品的印刷既包括装演印刷，又包括以电子产品为代表的功能性印刷。塑料制品的印刷与纸张的印刷一样，可以运用整页处理系统的特技功能，随意拼版、任意改变色彩，使印刷品色彩丰富、清晰明快、形象逼真、立体感强。

适合性分析：塑料的印刷按印版的结构和形式可分为凸版印刷、凹版印刷、丝网印刷、烫印和特种印刷。要依据各种印刷工艺的特性，合理地运用于产品表面的加工。

4. 塑料真空镀膜工艺

真空镀膜是在真空中进行的物理性镀膜法，有真空蒸发镀膜法、磁控溅射镀膜法、离子辅助蒸镀法三种方式，其中较普及的真空镀法过程如下：将塑料产品放置在真空室内，在真空室内加热蒸发金属或金属化合物，使蒸发的原子或分子附着在产品上，在产品表面形成一层很薄的金属膜。

适合性分析：除聚乙烯、聚丙烯产品不适宜采用真空蒸镀法外，其余塑料产品都可采用，尤其对湿法镀难以镀覆的聚碳酸酯更为有效。采用真空蒸镀的大多是薄膜、弱电产品、家用小杂物及玩具等。

5. 塑料着色工艺研究

塑料着色是使着色剂高度分散或溶于塑料中，给予塑料以色彩和特殊光学性能的过程。塑料着色分表面着色、整体着色两种。表面着色主要是涂装、印刷和染色等；塑料的整体着色是通过在塑料原料内添加着色剂，使塑料在加工成型过程中实现着色而获得有色制品的着色方法。塑料用的着色剂主要有无机颜料、有机颜料和染料。

适合性分析：塑料着色可通过选择不同形态的着色剂予以实现，根据对塑料种类、塑料制件及其成型等各个因素的综合考虑，选择合适的塑料着色方法。

6. 塑料热喷涂工艺

热喷涂是用火焰、等离子射流、电弧等热源将金属或非金属材料（粉末状、丝状或棒状）加热到熔化或半熔化状态并加速（或雾化后加速）形成高速熔滴喷射到经过处理的工件表面，形成牢固的覆盖层的过程。

适合性分析：热喷涂方法可以赋予材料表面不同的硬度、耐磨、耐腐、耐热、抗氧化性及隔热、绝缘、导电、密封、防微波辐射等各种特殊物理化学性能。要根据产品的实际要求进行选择，达到产品表面所需的表面效果。实现塑料热喷涂工艺的方法有多种，按照所采用的热源来分有火焰喷涂、电弧喷涂、等离子射流喷涂、气体爆燃喷涂、激光喷涂等多种方法。

第三节　塑料在设计中的表现力

塑料的使用至今不过百余年，但其应用却十分广泛，且在更多的领域不断扩展，塑料工艺技术也日趋成熟和多样化。塑料制品可以容易地通过一道工序，获得所需要的任何形状，而且很少再需要进行进一步加工，因而使得产品的设计受形状和线形的约束不大，能充分实现设计者对产品内外结构和形状的巧妙构思，利用塑料制品的色彩效果和肌理效果，以及表面加工的丰富性，大大提高产品外观造型的整体感和艺术质量。

一、塑料产品制件之结构

塑料制品渗入生活的各个领域，产品种类繁多，看似杂乱无章，但也有其规律可寻，设计主体要透过现象看本质，针对不同的产品材料、结构、形态等多方面，进行塑料工艺的选择。经过分析，塑料制品的结构类型可总结归纳为以下几种：

1. 型材结构

塑料型材结构是指用塑料型材（或管材）构筑而成的结构。这类结构常用于建筑工程的管道系统、门窗结构、墙面和吊顶造型以及展览的展具、商场的货柜、楼梯扶手等。这种结构造价低廉、安装方便、材质较轻且具有较好的耐蚀性。

由于塑料型材的种类较多，因而它所能构筑的结构种类也十分复杂，如塑料门窗就有好几十种结构方式。塑料管道结构不仅连接方便，而且与金属管道相比具有不渗漏、不生锈、不出汗（水管表面水汽凝结现象）、造价低等优势。但这种结构的缺点是不够牢固，荷载力小，易老化，抗拉强度小。

2. 模具成型结构

由于塑料的熔点低，液态时流动性好，因而易于用模具加工成型。模具成型结构既可以十分简单，如塑料饭盒，也可以非常复杂，如电视机壳、冰箱外壳等。大型的塑料模具成型结构为了提高其强度往往还要增加适当的加强筋或凹凸面，如冰箱、洗衣机的外壳，装货物用的周转箱以及塑料家具等都需增加适量的加强筋，以增加其受力强度。利用模具成型还可以将塑料加工成壳体结构，以增强其抗冲击能力。如汽车保险杠的外壳，一次成型的塑料椅以及各种造型不同的塑料瓶都是利用了壳体结构。模具成型结构不仅能满足复杂造型的需要，使形态具有整体感，而且还适合于批量生产以降低其成本。由于模具成型结构具有众多优势，因而它已迅速发展成为了塑料的主体结构。

3. 塑料膜结构

塑料膜结构是指将塑料膜热压后加工而成的结构。塑料膜结构所占空间较小，弹性、韧性较好，质轻，强度比高且具有不透气性。这种结构被广泛用于充气制品、雨衣、防护服、各类塑料袋、手套、雨伞、凉鞋等。塑料膜结构也常常用透明的塑料来加工，从而使膜结构的通透感更强，更具观赏性。不过塑料膜结构也有缺点，它所能承载的力量较小，易破损、不够牢固。但由于塑料膜结构造价极为低廉，且在使用过程中极为方便，因而仍然很受人们的欢迎 。

二、塑料在设计中的典型实例

塑料技术必须借助产品实体这一媒介，才能被大众感知到，才能转为有用的价值资源。塑料被应用于各个领域，在我们日常生活中有很多熟悉的产品。

一般来说，塑料的着色和表面肌理装饰，在塑料成型时可以完成，但是为了增加产品的寿命，提高其美观度，一般都会对表面进行二次加工，进行各种装饰处理。

塑料表面处理分类：

1. 表面机械加工处理

磨砂与抛光是常见的表面处理技术，也经常用于其他材料如金属、玻璃等的加工。

设计分析：

产品名称：“Tohot”盐和胡椒摇罐

设计者：琼–玛丽·马绍德（法国）

分析：该设计采用的材料是半透明的聚丙烯，表面经过了磨砂处理，在光线下给人一种非常柔和的感觉，令人爱不释手。另外，这两个瓶子是通过内嵌的不锈钢和磁铁连成一体的。

产品名称：“生态”垃圾桶

设计者：劳尔·巴别利

分析：设计师设计这款垃圾桶是想使其成为一个清洁、小巧、有亲和力的产品。它分为三个部分：最大的是废料桶，小的是生态桶，

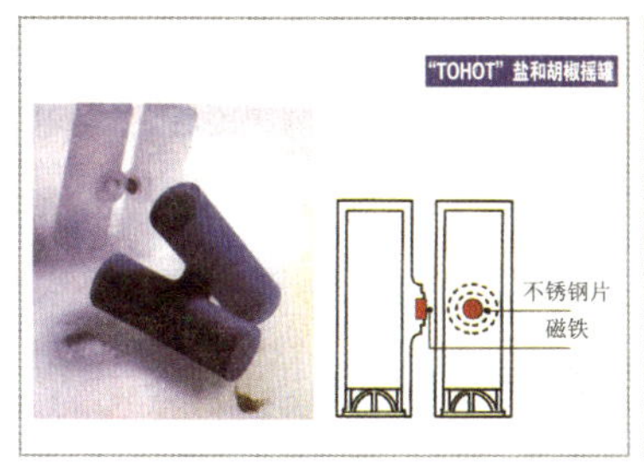

可以放在大桶的里面，以及外沿。使用了不透明的ABS塑料，内壁经过了抛光处理，光滑的表面更加易于清理。

2. 表面镀覆处理

（1）热喷涂

定义：是一种采用专用设备把某种固化材料加热熔化并用高速气流将其吹成微小颗粒加速喷射到基件表面上，形成特制覆盖层的处理技术。

效果：使基件耐蚀、耐磨、耐高温。

（2）电镀

定义：金属电沉积技术之一，是一种用电化学在工件表面获得金属沉积层的金属覆层工艺。

效果：可以改变固体材料的外观，改变表面特性，使材料耐腐蚀、耐磨，具有装饰性和电、磁、光学性能。

种类：单金属电镀、合金电镀、复合镀、非晶态合金电镀、电刷镀。

（3）离子镀

定义：是在真空条件下，利用气体放电使气体或被蒸发物质离子化，在气体离子或被蒸发物质离子轰击作用的同时，把蒸发物或其他反应物蒸镀到基件上。

效果：可以延长基件的使用寿命，赋予被镀材料光泽和色彩。

产品名称：爱国者V1000数码相机

制造商：爱国者

分析：这款国产的1000万像素的数码相机，给人的第一感觉比较厚重，不同于其他国外生产的1000万像素的卡片机。机身采用工程塑料，经过磨砂处理以减少塑料的感觉。整个机身除了镜头周围的一圈是金属材质外，其余都是电镀了金属层的塑料部件。从它的材质来看，与它1000万像素的配置有些不符。

产品名称：镜球灯

设计者：汤姆·迪克森

分析：镜球灯看起来像是金属做的，实际上它的材质是塑料，只是它们被进行了金属工艺的处理，形成了镜子般的效果。这样的表面使灯的外观具有了反射的效果，具有强烈的太空感。该系列灯具分为吊灯、落地灯、桌面灯和地面灯好几种。

3. 表面装饰处理

（1）涂饰

定义：把涂料涂覆到产品或物体的表面上，并通过产生物理或化学的变化，使涂料的被覆层转变为具有一定附着力和机械强度的涂膜。

效果：着色、获得不同的肌理、防止塑料老化、耐腐蚀。

（2）丝网印刷

定义：丝网印刷就是在丝网上涂一层感光材料，利用其感光前后可溶性的不同，经过感光后将不需要的部分洗去，从而控制何处能透过油墨，何处不能透过。塑料件的丝印，是塑料制品的二次加工（或称再加工）中的一种。

效果：改善塑料件的外观装饰。

方法：平面丝印（用于片材和平面体）、间接丝印（异型制品）、曲面丝印（用于可展开成平面的弧面体）。

（3）贴膜法

定义：是将印有花纹和图案的塑料薄膜紧贴在模具上，在加工塑料件时，靠其熔融的原料的热量将薄膜融合在产品上的方法。

效果：装饰产品外观、传达产品信息。

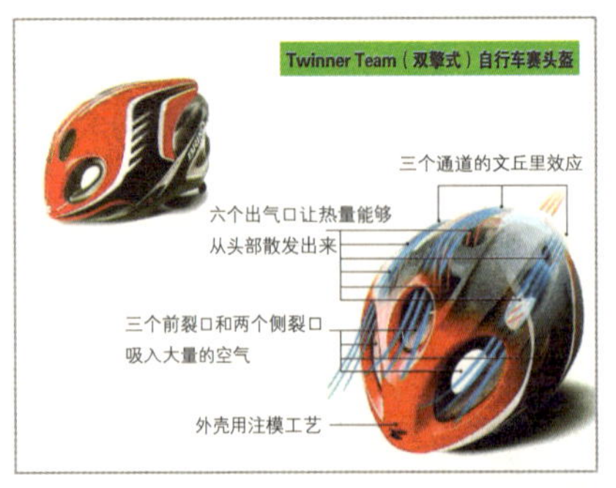

（4）热烫印法

定义：是利用压力和热量将压膜上的粘接剂熔化，并将已镀到压膜上的金属膜转印到塑料件上的方法。

效果：同贴膜法相似，可以美化产品外观、传达产品信息。

设计分析：

产品名称：诺基亚游戏手机N-GAGE

制造商：诺基亚

分析：2003年在行货里还找不到N-GAGE手机时，这款手机已经开始在水货市场里销售了，虽说来路不正，但毕竟是好东西。说它是手机还真有点牵强，倒不如直接说它就是一个游戏机，打电话只是它的一个附属功能而已。该机的3D显示效果在手机中已经算是数一数二的了。手机屏幕周围的装饰采用了膜内转印技术，可以在复杂的曲面上印刷精美的图案。

产品名称：Twinner Team（双擎式）自行车赛头盔

设计师：Fusi-Mollica-Zanotto Architetti Associatti和Anatonello Piredda（意大利）

分析：这个圆滑的头盔的产生要归功于广泛的新材料的应用和物理技术。流线型的设计减少了风的阻力，因此有助于提高速度。外壳的支撑是用GE-CET聚苯乙烯制成的。聚碳酸酯外壳的图案采用丝网印刷而成。效果精致，色泽饱满。

产品名称：“Bombori”吊灯

设计师：爱德华·凡·费莱特（荷兰）

分析：单从设计造型来说，这款灯并不简洁。带子和副翼控制灯光从这个极不寻常的织物做的灯笼中发射出来，也可以透过两个彩色或白色的耐热有机玻璃盘投射出来。灯罩的上半部分和下摆是用涂银的尼龙（也有彩色的、白色的）制作而成。

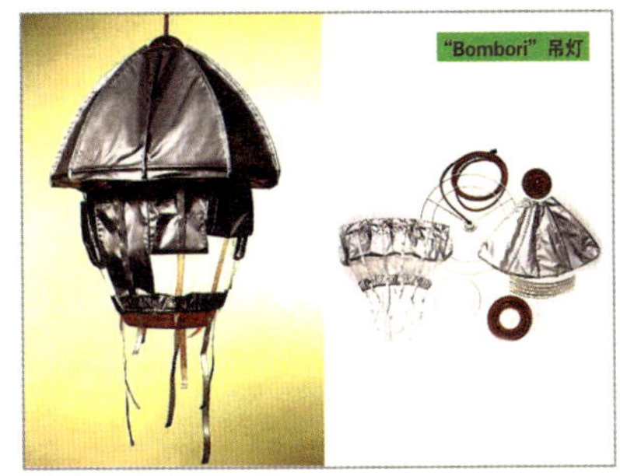

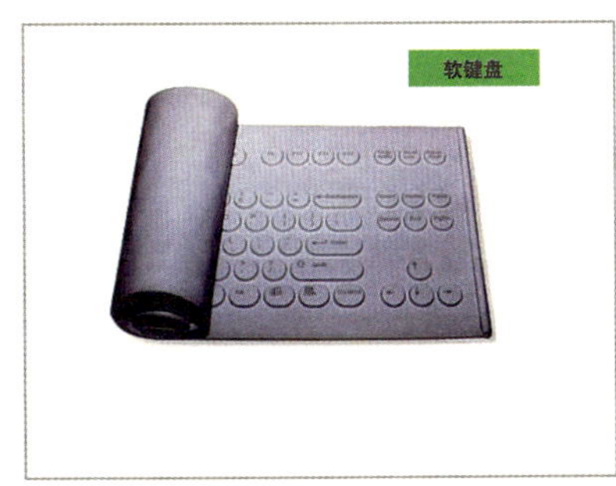

产品名称：“E.T.A外太空提案天使”落地灯

设计师：古利艾尔莫·伯奇西（意大利）

分析：这款灯具通过各种手工的生产方法，如注塑成型、焊接、激光切割等，用树脂模具制成。产生的结果是迷人的、细长的、高挑的灯具，有各种明亮的色彩。可拆卸的中央电缆柱心，使维护工作变得容易。生产中要在灯体上涂饰两层保护性的烘干漆，对树脂灯体作特殊的无毒处理。

产品名称：软件盘

设计师：“人与机器”设计公司

分析：软件盘是用柔软的、易弯曲的聚氨酯泡沫制成。聚氨酯被公认为有高度的隔热性。既可以坚硬的形式，也可以柔软的形式进行生产。应用领域十分宽广。键盘由镭射蚀刻而成，省去了不同语言版本的模具修改成本。

产品名称：床用弹簧

设计师：杜邦公司

分析：从图中，我们似乎可以看出这是一个经过了喷漆的金属弹簧。但这个弹簧不是由金属制造的，而是由热塑人造橡胶——Hytrel制成。“Hytrel”是杜邦公司旗下在工程塑料型人造橡胶产品上的一个商标。这种材料有着橡胶的弹性、塑料的强度及可热塑性。抗拉斯性、抗弯曲断裂性、抗蔓延性极高。经常被用在需要结构力度和耐久性的弹性部件中。

产品名称：高尔夫球

设计师：邓禄普国际研发小组

分析：许多体育用品的设计和生产都将材料学科运用到了极限，比如网球拍中的合成物、保龄球中的氨基物等。高尔夫球最初是将羽毛包裹在皮质中制成的。现代的高尔夫球的表皮是用抗高压抗切割的聚乙烯制作的。在制作的最后，对球体的接合处进行切割和打磨，并涂上油漆。这样就做好了一个高尔夫球。

产品名称：“路易20”椅

工艺技术：吹塑成型工艺

设计师：菲利普·斯塔克（Philippe Starck，法国）

制造商：Vitra GmbH， veil am Rhein，

Germany

设计创新要在限定性因素下进行，不仅要协调内部因素的要求，还要适当改变内部因素以适应外部因素的变化，达到“适合性”的标准。在提倡绿色设计的浪潮下，设计师菲利普·斯塔克设计制作了“路易20”椅子，椅子采用吹塑成型工艺制得，椅子的椅身和4条椅腿的材料是可回收的聚丙烯材料，后腿和扶手的材料是可回收利用的铝，椅子的后腿和椅身只用5个螺栓使其连接在一起。椅子扶手上还可以安装一个随意旋转式的书写板。纯度为99%的聚丙烯是一种热化塑料，再次利用时是保持其原有特性极好的一种塑料。

菲利普·斯塔克设计的“路易20”椅子，无论从视觉上还是材料的使用上都体现了“少就是多”的设计原则，椅子的前腿、座位及靠背由塑料一体化成型而得，就好像靠在铸铝后腿上的人体，简洁而又幽默。

“路易20”椅子是协调了产品内部的造型、结构、材料、功能、工艺技术等因素，与外部的环境、社会、经济等因素的成果。此款椅子的制作过程遵循绿色设计原则，在绿色设计的理念下进行设计制作，选择环保材料，运用适合的材料工艺技术，制作出美观兼实用的产品。绿色设计不仅是一种设计理念上的变革，更重要的是一种技术层面上设计技法的创新，它要求设计师放弃长久以来的那种过分强调产品外观材料和制作上标新立异的做法，而将设计的重点放在真正意义上的产品创新方面，以技术作为依托，以一种更负有责任心的方法去创造产品的形态，用一种更为简洁、经典、大方的产品造型样式使产品尽可能地延长使用寿命。

产品名称：潘顿“S”型叠椅

工艺技术：模压成型工艺

设计者：潘顿

新工艺的出现，会给设计提供更广阔的空间，使得设计不断创新；设计的不断创新也会给材料工艺提出更高的要求，会导致更多更完善的新工艺出现。设计主体要积极主动地应用新工艺，使科技为设计服务、为人类服务。

借助“适合性”的理论来分析此椅子的设计创作，可为产品设计提供一种理论指导。把椅子放在当时的生产力水平下来分析，对于木材而言，热压成型技术成熟之后，“S”型的椅子成型已不是难事，但要运用塑料材料来制作“S”型椅子，还没有先例，设计者尝试着运用多种方法，设计出更舒适、更美观、更实用的产品。潘顿叠椅是世界上第一张采用玻璃纤维增强塑料一次模压成型的椅子，也是最早期的塑料家具之一，其造型别致，色彩艳丽，具有强烈的雕塑感。“潘顿椅”是一件完美的艺术设计品，是技术造就了设计的成功。没有设计者创造性地运用模压成型技术，就没有“S"型椅的诞生。设计师充分地发挥其创造性，主动地运用现有的技术手段来为设计创作服务。

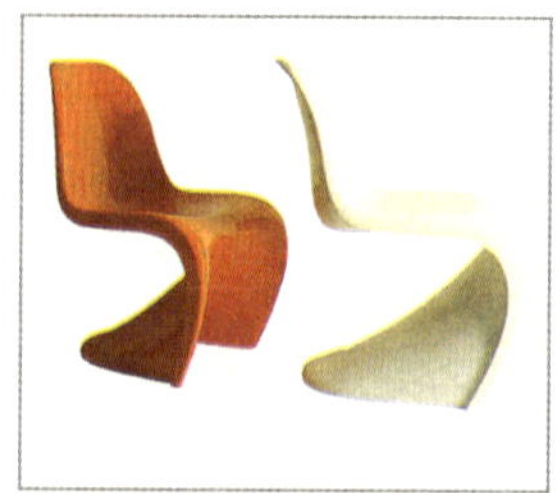

产品名称：Air-Family椅

工艺技术：模压成型工艺

设计：Jasper Morrison

制造商：Magis

不同时期对设计会提出不同的要求，设计要与时俱进，要适合当下市场的需求。Air-Family系列椅子中蕴涵着节约空间、便于运输等观念，造型简洁而优美。椅子由先进的制造工艺整体加工而成。Air-Family椅子重新定义了批量生产的产品的生产工艺，并开创了一种流动的、优雅的、符合人体工学的设计理念。色彩的加入，使此款椅子从其他批量生产的廉价家具中脱颖而出。

Air-Family系列椅子都是通过模压成型而得，每一个塑料构件形成独立的整体。Air-Family系列椅子具有多种颜色，看似落在地面的彩虹。塑料所具有的平滑细腻的表面、轻盈的重量、丰富多彩的颜色、方便的叠堆与搬运，使得塑料家具不似古典实木家具那般高贵，也不似玻璃家具和金属家具那般时尚现代，但却有独特的亲和力。

产品名称：躺椅

工艺技术：缠绕成型工艺

材料：碳纤维，芳族聚酰胺，双氧基树脂

制造商：尼德兰（荷兰），阿姆斯特丹，马赛尔·万德斯；意大利，米兰，凯普琳尼

缠绕成型是复合材料的一种成型方法，常用于球形、圆筒形、方盒形等回转纤维增强塑料壳体的成型。塑料产品占据生活的多方面，为适应不同的需求，多种新的工艺形式被开发出来。但新的工艺技术要为世人所享用，必须有实物作为载体。缠绕成型工艺被设计者创造性地运用于产品设计之中，如图中的躺椅，综合了材料的特性以及缠绕成型工艺的工艺特性，成型出一件具有雕塑般

美感的作品。

设计者运用了椅子必须是“实用、耐久并随时间流逝不会贬值”的理念，进行椅子的创意设计。制作此椅子，设计者采用的是碳纤维外覆芳族聚酰胺编织套的绳子进行编织，形成柔软的、难以辨认的椅子形态，然后将之浸入双氧基树脂溶液中，悬在一个骨架上，扯出八个角以构建椅子形状，再在一个高温房间内烘干，然后冷却固化，成为一张结实的躺椅。椅子在制造技术方面采用了手工艺与高科技相结合的方式，产生了一把看起来很靠不住，但几乎像铁一样坚固的椅子。

在产品设计的过程中，设计师的主动性非常重要，如何选择与材料相适合的工艺是保证产品加工可行性的重要方面，工艺的选择要依据产品的功能特性来考虑。

产品名称：“蛋”椅和“天鹅”椅

工艺技术：浇铸成型工艺

设计者：雅各布森

新技术的诞生，会给设计注入活力，设计者更要时刻关注技术的变化，抓住每一个创新的机会，使技术为设计服务。在20世纪50年代

中期，丹麦的家具制造商弗里兹·汉森，获得了一种新方法的使用权，这种方法是在椅子内部浇铸，以使它的外壳成为一个连续的整体。此后，丹麦的家具设计师雅各布森得知这种工艺方法之后，就抓住机会，着手设计能够应用这种工艺方法成型的椅子形态，经过实践之后，成功地制造出“蛋”椅和“天鹅”椅，椅子的椅身、后背和扶手是由一整块聚亚氨脂制成的。如果不是新技术的发展，这种椅子的生产也是不可能的。同时，设计师需要有较强的运用事物的能力，通过设计师的创造性应用，能更好地发挥工艺、技术、材料的价值。“天鹅”椅和 “蛋”椅的成功应该归结于技术和美学的美妙结合，在设计中选择了适合的成型工艺技术，达到了设计与工艺的“适合性”标准。

产品名称：Miura酒吧椅

工艺技术：注射成型工艺

注射成型是塑料加工的传统方法之一，大约有60%的塑料产品都是由注射成型加工而得的。塑料注塑成型是产品设计的有力武器，是设计概念付诸实际的有力支持，促进了设计的发展，设计主体也可以创造性地应用工艺技术，选择合适的工艺，创造出更多更实用的产品。

Miura酒吧椅是材料工艺和设计两者完美结合的典范，其动感和内敛的美感造就了一种罕见的塑料结构。 Miura酒吧椅的结构独特，区别于传统的四条腿，也不是类似转椅的一条腿，更不是钢管结构的两条腿悬空；形态上更趋于像雕塑甚于像椅子，像是一个符号的特征。椅子在展现设计师的聪明才智的同时，也显示了工艺技术的伟大。椅子是用一片加强的聚四氟乙烯整体注塑而成。椅子独特的形态源自“用于私人以及展示空间的可堆叠酒吧椅”的设计目标，以及注塑工艺规范的双重影响。椅子具有黑灰、浅灰、信号红、纯桔、船绿、氧化红、钴蓝等颜色，同时可堆叠4把。Miura的外观充满动感，并要比铝制的椅子牢固两倍半，椅子的机械结构与人体工学得到了非常好的融合，给予使用者较高的心理安全感以及舒适感。

产品名称：真空镀的色彩

表面处理工艺：真空镀工艺

当塑料制件成型后，可运用多种方法给制件施以装饰和色彩。真空电镀或油漆工艺已经被运用在纺织工业和部分二维印刷领域，但对于三维产品的表面装饰而言，依然是一种新的技术。真空镀加工工艺方法如下：加热所印刷的图案并将其蒸发，图案镶嵌在塑料表面每20~30 μm之间的空间中，这些细小的成分可以形成各种色彩、图案和装饰效果。由于颜色深入了塑料的表面，所形成的装饰图案要比其他方法，比如模内装饰成型法所形成的装饰图案更耐磨。真空镀工艺可以被运用于多种材料表面，唯一的要求是被加工件必须能承受住加

工过程中的温度。

真空电镀加工方法可用于装饰个性化标准的产品而不需要再加工，这种工艺尤其适用于季节性的以及领导潮流的产品。如真空电镀工艺可以将需要格外防磨的图案和色彩镀在雪橇表面。

产品名称：印刷工艺

表面处理工艺：膜内转印技术

印刷工艺是通过印制的方法，将色彩和肌理附着在形态表面上的工艺方法。印刷工艺使塑料制件的表面获得精美图案，改善了塑料表面单一的色彩现象。

产品名称：木塑工艺

一度以来，现代化的塑料加工模式是机械化方式，一切都是按事先制定的程序操作。木塑工艺是在新的需求形式下，适应设计的需求而开发的，把木材的材性和塑料的材性相结合，形成新的化合物形式，给设计提供新的选材途径。

试想将切割木材的便捷与由工业生产的预先形状成型塑料的经济性结合起来，会出现什么情况?将塑料和木头相结合的想法并不新颖，早在1916年罗尔斯·罗伊斯（Rolls Royce）就使用过了这种化合物。然而，随着人们对于如何利用资源的急切需求，木塑工艺将具有非常重要的实际意义。木塑化合物具有很多的优点，它结合了木料的可实用性和塑料的可加工性特性，具有广阔的应用前景。木塑化合物可用注塑成型、旋转成型，更多的是挤压成型的工艺来加工制作。木塑化合物可以减少原本用来作为所有产品成分的塑料原材料，也可以减少注塑生产的时间，因为木塑化合物材料冷却很快以及变形收缩很小（故精度很高）。

产品名称：色彩处理新工艺

工艺技术：注塑表面新工艺

塑料制品需加入色彩的因素，改变塑料制品色彩单一的面貌，使制品满足市场的需求。塑料表面的肌理效果、色彩效果能增强产品的表现力，展现出工艺美感和设计美感。塑料产品的表面装饰效果一般是加工程序中的最后一道工序，但区别于传统的加工程序。伦敦的公司Add Mix发展了“给材”工艺，用很多种类的色彩小颗粒，在注塑模中进行不同种类颜色的加工，提供了生产塑料组件的方法，这些组件的表面装饰可以被控制而产生不同的效果，这些效果是塑料流动到工具的孔中所产生的。

一个简单的外形，比如花盆，将会有与很复杂的有很多连接和组合的物体非常不同的图案纹理。由于每次材料的流动都是一样的，所以不管多复杂的图案，均可以被多次制造和重复而不会改变。因此，此工艺技术使得机械化的产品，展现出了艺术的丰富性。这种带有强烈工艺化的效果，被应用于化妆品、珠宝、时尚用具以及园艺等需要陶瓷般图案和光泽的领域，给设计注入了活力。

第七章

CHAPTER SEVEN 陶瓷材料的设计表现力

[本章学习目标与要求]

了解陶瓷的种类、发展历史、成型工艺及表面处理工艺，掌握陶瓷在设计中的应用。

[本章学习重点]

陶瓷产品的成型工艺及表面处理工艺；
陶瓷材料的设计表现力。

[本章学习难点]

陶瓷材料的设计表现力。

图7-1 常见的陶瓷器皿

第一节　陶瓷材料概述

一、普通陶瓷

普通陶瓷产品种类很多，在日用器皿、建筑陶瓷、美术陶瓷、卫生洁具陶瓷、餐具陶瓷、各种工艺品和工业用具中应用广泛。（图7–1）

1. 日用器皿

日用器皿包括陶瓷制造的餐具、茶具、盆具、缸具等。

2. 建筑陶瓷

用于建筑物饰面或用作建筑构件的各种陶瓷制品统称为建筑陶瓷，且制品大多是施釉的。建筑陶瓷包括釉面砖、仿石砖、瓷质砖、彩釉砖、琉璃砖、细拓砖和锦砖（马赛克）等。此类产品具有良好的抗腐蚀性和耐久性，且其花色品种及规格繁多（边长在5~100cm间），主要用于建筑物内外墙和室内外地面的装饰。

3. 卫生陶瓷及卫浴产品

卫生陶瓷及卫浴产品是指用于装备卫生间的各类陶瓷用品，包括洗面器、座便器、蹲便器、淋浴器、洗涤器、水槽及各种配套小件等。此类产品的热稳定性、耐污性和抗腐蚀性良好，具有多种规格、形状和颜色，一般用作厨房、卫生间等处的卫生设施。（图7–2，德国科勒公司设计的陶瓷马桶）

4. 美术陶瓷

美术陶瓷包含陶塑动物、人物、器皿及微

塑等。该类产品造型生动、传神，款式及规格繁多，具有较高的艺术收藏价值。主要用于室内艺术装饰和陈设，并被许多收藏家珍藏。

5. 园林陶瓷

园林陶瓷包括花盆及中、西式琉璃制品等。此类产品具有良好的耐久性和艺术性，并有多种形状、颜色及规格，特别是中式琉璃的瓦件、脊件、饰件配套齐全，常被用于园林式建筑的装饰。

6. 烹饪陶瓷

烹饪陶瓷包括陶质砂锅、细炻器餐具（图7-3）等。此类产品热稳定性非常好，基本没有名镉、铅溶出，具有多种规格及款式。

二、特种陶瓷

特种陶瓷按化学成分可以分为氧化物陶瓷和非氧化物陶瓷。

1. 氧化物陶瓷

氧化物陶瓷主要包括氧化铝、氧化锆、莫来石和钦酸铝等化合物。其最突出的优点是不存在氧化问题、原料价格低廉、生产工艺简单。氧化铝和氧化锆具有优异的室温机械性、高硬度和耐化学腐蚀性，但其主要缺点是在1000℃以上高温蠕变速率高，机械性能显著降低，不能承受温度的剧烈变化。氧化物陶瓷一般应用于陶瓷切削刀具、金属拉丝模、高温炉管、内燃机火花塞、密封圈和玻璃熔化池内衬、陶瓷磨料球、陶瓷手表（图7-4）等。

2. 非氧化物陶瓷

非氧化物陶瓷主要包括氮化硅、碳化硅等化合物。非氧化物陶瓷和氧化物陶瓷不一样的是，其原子间主要是以共价键结合在一起，具有较高的蠕变抗力、硬度、模量。含硅的非氧化物陶瓷还具有极佳的高温耐蚀性和抗氧化性，多用于高温结构材料，可以制作发动机及气轮机中的耐高温零件。

非氧化物陶瓷同氧化物陶瓷一样也广泛应用于陶瓷切削刀具，不同于氧化物陶瓷的是，其成本较高，但其强度、韧性、蠕变抗力、硬度都比较优异。非氧化物陶瓷在刀具市场上占有重要的地位，因为其制作的切削刀具寿命长，而且允许切削的速度高。其应用领域还包括砂轮、轻质无润滑陶瓷轴承、磨料、窑具和磨球等。

三、新型陶瓷材料

1. 透明陶瓷

透明陶瓷指的是跟玻璃一样可以透过光线的陶瓷，如图7-5所示。透明陶瓷跟玻璃的区别在于，它具有耐高温、强度高、抗腐蚀性能好、能经受强烈的辐射等特性，刚好可以弥补玻璃强度低、不耐高温的特性的不足。

透明陶瓷的用途十分广泛，如可以做成超音速飞机风挡的材料或作为透明防弹材料，还可以用于制作坦克的观察窗、高级轿车的防弹窗、炸弹瞄准工具等。

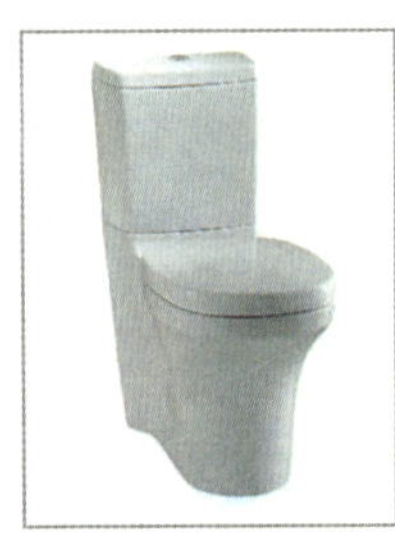

图7-2 陶瓷马桶

图7-3 细炻器餐具

图7-4 氧化锆陶瓷表

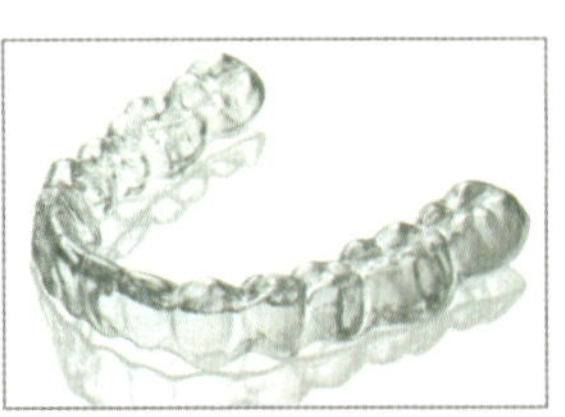

图7-5 透明陶瓷

图7-6 金属陶瓷

图7-7 超轻量陶瓷手表

图7-9 玻璃陶瓷

图7-8 高性能陶瓷刀具

2. 金属陶瓷

金属陶瓷实质上是由陶瓷同金属组成的非均质复合材料，如图7-6所示。其可作为工具材料、高温结构及耐蚀材料。在以陶瓷为主的情况下金属陶瓷一般作为工具材料，而当金属含量较高时则作为结构材料。金属和陶瓷比较来看，金属的韧性及热稳定性都非常良好，但其易氧化及高温强度不高，而陶瓷的硬度、耐火度高，耐蚀性强，但其热稳定性低，脆性大。如果可以将它们的优势特性结合起来，就有可能获得耐蚀性、高强度、高韧性的材料。

3. 超轻陶瓷

超轻陶瓷是指一种比木头更轻，能浮在水里的超轻量陶瓷（图7-7）。它是把一种“中空树脂填料”按一定数量的比例同粘土掺和起来而制成。用这种新材料制成的陶瓷器具，在比重下降0.3的情况下，其强度却与传统的陶瓷产品基本上没有区别。如果用这种超轻的陶瓷材料烧制铺盖屋顶的瓦片，不仅重量轻，还可以降低运输的成本。

4. 高性能陶瓷

高性能陶瓷具有很好的经济价值。它是采用分子设计方法，将碳、氨、硅、硼等根据陶瓷性能的需要进行组合配比，进而将已经配好的成分跟有机物聚合成为中间体，经过热解，去除有机杂质，最后得到所需的高性能的陶瓷。（图7-8）

5. 耐温陶瓷

耐温陶瓷是一种高温的复合材料，能够经受1700℃以上的温度。它加工性能好，强度也非常大，在高温下不会变质。

6. 玻璃陶瓷

玻璃陶瓷材料一般用于制造家用或商业用的厨具、餐具（图7-9）。如微波炉的加热面和保护罩，以及一些其他工业制品。玻璃陶瓷是通过热处理使熔化的玻璃结晶而获得的。常见的玻璃陶瓷有硅酸硼铝陶瓷、硅酸镁铝陶瓷和硅酸铝陶瓷。这些陶瓷材料都是由氧化物形成的复杂多相的微结构组成，它们的热膨胀率接近于零，在高温下抗腐蚀能力很强。感光玻璃陶瓷可以通过化学方法来加工，它常被用来制造磁盘的读写头、点阵式打印机的定位感应器、排气表的仪表盘和各种金属喷涂的基材。

第二节　陶瓷材料的特性

陶瓷是人们熟悉的一种材料，在产品设计中被广泛使用。“陶瓷”这一名词源自古代希腊文中的“烧物”，意味着陶器是经过焙烧而赋予其强度的材料。从狭义上来说，陶瓷只包括普通陶瓷和特种陶瓷（图7-10）。近20年来，陶瓷材料已有巨大的发展，许多新型陶瓷的成分远超出传统硅酸盐的范畴，陶瓷的性能面临重大的突破。如今陶瓷因其独特的材料属性而得到广泛应用，并已渗透到各类工业、工程及技术领域。

陶瓷的基本特性主要包括机械性能、热性能及其他性能三方面。

一、陶瓷的机械性能

1. 刚度

刚度由弹性模量衡量，弹性模量反映结合键的强度，所以具有强大化学键的陶瓷都有很高的弹性模量。陶瓷的刚度是各类材料中较高的，比金属高若干倍。

2. 硬度

陶瓷与各类材料相比硬度较高，其硬度取决于化学键的性能，这是陶瓷的最大特点。陶瓷的硬度随温度的升高而降低，但在高温下仍有较高的数值。

3. 强度

陶瓷的抗拉强度很低，抗弯强度较高，而抗压强度非常高。在产品设计中应用陶瓷材料时，应注意这种承载能力的特点。陶瓷抗蠕变能力强，高温强度一般比金属高，有很高的抗氧化性，适宜作高温材料。

图7-10 日用陶瓷产品

图7-11 陶瓷纤维纸

4. 塑性

塑性变形是在切应力作用下，由位错运动引起的密排原子面间的滑移变形。陶瓷位错运动所需要的切应力很大，接近于晶体的理论剪切强度。陶瓷的塑性很差，在室温下几乎没有塑性。不过，在高温慢速加载的条件下，陶瓷也能表现出一定的塑性。

5. 韧性或脆性

陶瓷韧性极低或脆性极高，是非常典型的脆性材料。陶瓷的表面和内部由于各种原因，如表面划伤、化学侵蚀、冷热胀缩不均等，很容易产生细微裂纹；受载时，裂纹尖端产生很高的应力集中，由于不能形成塑性变形使高的应力松弛，裂纹很快扩展而发生裂变。脆性是陶瓷的最大特点，是阻碍其作为产品设计材料广泛应用的主要原因。

二、陶瓷的热性能

对于陶瓷材料，与材料有关的热性能非常重要，如热膨胀、导热性、热稳定性等。

1. 热膨胀

热膨胀是温度升高时，物质原子振动幅增大和原子间距增大所导致的体积涨大现象。热膨胀系数与晶体结构和化学键类型有关系。

2. 导热性

导热性是在一定温度梯度作用下热量在固体中的传导速率，陶瓷的热传导主要依靠于原子的热振动来完成。由于没有自由电子的传热作用，陶瓷多为较好的绝热材料。

3. 热稳定性

热稳定性即抗热振性，为陶瓷在不同温度范围波动时的寿命，一般由急冷到水中不破裂所能承受的最高温度来表达。例如，日用陶瓷

图7-12 陶瓷果盘

图7-13 陶瓷工艺品

图7-14 陶瓷器皿

的热稳定性为220℃，其值与材料的线膨胀系数和导热性等有关。线膨胀系数大和导热性低的材料的热稳定性不高，韧性低的材料的热稳定性也不高。陶瓷的热稳定性很低，比金属低得多，这是陶瓷的另一个主要缺点。

三、陶瓷的其他性能

1. 导电性

陶瓷的导电性变化范围很广。由于缺乏电子导电机制，大多数陶瓷都是良好的绝缘体。但不少陶瓷既是离子导体，又是一定的电子导电体。许多氧化物，例如氧化锌、氧化镍等实际上是半导体，所以陶瓷也是重要的半导体材料。随着科学技术的发展，已经出现了具有各种电性能的陶瓷，如压电陶瓷、磁性陶瓷等。

2. 化学稳定性

陶瓷的分子结构非常稳定，在以离子晶体为主的陶瓷中，金属原子为氧原子所包围，被屏蔽在其紧密排列的间隙之中，很难再同介质中的氧发生作用，具有很好的耐火性或不可燃烧性，甚至在1000℃以上的高温下也是如此，是很好的耐火材料。另外，陶瓷对酸、碱、盐等腐蚀性很强的介质均有较强的抗蚀能力，与许多金属的熔体也不发生作用，所以也是很好的坩埚材料。

四、陶瓷产品的感觉特性

材料的感觉特性是指人们通过视觉、触觉（有时是味觉或听觉）对材料作出的感官印象，人们正是通过这些感觉器官或通过联想得到美的认识和享受。桑塔耶那在《美感》一书中说："假如雅典娜的帕提农神庙不是由大理石筑成的，王冠不是用黄金制造，星星没有亮光，那它们将是平淡无奇的东西。"也就是说，没有人们的感觉印象的话也就体现不出材料的精致与美。材料的美感是通过各个方面表现的色彩美、表面肌理美、结构美、形态美、工艺美等。

材料美是人们通过视觉和触觉的生理刺激对不同的材料产生的不同的感觉特征，大致分为心理的和生理的感觉。表层的感觉是通过材料表面的色彩、光泽、肌理和材料的质地等，产生滑涩、轻重、冷暖、干湿、软硬、粗细、亮暗等生理感觉。深层的感觉是设计者通过材料的质感向消费者传达特定的情感信息和文化内蕴，例如温馨与冷酷、通俗与时尚、古典与现代、感性与理性、活泼与束缚、粗犷与柔雅、自然与高科技等心理的感觉。

材料的质感也是靠感觉特性表现出来，材料的质感一般为自然质感，是材料的固有属性，是由材料的元素成分与微观结构所决定的。另一类是在材料表面经过机械方法或化学方法的处理工艺，得到的一种全新的设计质感。尤其是新的造型材料和高技术表面工程的不断出现，必然会产生新的设计，产生新的造型形式，给人们带来全新的物质享受和精神感受。

陶瓷材料的感觉特性是非常重要的性能，设计若如能合理运用和安排材料的感觉特性，将会给设计的产品增强艺术性。产品设计材料的感觉特性由材料的触觉质感和视觉质感所形成。

1. 陶瓷材料的感受性

陶瓷材料的感受性就是材料的触觉。触觉是指人的皮肤弹性与物面之间的摩擦作用所产生的生理刺激信息。材料的质感一般是通过触觉来判别的。材料的触觉包括温觉、压觉、痛觉、位置觉、震颤觉等，既可以产生光滑、柔软、光洁、湿润、凉爽、娇嫩的快适感，又可以产生粗糙、刺硬、干涩等厌憎感。关于触觉，也有两个方面的研究：一是以直接感受为基础；二是以心理感受为基础。在陶瓷使用中触觉的直接感受与心理感受是交互进行的，当我们看见一个陶瓷产品首先是心理有感应，进而仔细端详甚至产生触摸、试用的愿望，产品的各种信息不断地刺激视觉以至触觉、听觉，并反映到人脑神经系统后加以理解、分析，形成知觉。即人脑对直接作用于感觉器官的各种客观事物作出整体的反映。可以说从这两方面来看，陶瓷产品带给人的愉悦是双方面的，既满足生理上对自然物质的亲近感，同时又满足人们视觉上的审美要求。三是视觉效果。视觉效果可以产生很强的视觉张力。通过直线透视、迭插、遮挡、阴影、明暗处理等强化，还可制造出主体视觉效果。另外，利用半浮雕手法处理陶瓷产品的表面，从而在视觉上产生层次感和精致感。由于审美知觉中存在着各种感觉的互相渗透、互相补充的关系，从而引起各不相同的刺激模式，使得陶瓷材料显示出五彩纷呈的奇特景象。当产品能满足消费者生理与心理要求时，消费者便产生满意、愉快、喜欢等积极的情绪体验。相反则可能产生不满意、烦闷、厌恶等消极的情绪体验。

2. 陶瓷材料的感知觉

陶瓷材料的感知觉即为材料的视觉质感。但由于人类长期触觉经验的积淀，大部分触觉感受已转化为视觉的间接感受。对于已经熟悉的材料，即可根据以往的触觉经验通过视觉印象判断该材料的材质，从而形成材料的视觉质感。

在设计中要正确地体现不同材料的质地美，首先必须研究材料质地对人们审美的作用问题。陶瓷产品是通过形体、质料、重量、釉色、声音、硬度、光亮度……等给人的五官以刺激，人们的感觉神经系统对此作出反应，这种反应是一种审美的过程。不论是质朴粗糙的陶器，还是洁白细腻的瓷器，都能给人以不同感受，如陶器那粗犷的质地，丰富的色釉，或瓷器质地的典雅、细致，都能给您美的亨受。材料质地美之所以能让人反复品味，还因为这种材料质地美既有鲜明的特征，又没有固定的形态，因此，人们可以从各自的意趣出发，通过联想和想象赋子材料以丰富的美的含义。如人们把景德镇瓷器赞为“自如玉”就是对材料美的形象化联想，人们看到瓷的清白、滋润自然联想到玉的明净、纯洁。古陶瓷材料质地美的正确体现与确定的实用功利的目的有密切的关系，因此，在设计中，要考虑材料的质地、色彩与实用的功利目的之间的联系，使之达到有机的统一。

陶瓷材料的感觉特性是材料的视觉要素、

触觉要素及内心的心理要素的综合抽象的表达，陶瓷材料的视觉质感（色彩、光泽、形状、肌理、透明等）及触觉质感（粗糙、细腻、冷暖、清爽、时尚等）都表现了材料的一种张力。

（1）陶瓷材料的色彩感觉

陶瓷材料的色彩分为材料的自然色彩和人为色彩（图7–15）。在陶瓷材料产品上，色彩是很重要的因素，在人们的心理倾向上占有非常重要的位置，不同的色彩给人的心理感受也是截然不同的，更趋向于感性化。它的象征作用和对于人们感情上的影响力，远远大于形和质，我们往往可以通过材料的色彩来造成完全不同的视觉效果。我们常常说“流行色”，就是指某个时期流行的色彩倾向，譬如说流行绿色调、橘色调、蓝灰调等等。最近，国际上流行的棕黄调子，即所谓的“秋天的色彩”或“能引起食欲”的颜色，在餐具上就非常流行。可见，人为色彩具有先声夺人的魅力，虽然色彩是用来表现形象的，但要比形象更容易让人感受，引起人们内心的联想，这是由于色彩具有象征性：暖色常给人以热烈、奔放、辉煌、兴奋之感；冷色又使人感到清爽、娴雅、冷静、平和；高明度色彩使人轻松自在，舒服；低明度色彩则产生压抑和不安之感。不同的色彩都会使人产生特定的情绪，引起内心的反应。

如图7–16所示为strasser laura设计的“飞溅的牛奶碗”，碗的材质为陶瓷材料，此设计充分发挥了陶瓷材料固有色彩的美感属性，并没有影响陶瓷材料色彩美感的发挥，且运用适当的工艺手段加以修饰，丰富了陶瓷材料固有色彩的美感，表现出轻松、活泼的感情。

如图7–17为陶瓷餐具，一改白色统一的风格来设计餐具，这也是对陶瓷材料造型的人为改变。造型丰富的东西看起来好像质量高一些，无形中商品的心理价值就得到了提升，根据这种强烈、活泼、充满生机的感觉，会使消费者的购买欲望明显增强。

（2）陶瓷材料的肌理感觉

肌理是由天然材料自然的组织结构或人工材料的人为组织设计而形成的，在视觉或触觉上可以感受到的一种表面材质效果。陶瓷产品

图7–15　陶瓷锅

图7–17　陶瓷餐具

图7–16　飞溅的牛奶碗

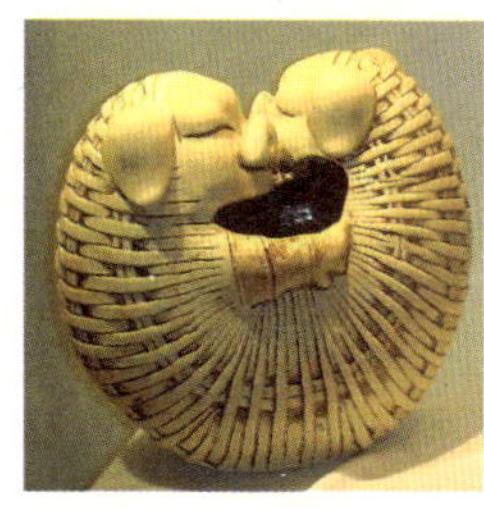

图7–18　陶艺作品

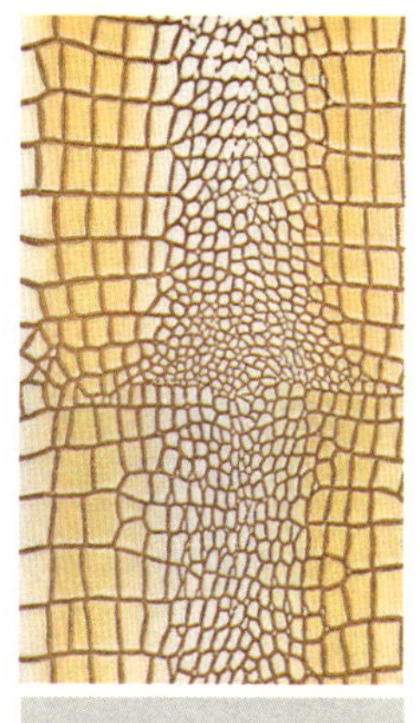

图7–19　陶一郎陶瓷肌理

是借“土”这种基础材料来实现的，通过加工与塑造转化为新的造型形态。在日用陶瓷设计中，肌理对于产品的表面质地起着十分重要的作用。肌理不是独立存在的，它属于造型的细部处理。对于陶瓷产品，肌理不仅可以增加产品的立体感，还可以丰富产品的表情，突出产品的主题。陶瓷的表面肌理也包括自然肌理和再造肌理，包括各种不同的微妙的肌理变化。

如图7-18的陶艺，陶瓷的自然肌理突出的是陶瓷的自然美，虽然比较粗糙，但是在中国人的传统观念中，应该是尊重自然、顺应自然的，主张“天人合一”，从中人们感受到的就是以自然为贵、朴质的感觉，甚至有时人们完全按照自己的需要和感受在陶器的表面上创造丰富的肌理，而不抹去粗糙的痕迹。

陶瓷的再造肌理即人工肌理，指的是材料通过表面面饰工艺所形成的肌理特征，形成新的表面材质特征，满足产品的经济性和多样性。

如图7-19为陶一郎陶瓷肌理，是一种再造表面的装饰肌理。当我们用手触摸的时候，可以感觉到它凹凸起伏的肌理感，在灯光的照射下，视觉上也可以感觉到这种肌理感，这种情况下，陶瓷的柔和变化，能使人产生愉悦轻松、亲切、舒适的感觉。人工肌理是以新为贵的，需要设计师在实践中不断地创新。

同样是咖啡具，不同肌理效果的应用却显示了绝然不同的情态基调。如图7-20所示的怀旧陶瓷咖啡杯，设计师在模具工艺上下工夫，制造出了壶体表面凹凸有序的网络状结构，这些形态结构在施釉烧成后，由于凹凸不等的坯面，积存的釉料不等，坯体自身薄厚不同，透光效果也不一样。因此，呈现出了一种或隐或现的闪烁感觉，创造了极佳的表面肌理效果。而图7-21的陶瓷咖啡具，它的基本形是运用几何曲线形体和扁圆柱形构成，曲面体是在柱体上旋削而成，形体向上延伸构成口部，向上的线段表现得柔美含蓄。在壶口部停顿形成口檐，外翻的口檐既强调了细瓷器的特征，又增加了口部的强度。曲面体和扁柱体交汇处留有十分明确的硬线角，形成了以曲面为主的上半部分和以直线为主的下半部分的造型对比关系。直线形劲挺，曲线形柔美，两种形态互相衬托，相得益彰。设计中最具特色的是壶体的表面肌理为配合造型对比关系，在壶体上制出浮雕状的纹理，使得纹理粗糙的表面与光洁平滑的表面形成了极有特色的装饰效果，增加了整组产品的对比关系，表现出全新的造型效果。

由此可见，在陶瓷产品设计中，如果能巧妙地利用肌理效果乡不仅可以完善使用功能，更有助于烘托产品的艺术气氛，抒发产品的情感，让人愉悦，让人振奋，让人联想思考。

（3）材料的光泽感觉

材料表面拥有的构造组织不一样，表现出

图7-20 怀旧陶瓷咖啡杯

图7-21 陶瓷咖啡具

图7-22 陶瓷咖啡具

来的光泽度也不一样。光感在视觉的明度感光阶梯中具有比较宽的范围。从陶瓷表面的处理来看，光感主要是指不同形式的釉色运用和不挂釉的质地加工，例如紫砂、拓器的表面，用打磨、刻画、浮雕、原料加入不同的化学成分，使表面产生不同的效果。而釉色的处理，也有不同的手法，例如乌光釉的处理，有时令主体形象更加突出，而有光的色釉所产生的高光点或高光带，促使视觉兴奋并激发华丽、流变、变幻的审美感受。

（4）陶瓷材料的形态感觉

人们可以通过不同的材料的形态感受到不一样的信息和情感，陶瓷材料的形态一般是通过块材和片材的表现方式存在的。如图7-22所示的陶瓷产品的存在方式不会像线材表现的那样轻快，它是实体，也比较具象，一般具有重量感、充实感和较强的视觉表现力。

（5）陶瓷材料的文化感觉

《天工开物》记载："水土即济而土合……后世方土效灵，人工表异，陶成雅器。"我国古代就已经知道不同的陶土和瓷土有不同的特点和功效，可以制成优美的陶瓷器皿。历史悠久的陶瓷文化便随着我们的文明不断发展，越来越成熟，到了封建时代末期形成了比较系统完善的文化体系。从汉代的古朴浑厚，唐代的雍容华贵、酣畅淋漓，到宋代的温文尔雅、回归自然……但归结起来看，陶瓷材料的审美特征，不能不受整个民族审美观念和艺术形态的影响，尤其是那些以造型为主的陶艺，通过比例的分割、釉色的预示以及细节上微妙的变化带给观者相对具象的想象空间。陶瓷材料及工艺区别于其他的新型材料有着浓厚的传统文化背景。

第三节 陶瓷产品的生产工艺

一、陶瓷产品的生产工艺过程

陶瓷制品通常要经过坯体成型和窑炉烧结两道基本工艺过程才能制得。坯体成型通常有可塑成型、注浆成型、压制成型等工艺方法，其中粉末压制成型是比较重要的坯体成型工艺。坯体需经烧结才能获得必要的物理力学性能，因此烧结是陶瓷制品的关键工序，对制品的结构和性能至关重要。

总结起来陶瓷成型的工艺主要分为三部分。首先要选择陶瓷粘土的成分，粉粒状的原材料可以进行干拌或湿拌，即原料的配制。其次是对粘土进行成型，最后的工艺则是干燥、烘烧或烧结。同多数材料一样，陶瓷也可以进行小量、中量或者大批量的生产。

1. 原料配制

原料配制的好坏在一定程度上决定着产品的质量，以及工艺流程、工艺条件的选择。陶瓷生产中最基本的原料是石英、长石和薪土。这些原料一般都要经过加工制备才能进入下一阶段。如果是不够纯净的原料，就需要进行拣选和淘洗；硬质原料还需经过破碎、轮辗、球磨等工艺，以改善原料的质量与性能，使之符合成型操作和满足制品质量的要求。

从工艺角度看，陶瓷原料基本可分为两类：一类是可塑性原料，主要是指乳土类天然矿物，包括高岭土、多水高岭土及作为增塑剂

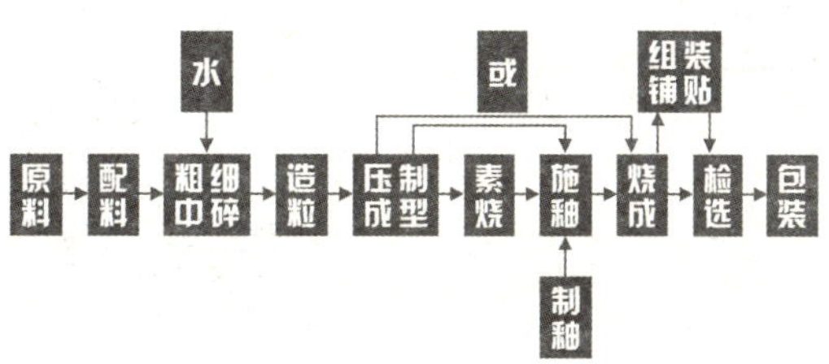

图7-23 陶瓷产品的生产工艺流程

的膨润土等，它们在坯料中起塑化和凝结作用，增强坯料的塑性与注浆成型性能，保证干坯强度及烧后的各种使用性能，如机械强度、热稳定性和化学稳定性等，这一类原料是使坯料成型得以进行的基础，也是薪土质陶瓷的成瓷基础。另一类是无可塑性原料，其中石英属于瘠性原料，可降低坯料的黏性，烧成时部分石英溶解在长石玻璃中，提高黏度，防止高温变形，冷却后在瓷坯中起骨架作用，防止坯体收缩时开裂变形。根据陶瓷制品品种、性能和成型方法的要求，原材料的配方和来源等因素，可选择不同的坯料制备工艺流程，一般包括煅烧、粉碎、除铁、筛分、称量、混合、搅拌、泥浆脱水、炼泥与陈腐等工艺。制备时，要求坯料中各组成成分充分混合均匀，颗粒细度应达到规定的技术要求，并且尽可能无空气气泡，以免影响坯料的成型与制品的强度。配制好的坯料需要经过成型工艺制成粗坯后才能继续下面的工艺，陶瓷成型后的坯体并没有完成制作，还需要“坯体干燥”、“坯体装饰”、“上釉”、“窑炉烧结”等工序。

2. 坯体干燥（图7–24）

成型后的各种坯体，一般都含有较高的水分，没有足够的强度来承受搬运或再加工过程中的压力，容易发生变形和损坏，尤其是可塑法成型和注浆法成型后的坯体更是如此。因此，成型后的坯体必须进行干燥处理。同时，干燥处理也能提高坯体吸附釉彩的能力。经过干燥的坯体，还可以在烧结初期以较快的速度升温，从而缩短烧结周期，降低燃料消耗。

图7-24 陶瓷咖啡具

坯体干燥有不同的方法，如对流干燥、工频电干燥、微波干燥、远红外干燥等。对流干燥是利用热气体的对流作用，将热传给坯体，使坯体内水分蒸发而干燥的方法。工频电干燥是将电流通过坯体进行干燥的方法。微波干燥法是以微波辐射使生坯内极性强的分子，主要是水分子的运动随着交变电场的变化而加剧，发生摩擦而转化为热能使生坯干燥的方法。远红外干燥法是利用远红外辐射器发出的远红外线为坯体所吸收，直接转变为热能而使生坯干燥的方法。生产中常常根据生坯不同干燥阶段的特点，将几种干燥方法综合起来取长补短，可以达到事半功倍的效果。

3. 坯体装饰

坯体成型后，为了达到更好的效果，需要对坯体进行装饰，设计师们会根据时代、地域以及审美的不同进行装饰纹绘，技法多种多样，包括化妆土装饰、划花、刻花、贴花、印花、剔花、镂空、彩绘、雕塑等。

（1）化妆土装饰

化妆土装饰是指用上好的瓷土加工调和成泥浆，施于质地较粗糙或颜色较深的瓷器坯体表面，进行美化瓷器的一种装饰方法。化妆土的颜色有灰色、浅灰色、白色等。施用化妆土可使粗糙的坯体表面变得光滑、平整，坯体较深的颜色会被覆盖，釉层外观显得更加美观、光亮、柔和、滋润。

（2）划花

划花是在半干的器物坯体表面以竹、木、铁杆等工具浅浅划出线状花纹，然后施釉或直接入窑焙烧。划花的优点是手法灵活、线条自然、整体感强。

（3）刻花

刻花是在尚未干透的器物坯体表面使用铁刀等工具刻画出花纹，然后施釉或直接放入窑中焙烧。

（4）贴花

贴花又称“模印贴花”或“塑贴花”，是将模印或捏塑的各种人物、动物、花卉等纹样的泥片用泥浆粘贴在已成型的器物坯体表面，然后施釉入窑焙烧。贴花纹样生动、逼真，具有较强的立体感，这种技法出现于中国汉代并流行于三国两晋南北朝及至唐代，如唐代长沙窑瓷器就是贴花工艺的代表。

（5）印花

印花是将有花纹的陶瓷质料的印具，在未干的器物坯体上印出花纹，或用有纹样的模子直接制坯，在坯体上留下花纹，然后入窑或施釉入窑进行烧制。

（6）剔花

剔花是先在器物表面施釉或施化妆土，并刻画出花纹，然后将花纹部分或化妆土层剔去，露出胎体，而施化妆土的部分会罩以透明釉。在器物烧成后，釉色、化妆色与胎地色形成对比，花纹具有线浮雕感，装饰效果颇佳。剔花技法首先产生于北宋磁州窑，而后陆续被其他一些窑场采用。

（7）镂空

镂空又可称为“镂雕”或“透雕”。在器物坯体未干时，将装饰花纹雕通，然后直接入窑或施釉后再入窑来烧制。镂空的纹样一般较为简单，多为三角形、圆孔、四边形等几何形图案。如图7-25采用捏制盘条法制作的花插，在体量上形成虚实对比，创造出既新颖又具有较强空间意识的结构形式，增添了现代气息。

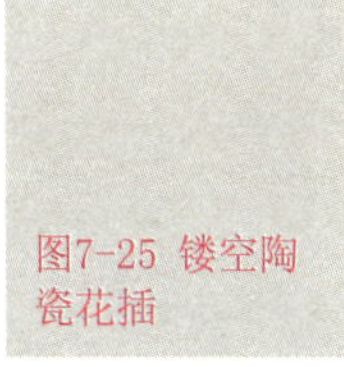

图7-25 镂空陶瓷花插

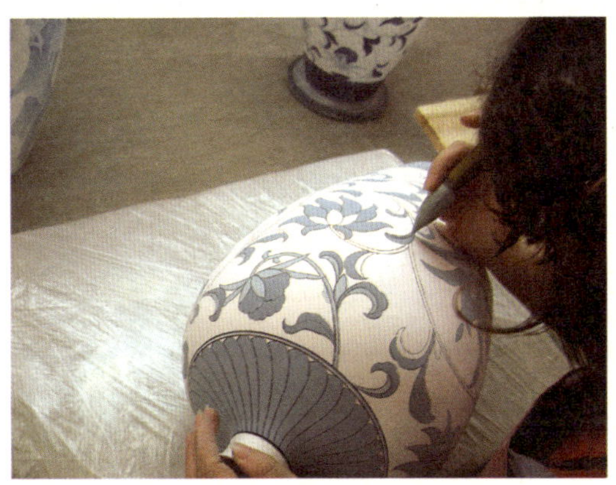

图7-26 陶瓷坯体装饰

（8）彩绘

彩绘是用毛笔蘸各种颜料，在陶瓷器上绘制纹饰。彩绘瓷器有釉下彩绘和釉上彩绘之分，釉下彩绘是用颜料在坯体上绘画花纹，然后施釉入窑经高温烧成；釉上彩绘一般是将颜料画在施釉后高温烧过的器物釉面上，然后再入窑以600℃～900℃的高温烘烧。

（9）雕塑

雕塑是将手捏或模制的立体人物、动物等泥塑造型密集而又有规律地粘贴在器物坯体上，然后直接或施釉后入窑烧制。

4. 上釉

上釉是在装饰完毕的坯胎表面上覆盖一层釉料。施釉的目的是在陶瓷坯体的表面上覆以适当厚度的硅酸质材料，并且在熔融后与坯体能密实地结合，这种类似玻璃质的保护层称之为釉。釉面质量的好坏直接影响上釉产品的性能和质量，尤其是具有艺术价值的陶瓷产品，釉面质量更具有决定性的影响。

图7-27 陶瓷坯体上釉

（1）釉的分类

①按制成物品的种类分，可分为陶器釉、拓器釉、瓷器釉等。

②按釉的主要助熔剂分，可分为石灰釉、灰釉、长石釉等。

③按施釉方式分，可分为生釉、食盐釉等。

④按釉的起源、生产地、研究者分，可分为天目釉、布里斯脱釉等。

⑤按釉的组成的名称分，可分为铁红釉、青瓷釉等。

⑥按釉的外观来分，可分为透明釉、失透釉、无光釉等。

（2）釉的制备

①把土或岩石调和来用。

②将土或岩石混合用火使之熔融，然后骤然冷却成玻璃，称为“熔块”。这样做成的釉要碎为细粉混入水中，使之成为有戮性的汁液用来挂坯。如果这种浆薪力不足而不易附着在坯上时，可以在浆内混入糊精、甘油或其他有薪性的有机物质。

（3）上釉的方法（图7-27）

①涂釉法是用笔或刷子蘸釉浆后直接涂于素胎之上。

②吹釉法是用管筒根据需要，一端蒙上细纱，蘸釉浆后吹于胎体之上，多次反复至均匀而成。

③浸釉法一般是用于胎体外部施釉时，手持器坯浸入釉浆中轻轻上下拉动或左右转动，借坯体的吸水性让釉着附在坯胎上。

④荡釉法是把釉浆注入器坯内，上下左右旋荡胎体，使釉浆均匀附于器坯内壁上。壶瓶、罐类容器常用此法制得。

⑤轮釉法是将坯体放在旋轮上施釉，利用旋转产生的离心力使釉浆散甩到器坯内壁上。

⑥静电施釉是将釉浆喷至一个不均匀的电场中，使原为中性粒子的釉料带有负电荷，随同压缩空气向带有正电荷的坯体移动，从而达到施釉的目的。

（4）上釉的作用

①可增加坯体的强度。

②防止多孔性的坯体内所装液体的渗透。

③增加坯体表面的平滑性，易于清理。

④具有装饰性，可增加陶瓷的美观。

⑤具有对酸碱的抗蚀性。

5. 窑炉烧结

烧结也称烧成，是坯体瓷化的工艺过程，也是陶瓷制品工艺中最重要的一道工序。经成型、干燥和施釉后的半成品，必须再经高温焙烧，坯体在高温下发生一系列物理化学变化，使原来由矿物原料组成的生坯，达到完全致密程度的瓷化状态，成为具有一定性能的陶瓷制品。

一件瓷器烧制的成功与否，同窑的形状、装瓷匣钵入窑后的摆放位置、烧成温度的高低、窑内火焰燃烧的化学变量等都有极大关系。不同时期、不同瓷质的瓷器烧成温度是有差异的，其平均烧成温度在1100℃~1300℃之间。烧结可以在煤窑、油窑、电炉、煤气炉等高温窑炉中完成。整个烧结过程大致可分为低温蒸发（<300℃）、氧化分解和晶

型转化（300℃~950℃）、玻化成瓷和保温（>950℃）、冷却定型四个阶段。

陶瓷制品在烧结后即硬化定型，具有很高的硬度，一般不易加工。对于某些尺寸精度要求较高的制件，烧结后可进行研磨、电加工或激光加工。

烧成方法一般有低温烧成、热压烧结、热等静压、真空烧结法四种。

（1）低温烧成

一般来说，凡烧成温度有较大幅度降低（如降低温度在80℃~100℃以上者）且产品性能与通常烧成的性能相近的烧成方法可称为低温烧成。低温烧成可以极大地节省能源，且快速烧成在节约能源的同时，又可提高产量，使生产成本大幅度降低。

（2）热压烧结

热压烧结是在高温下加压促使坯体烧结的方法，也是一种使坯体的成型和烧成同时完成的新工艺。在粉末冶金和高温材料工业中已普遍采用这种方法。作为一种新的烧成方法，热压烧结已逐渐成为提高陶瓷材料性能以及研发新型陶瓷材料的一个重要途径。热压可以显著降低烧成温度和缩短烧成时间。但热压烧结也存在一些缺点，主要是过程及设备较为复杂，生产控制要求较严，模具材料要求高，电能消耗大等。

（3）热等静压

热等静压也是一种成型和烧成同时进行的方法。它利用常温等静压工艺与高温烧结相结合的新技术，解决了普通热压中缺乏横向压力和产品密度不够均匀的问题，并可使瓷件的致密程度进一步提高。热等静压的最大特点是能在较低的烧成温度下，在较短的时间内得到各向同性、几乎完全致密的细晶粒陶瓷制品，因此制品的各项性能均有显著的提高。热等静压可以直接从粉料制得各种形状复杂和大尺寸的制品，能精确控制制品的最终尺寸，故制品只需很少的精加工甚至无需加工就能使用。这对于硬度极高且稀有贵重的材料来说具有重要的意义。

（4）真空烧结法

前面所述的热压烧结法，通常需要在保护气体中烧结。在真空中施加机械压力的烧结方法称为真空热压烧结法。这种烧结法不存在气体中的某些成分对材料的不良作用，有利于材料的排气，因此能获得致密度更高的制品。另一种不加机械压力的真空烧结法简称真空烧结法，主要用于烧结高温陶瓷以及含TiC的硬质合金、含钴的金属陶瓷等。这种烧结法是在专门的感应真空炉中进行的。真空烧结法的设备也较复杂，当要求的真空度较高时，需配备性能良好的高真空泵。

在经过了原料配制、坯料成型及窑炉烧结三个步骤之后，一件陶瓷产品就生产出来了。

二、陶瓷产品常用成型工艺

将配制好的坯料制作成为预定的形状，以实现陶瓷产品的使用与审美功能，这个赋形的工序就是成型。成型是陶瓷工艺过程中的一个重要工序。经过成型，陶瓷粉料变成具有一定形状、尺寸、强度和密度的半成品。陶瓷成型的方法很多，按照坯料的性能，最基本的成型方法可分为三类：可塑成型法、注浆成型法和压制成型法。

1. 可塑成型

可塑法是利用泥料具有可塑性的特点，经一定工艺处理泥料制成一定形状的制品。适合于成型具有回转中心的圆形成品，在传统陶瓷和特种陶瓷的生产中采用较为普遍。可塑法又叫塑性料团成型法。坯料中加入一定量的水分或塑化剂，使坯料成为具有良好塑性的料团。然后，利用料团的可塑性通过手工或机械成型。

最古老的可塑法成型是用手工在辘轳车的转动案板上成型圆形物件。新式的旋坯成型工艺已用石膏模和样板刀代替了手工操作。根据可塑成型的原理，又发展了滚压成型、塑压成型、注塑成型等。可塑成型适合生产管、棒和薄片状的制品。以下介绍几种常用的可塑成型方法:

（1）挤压成型。挤压成型一般是将真空炼制的泥料，放入挤压机的挤压筒内，在挤压筒的一端可对泥料施加压力，另一端则安装机咀模孔即成型模具，通过更换机咀模孔挤出各种形状的坯体。也可将机咀模孔直接安装在真空炼泥机上，成为真空炼泥挤压机，挤出的制品性能更好。挤压成型适用于加工各种断面形状规则的瓷棒或轴（如圆形、方形、椭圆形、六角形瓷棒）以及各种管状产品。挤压机挤制出的坯体，待晾干后再切制成所需长度，便制成成品。

（2）车坯成型。车坯成型是用挤压出的圆柱形泥段作为坯料，在卧式或立式车床上加工成型。车坯成型常用于加工形状较为复杂的圆形制品，特别是大型的圆形制品。

（3）旋坯成型。旋坯成型是一种将泥料灌入旋坯机上旋转着的石膏模中，再利用样板刀的挤压力和刮削作用将坯泥成型于模型工作面上的成型工艺。这一成型工艺有两种比较常用的方法，即仰旋法和覆旋法。仰旋法常用来制作较深的空心器皿。首先将预先制备好的薪土泥段进行挤压，并且切割成圆盘状，使其接近成品的造型，然后将其放进固定在辘轳中心的旋轴上。这也是仰旋法同手工拉坯类似的地方。在辘轳的旋转中，乳土在模具中被拉起来形成杯壁。再置入型刀刮掉多余的坯泥，最后制出精准的杯子轮廓。

覆旋法在工艺上同仰旋法非常类似，不同之处在于它是用来制作扁平的空心器皿。覆旋法由里至外旋转拉坯。在轮廓成型时对外层表面（而不是内表面）进行修割。首先把预制好的坯泥放置在延辗机（一种旋转模具）的旋转模具上面进行成型，然后利用扁平的型刀刮掉多余坯泥让厚度更为均匀，最后把这些厚厚的泥盘移入盘模来形成盘子的内部轮廓。盘模在旋转中用型刀把泥料的外边逐渐刮掉，以求得到精确的器皿外轮廓。

在生活中常见的橡胶用品如气球或外科手术中所需的消毒手套通常是使用陶瓷模型来制造的。用于生产的陶瓷模型可分为阴模和阳模两种。如生产盘坯，大多使用的是陶瓷阴模。阴模和阳模都是生产中不可或缺的珍宝，比较适合用旋坯成型的方法来进行制作。

（4）滚压成型。滚压成型是在旋坯成型的基础上发展起来的一种可塑成型方法，也是依靠旋坯成型原理，只是把扁平形的样板刀改为尖锥形或圆柱形的滚压头。成型时，盛放着泥料的石膏模型和滚压头分别绕自己的轴线以一定的速度同方向旋转。滚压头在转动的同时，逐渐靠近石膏模型，并对泥料进行滚压成型。若滚压头内配有加热装置，就成了热滚压成型，加热温度为120℃~130℃。滚压成型是目前应用最广的陶瓷成型工艺之一。

（5）轧膜成型。轧膜成型是新发展起来的一种可塑成型方法，在特种陶瓷生产中应用较为普遍，适宜生产10mm以下的薄片状制品。轧膜成型是将准备好的坯料，拌以一定量的有机胶乳剂（一般采用聚乙烯醇），置于两辊轴之间进行轧辊，通过调节轧辊间距，经过多次轧辊，最后达到所要求的厚度。

（6）拉坯成型（图7–28）。拉坯成型也可称为手工拉坯，是一种古老的手工成型方法，可应用于艺术作品、餐具用品以及户外家具用品的生产。它不需要模具，由操作者手工控制，在转动着的辘轳上进行操作，较适用于制作碗、盆、瓶、罐之类的圆形器皿。拉坯时要求坯料的屈服值不太高，延伸的变形量要大，即坯泥既要有挺劲，又能自由延展。

一般来说，目前除了卫生洁具以外，陶瓷在家具产品上的应用并不太多。但著名设计师萨地扬德拉帕克黑尔将现代大批量生产的工业造型同古老的辘轳旋坯工艺完美结合，创造出大批别具匠心的家具制品。陶瓷制品也可以变成家具，这样的观念转变为设计界吹来一股清新之风。选择合适的勃土非常重要，它决定了混合的泥料是否具有足够的弹性，以保证在拉坯时能有一定的强度。对于壁厚不同的手工拉坯作品，要在同等干燥时间中有效地防止烘烧时不开裂绝非易事。最终设计师还是进行了相应的调整，把椅子分为前后两部分，分别进行制作。烘烧后再用聚氨基甲酸酯胶水把两部分粘合在一起。

（7）印坯成型。印坯是比较古老的成型方法，基本上要靠手工和简单的工具来制作，通过刻、划、镂、雕、堆塑等各种技法进行美化，最终产生造型姿态独特的陶瓷产品，一般用于制作人物、鸟兽、花卉、景物等艺术陈设瓷。印坯成型是以手工将可塑性软泥在模型中翻印成型或印出花纹，结合薪接法，将印成的几件局部半成品粘到一起，组成一个完整的坯体。印坯有时也作为附件配合其他成型方法做出的主体来组合使用。它的最大优点在于不需要设备上的投入，但是要解决好坯裂、变形等常见的技术缺陷。印坯成型虽然在生产效率上低于其他成型工艺，但其手工艺性较高，且有独特的艺术鉴赏价值。

图7-28 陶瓷手工拉坯

2. 注浆成型

注浆成型又叫浆料成型。这是陶瓷成型中的一种基本方法，其成型工艺简单，即将制备好的坯料泥浆注入多孔性模型内，由于多孔性模型的吸水性，泥浆在贴近模壁的一层被模子吸水而形成一层均匀的泥层。随时间的延长，当泥层厚度达到所需尺寸时，可将多余的泥浆倒出，留在模型内的泥层继续脱水、收缩，并与模型脱离，出模后即得到制品生坯。注浆成型适用于形状复杂、不规则、薄壁、体积大且尺寸要求不严格、精度要求不高的陶瓷制品。注浆成型又分为石膏模铸成型、热压注浆成型和高压注浆成型。

（1）石膏模铸成型。石膏模铸成型是将泥浆注入石膏模型中，经过一段时间后在模型内壁粘附成具有一定厚度的坯体，然后将其余泥浆倒出，坯料形状便在模型内固定下来。这种成型方法常用于制造形状复杂、精度要求不高的日用陶瓷和建筑陶瓷。石膏模铸成型的注浆方法有空心注浆和实心注浆两种。空心注浆也叫单面注浆。为了提高其注浆速度和坯体的质量，又出现了压力注浆、离心注浆和真空注

图7-29 陶瓷花插

图7-30 高压注浆成型卫具

浆等新方法。这种注浆方法简单，对大小和形状复杂的制品都适用，但劳动强度大，占地面积大，生产周期长，不利于机械化和自动化操作，制品质量差，产量低。

（2）热压注浆成型。热压注浆成型和熔模铸造中蜡模的制造工艺较为相似。它是利用石蜡的热流性特点，与坯料配合，使用金属模具在压力下进行成型。首先在原料中加入塑化剂（石蜡），制成蜡浆，然后在适当的温度下通过一定的压力将蜡浆注入到金属模具中，待坯体冷却凝固后再进行脱模。由于常用浆料中的石蜡含量在13%以上，高温下石蜡软化会引起坯体变形，因此，在烧结之前要先排蜡，即将坯体埋在吸附剂中，在低于烧结温度的高温下，使石蜡熔化、渗透、扩散到吸附剂中蒸发掉，并使坯料初步发生化学反应而具有一定的强度。

排蜡后的坯体再经高温烧结后制成陶瓷产品。热压注浆成型是工业陶瓷中常用的一种成型方法，制得的产品尺寸较准确，光洁度高，结构紧凑。在产品设计中常用于制造形状复杂、尺寸和质量要求较高的工业陶瓷产品，因此在特种陶瓷成型中普遍采用。

（3）高压注浆成型。高压注浆成型工艺是通过抽吸把泥浆注入一个不漏水的模具，水在压力下自然地从模具中渗出。干燥后，把模具中的坯体拿出来清理有瑕疵的部位，再用快干机干燥一次，最后再进行喷釉和烘烧。烘烧时要考虑到烘烧的坯体会有收缩的现象。

大型卫生洁具的生产通常使用一种名为真空压制的注浆成型工艺，如图7-30所示。依据生产产品的类型及规模不同，相应的注浆成型工艺也各不相同。在注浆成型的时候，要把陶瓷微粒和水倒入不漏水的模具中。这些一般都由石膏制成，它可以把水从湿浆中脱离出来，而在模具内只留下陶瓷泥浆。翻转模具可以把多出的陶瓷泥浆倒出来。

注浆成型可应用于生产一次性中空产品及桌上用品，如茶壶、花器、雕像、高产量的卫浴用品等。

3. 压制成型

压制成型又称粉料成型。它是将含有一定水分和添加剂的粉料在金属模具中用较高的压力来压制成型。同注浆成型、可塑成型相比，压制成型由于坯料采用粉料、水分和粘结剂的量较少，故压成后坯体的强度较大，变形小，烧结后收缩小，并且产品尺寸精度高，易于机械化和自动化，生产率高。这是一种低成本、高产量的成型方法，是大规模生产陶瓷最经济的方式，但其缺点是金属模具磨损大，产品的体积和尺寸也有一定限制。

一般来说，要降低大批量生产的单位产品成本，需要投资大量的模具设备。在投资较低的前提下，这种生产方式每小时可生产1千到2万件大小不同的产品。干粉压制技术无需加热加压就能将模具的两个部分结合在一起。在烧制前进行额外的机械加工，就保证了无需大量模具投资就能进行大批量产品的生产。压制成型适用于任何需要高精度的实心或机械加工部件的生产，如工业陶瓷中的灯泡头、抗热及电绝缘体等。

一般而言，压制成型包括塑压成型、模压成型和等静压成型。

（1）塑压成型。塑压成型一般是将可塑泥料放在石膏模内，在常温下压制成坯的成型工艺。塑压成型的优点是适合于成型各种异型盘碟类制品，如鱼盘、方盘、多角形盘碟及内外表面有花纹的制品。同时，由于成型时施以一定的压力，坯体的致密程度较旋坯法、滚压法都高。缺点是石膏模的使用寿命短，容易破损。国外已经开始采用多孔树脂模、多孔金属模等高强度模具。目前我国在日用陶瓷工业中已有厂家采用塑压成型工艺。

（2）模压成型。模压成型也叫干压成型。在特种陶瓷生产中常常采用干压成型。其特点是胶勃剂含量较低，只有百分之几（一般为7%~8%），不经干燥可以直接焙烧，坯体收缩小，可以自动生产。干压成型的实质是在外力作用下，颗粒在模具内相互靠近，并借内摩擦力牢固地把各颗粒联系起来，保持一定形状。

（3）等静压成型。等静压成型是利用液体介质不可压缩性和均匀传递压力性的一种成型方法。该工艺方法是将粉料装入橡胶弹性模具中，用液体（油、水等）作传压介质，从各个方向对坯料施加均匀的压力（一般工作压强为200MPa~400MPa）。等静压成型的最大特点是：产量大，瓷质结构均匀致密，产品规格一致，不需要石膏模和干燥工序，能适应于多种产品的生产，具有较好的应用前景。

三、陶瓷产品成型新工艺

伴随科学技术的进步，陶瓷成型工艺也得到较快发展。除了可塑、注浆、压制这三种较传统的工艺外，注铸成型法和快速制作原型法也在填补着传统工艺留下的空白与不足。

1. 注铸成型。注铸成型是塑料工业里的标准生产方法。传统的杯子和把手是先分开制作，然后粘合而成。由于在制作中要用到的黏合剂非常昂贵，而且可能会在烧结小件产品时出现问题。因此，这种适合劳动密集型生产方式的方法在陶瓷领域应用的不多。在这一领域，绝大部分的技术发展是基于骨瓷制品的，但是陶瓷注铸成型法的优点，还是拓展出了一整套全新的商业与设计的概念。

在英国陶瓷研究公司、皇家道尔顿公司及物理科学研究协会的联合资助下，研发人员终于开发出一种低成本、利用注铸成型法进行大批量生产的骨瓷杯制作技术（图7-31）。从1962年至今，已经有将近10亿件的骨瓷杯子被销往市场，这是陶瓷技术开发史上最为成功的一个例子。

2. 快速制作原型法。以往制作作品实物原型通常是雇用模型师用手工的方式来实现设计方案，随着电脑科技的迅猛发展和软件技术

图7-31 骨质瓷

的逐步完善，现在在很多工业生产中已经开发多种快速成型模具来制造这些模型。使用CAD（计算机辅助设计）控制的设备为设计人员提供了更快速、更经济的方法来制作产品原型。多数制造商使用聚合物树脂来制作模具。铸形石膏块的干燥时间为30分钟左右，此时石膏非常坚硬，但还比较湿润，可以进行切割。与干燥时切割相比，在湿润的状态下切割石膏会大大减少干灰的产生，使工作环境变得更为干净，同时还可以减少模具的磨损。

先进的CAD模具不仅大大减少实物大模型转换的时间，计算机制模技术也能制出大量不同又复杂的表面纹样，这是传统方法难以做到的。这种工艺可用于生产由计算机绘制出的各种外形的产品，唯一的限制是在产品尺寸上需受限于加工机械的尺寸。餐具多以这种工艺制造。

3. 带式成型法。薄片制品以往采用模压或轧膜成型。但随着科学技术的发展，对制品性能的要求不断提高，特别对于要求表面光洁、超薄型（厚度1mm以下）的制品，上述两种方法均不能满足要求，因而又发展出一种带式成型法。带式成型法可分为流延法和薄片挤压法两种。前者成型用的坯料为料浆状，后者为泥团状。一般情况下采用流延法。流延法是超薄型瓷片（厚度在0.05mm以下的薄膜）的成型方法，在电子陶瓷工业中广泛用于生产独石电容器瓷片、薄膜电路基片等。

四、陶瓷产品的表面处理工艺

在产品造型设计时要根据产品的性能、使用环境、材料性能，正确选择表面处理工艺和面饰材料，使材料的颜色、光泽、肌理及工艺特性与产品的形态、功能、工作环境匹配适宜，以获得大方、美观的外观效果，给人以美的感受。

一般来说，不同材料的表面处理工艺会有所不同，诸如采用表面电镀、涂装、研磨、抛光、覆贴等加工技术会达到不同的处理效果。表面工艺就是要处理诸如色彩、光泽、纹理、质地等能直接给予人视觉、触觉刺激的一切表面造型要素。而这些要素则会因材料表面性质与状态的改变而改变。产品表面所需的色彩、光泽、肌理等，除少数材料所固有的特性外，大多数是依靠各种表面处理工艺来取得。所以表面处理工艺的合理运用对于产生理想的产品造型形态至关重要。

从产品设计的角度来看，表面处理工艺主要包括两方面目的。首先是保护产品，也就是保护材料本身赋予产品表面的光泽、色彩、肌理而呈现出的外观美，改善表面的物理性能（光性能、热性能、电性能等）、化学性能（防腐蚀、防污染）及生物性能（防虫、防蛀、防霉等），并提高产品的耐用性及安全性，由此有效地利用材料资源。其次是根据产品造型设计的意图，改变产品表面状态，赋予表面更丰富的色彩、光泽、肌理等，提高表面装饰效果，使产品表面具有更好的质感。

1. 陶瓷表面处理工艺

成型后的陶瓷产品如果想要获得精美的表面效果就需要经表面工艺进行处理，陶瓷的表面处理工艺是陶瓷工艺中十分重要的组成部分。金属材料和木质材料的表面处理工艺一般都会在成型之后进行加工。如木质家具在后期会进行表面打磨、上清漆等。陶瓷材料因其材料特性，一般会在坯体成型过程中（窑炉烧结前）进行表面工艺的处理，如上釉、化妆土装饰、刻花、印花等工艺。

这些都属于传统表面处理工艺，在前面文中已有所介绍，下面介绍其他几种表面处理工艺。

（1）陶瓷彩釉

陶瓷釉层是非同寻常的半永久性表层，一般情况下瓷器施釉后的颜色是很难褪去的。一旦把陶瓷釉应用到金属材料上，这种不易褪色的特性可与其他现代材料竞争。

金属和陶瓷材料的结合，可以使最终产品拥有每种材料各自的优点。将金属的可加工性与陶瓷质感的致密表面相结合后应用于烤箱、炊具或浴室用品的生产，金属陶瓷极佳的硬度能保证这些产品的表面不会磨损，同时也给设计师们在产品的装饰性上提供了更多的发展空间。

无论称其为陶瓷彩釉、玻化陶瓷亦或是玻璃涂层钢，它极佳的抗擦伤性、抗风化性、表层的耐腐蚀性都使其成为高性能的涂层材料，对那些需要耐热和耐火的产品来说，它是非常理想的选择。

陶瓷彩釉可应用于餐具、浴具、大型及小型装置的洁具表层、卫生洁具、热水器、建筑板材、化学储藏容器、污水处理槽、首饰及装饰盒的生产中。

（2）厚膜金属化处理

设想一下在未来智能化的厨房中导电电路可以应用于陶瓷制品，盘子可以同其他电子产品聊天将会是怎样的情景。厚膜金属化处理能让两种材料结合起来，并且能发挥出它们各自的物理特性。导电线路、电阻器和电容器放在陶瓷基片上形成电路，可应用在那些不能使用标准玻璃纤维印刷电路板（PCB）的产品上。与其他常规玻璃纤维印刷电路板不同，陶瓷基片的显著优点是可适用于高温环境，另外，它们使用的是添加材料，而不是把材料蚀刻掉。

在氧化铝或铝的氮化物上印刷涂层，加热后形成永久的物理连接，也可以加入后续的涂层形成独立的电路。这种工业工艺可以让设计

图7-32 牛奶杯

图7-33 表面装饰的儿童杯

师去开发陶瓷和电子结合的产品，如高压、高阻值的专用电阻网络及芯片电阻。这种产品的应用范围极其广泛，从一般消费品到军事装备都在其列。

（3）手工施釉

陶瓷制品利用金属釉来提升产品本身的价值感，正由于天然的装饰性和釉色的持久性使陶瓷成为装饰应用中的佼佼者。坯体必须要非常圆滑，才能将釉料完全吸附在坯体上。喷彩法或分层法都是新研制出来的技术。因为陶瓷釉料中没有荧光颜料，坯体中的荧光色全部靠手绘，在窑中烧成后再涂覆。著名设计师卡里姆·拉希德的“水滴”系列就是手工施釉的典型案例。“水滴”的形体依靠框架模式的三维实体造型软件来设计，然后转化成手工制作实样。在这种情况下，陶瓷制品都是用手工而不是用模具来进行生产，生产出来的产品具有像古罗马时期的名家陶瓷艺术品一样强烈的手工质感。手工施釉方法使陶瓷产品表面的处理效果非常自由。不但适合单件艺术品的制作，同样也适用于大批量生产。

（4）陶瓷丝网转印印刷

陶瓷是一种在材料外观设计、创新和材料本身研发方面都达到同等发达程度的材料。采用丝网印刷技术可以将各种图案、纹样转印在瓷盘上，达到很好的装饰效果。设计师罗勃·

科瑟勒将科学同艺术完美结合。他的作品用电子扫描显微镜拍摄的野花花粉图片来装饰。首先在拍摄授粉的时候要使用电子显微镜，拍摄的图像被扫描输入到透明的激光薄膜上，然后通过丝网印刷把图片印制到涂料纸上。干燥后，把印好图案的涂料纸浸泡在水里，使图案从纸基上脱落以利于转印。把图案转印到产品坯体，然后进行烧制，窑烧温度要保持在750℃~900℃之间。这种工艺可用于从餐具到磁砖的各类产品。对于不同的产品，在直接印刷到表面上时工艺会略有不同。

第四节　陶瓷在设计中的表现力

一、设计中陶瓷材料的选择

1．产品的外观（图7-34）

陶瓷材料的选用往往受到产品外观的影响。陶瓷材料一般为表现为有厚重感的板材或块材，若是产品的外观为线型的话，陶瓷材料便达不到此要求。就材料的表面效果来看，若对产品的光泽、肌理或反射率等有较高要求的话，可选择陶瓷材料。

2．产品安全性

对一件产品来说，安全是最重要的因素。在安全方面，对于陶瓷的选择应按有关的标准来选用，并充分考虑各种可以预见的危险。例如儿童用的玩具、餐具若配置陶瓷材料的话，就易于碰撞碎裂而发生危险。

3．产品的功能

任何产品，首要考虑的都是产品要达到的功能和所期望的使用寿命。若产品要达到敲击的功用的话，就不建议采用陶瓷材料，所以对产品功能的考虑必定会在选用更适合的材料方面作出总的指导。

4．产品的基本结构要求

产品的基本结构要求是材料原则的另一个重要准则，如今不仅要综合平衡设计中对产品的功能、美学和人机工程学方面的要求，还要解决针对批量生产特点的机械结构、加工工艺难点以及由此产生的成本问题等。

5．产品的市场

陶瓷材料的选用往往也会受到市场的影响，设计师在使用陶瓷材料的时候，要先对消费者进行调研。有时消费者所期望的材料并非是设计者准备采用的材料。

二、设计中陶瓷材料的使用

1．因材施用

在造物的过程中，材料是必不可少的，但是选用何种材料却常常制约着造物者。研究材料并不是所有的设计师都必须是材料专家，但是设计师要了解陶瓷材料的特性，进而得心应手地去应用它。所以，我们从设计的角度来研究陶瓷材料的目的不是为了创造新材料，而是如何使用和应用陶瓷材料。

不同的材料由于其材料特性的差异，在应用上有很大的差别。对于同类材料而言，我们

图7-34 造型独特的图腾套杯

图7-35 瓷器餐具

图7-36 紫砂茶壶

既要研究其共性，又要把握其差异性。对陶瓷材料而言，陶和瓷的特性及表面工艺的差异也影响或制约了它的表现内容和形式。我们从图7-35可以看出，白瓷与陶器相比，其胎质更致密、坚实，不仅外表光滑细腻，而且在性能上具有较高的强度，气孔率和吸水率都非常小，不渗水，在盛装和储藏食物方面具有更多的优越性。瓷器质地洁白而半透明，化学稳定性和热稳定性较为理想，既能耐酸、耐碱，又有抗骤冷、骤热的机能，器体与所盛食物在一定高温作用下也不易发生化学变化，既符合卫生的要求，也有利于衬托食料的色泽，因此非常适合制作餐具、茶具、咖啡具等饮食用具。再看砂器质地耐高温（如图7-36所示的紫砂壶），耐急冷急热，化学稳定性好，在功能上具有火上烧煮食物不炸裂、不变味、不变质和保持食物味道鲜美等优点，适宜制作砂锅、砂壶等。如紫砂壶用以泡茶不失原味，“色、香、味皆蕴”，使“茶叶越发酵郁芳沁”；紫砂壶使用久后，即使以空壶注入沸水，也有茶味；能经受冷热急变，寒天冲茶，决无爆裂危险，还可用文火炖烧；由于传热缓慢，使用抓提不烫手。对陶瓷设计来说，能够实现产品的实用性，让材料的特性发挥到最高比也就是选择材料的原则。

因此，因材施用也就是准确地选择材料的材性，使其发挥出最佳的效用，物尽其用。

2. 经济用材

选择适应性的材料还要考虑到经济用材，经济用材能降低成本，实际上就等于在节约宝贵的地球资源。经济用材包括：用材的节约，材性相似的情况下选择低廉的材料。当然，经济用材并非材料越少越好，而是希望用最少的材料发挥最大的效用。

图7-37 Tonfisk Oma柠檬榨汁机

三、设计中陶瓷材料运用的典型案例

1. 陶瓷在餐具设计中的应用

陶瓷是一种在我国有着悠久历史的古老材料。早在原始社会，随着人类偶然发现了火，便产生了人类第一种新物质——陶器，这也是世界上最早的陶瓷器皿。日用陶瓷是从生活中产生，也是在生活中积淀和规范的，所以也可以称其为功能性陶瓷。随着科技的日新月异，人们的生活环境和生活习惯的不断改变，现在的陶瓷产品已经不仅仅要满足人的实用需要，更要满足人的心理审美需求。

如图7-37是由詹妮·奥娅拉（Jenni Ojala）和苏珊娜·霍卡拉（Susanna Hoikkaia）设计的Tonfisk Oma榨汁机。从外形上也许很容易让你想起菲利浦·斯达克（Philippe Starck）的Juicy Salif榨汁机，但是看上去这个更加好用，至少在清洁方面，发挥了陶瓷材料不易被油污弄脏的特点。柠檬榨汁机实用很方便，使用时只需将切好的半个柠檬在榨汁机中一转，便可从漏嘴中倒出柠檬汁。

从陶瓷的特性来说，陶瓷材料不易被油污，易清洁，抗酸性、抗碱性较强，成型工艺简单，成本低。陶瓷材料对酸、碱的抗蚀能力是设计师在设计过程中考虑的重要因素。Tonfisk Oma设计的成功在于合理选择了材料以及外形的亲切可爱，抓住了人的审美心理，即使你不需要这样的榨汁机，买一个摆在家中也会让你心情愉悦。

2. 陶瓷在灯具设计中的应用

瓷器是中华民族古老文明的象征。陶瓷因其悠久的历史和骄人的成就，成为我国传统文化的重要组成部分。

陶瓷灯具——情理之中：光源的变革使原来适应火光源照明的陶瓷灯具逐渐被时代所遗忘，透光性能良好的玻璃，成本低廉的塑料等逐渐取代陶瓷成为灯具制作材料的主流。现在重新考虑使用陶瓷材料制作灯具，其原因也在于蕴涵在陶瓷之中的技艺之美是其他材料很难取代的。陶瓷的制作过程体现了泥与水的融合，火的“洗礼”造就出了它返璞归真、天人合一的性格。它所流露出的平易、宁静与祥和是对其他灯具制作材料的有益补充。同时，由于陶瓷材质的工艺局限性问题可以通过对其他材料的综合利用加以解决，所以现在不失为深度挖掘并再次向人们展示陶瓷材质美、技艺美的大好时机。

图7-38所示为陶瓷材料室内照明工具，从陶瓷的特性来讲，骨瓷灯因其丰富的肌理变化，色彩斑斓的釉药效果，温润质朴、纯净亲和的内在气质而具有特殊的装饰内涵，手工成型的工艺特点使陶瓷与光影结合的“装置”区别于一般批量生产的工业产品，更有助于体现个性化的设计风格，也更符合当今时代发展的潮流。

陶瓷制品独特的韵味以及与众不同的视觉和精神愉悦功能有着旺盛的生命力。陶瓷艺术具有深厚的文化积淀，它曾广泛吸收绘画、书法、雕刻等艺术门类的语言精华，兼收并蓄，经过千锤百炼成就了中国历史上各具特色的陶瓷品类，陶瓷灯具的意义也得到了进一步拓展：它不再局限于仅仅体现其照明功能这一点上，更主要的是突出陶瓷与光影的有机结合在建筑内部所发挥的装饰作用。当现代陶艺作品与光影效果有机结合在一起，并被置于一个特定的环境之中的时候，它打破了灯具作为日用器具的限定，更像是一件蕴涵着陶艺家奇思妙想、用来装饰室内空间的“装置”作品。对于会发光的“装置”作品，除了照明以外，更突出它在环境中的观赏性，也更加凸显了陶瓷材料适合灯具的合情合理性。

3. 陶瓷在卫生产品设计中的应用

图7-39为柯德时尚面盆，采用的是经过1335℃的高温烧制的绿色环保用瓷。水流石上，让人仿佛走在山间，满耳潺潺的溪水，感受自然的清新。

卫生陶瓷材料已在人们日常生活、房屋建筑、冶金、化工等领域得到广泛应用。如柯德时尚面盆光洁度高、颜色纯正（白得如此纯净，让人心生喜爱）、不易挂脏积垢、易清洁、自洁性好，采用了高质量的釉面材料，对光的反射性

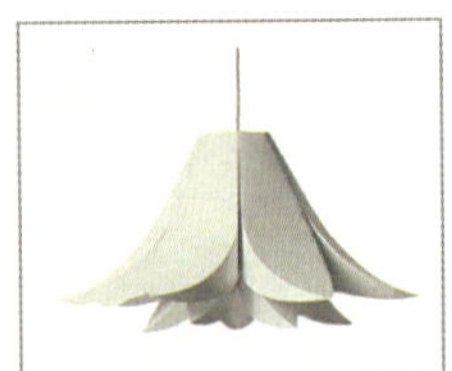

图7-38 陶瓷材料室内照明工具

图7-39 柯德时尚面盆

图7-40 佳美迪座便器

好、均匀，能产生强烈的视觉效果。

为什么陶瓷材料是卫浴产品的最合理选择材料呢？从陶瓷的固有特性来看，它们具有某些优良的性能，如耐腐蚀、耐磨损、耐高温、经久耐用、清洁卫生。而且由于传统陶瓷的原料大多来源于天然矿物（如黏土、石英和长石等），成型与烧结相对比较简单，并且可直接批量形成制品，无需进行机加工，因此成本低廉，用量之大是其他材料难以比拟的。传统陶瓷已有数千年的生产历史，经久不衰，有的与美术工艺相结合，具有极高的观赏价值与经济价值。但是，由于原料、杂质及工艺因素的原因，传统陶瓷强度低，性质极脆，经不起碰撞与冲击，在较大的应力（特别是拉应力）作用下极易发生脆性断裂。因此，传统陶瓷无法做成能承受机械载荷的工程构件或工程零件，也经不起急冷急热（热冲击或热振）的作用。

如图7-40所示的佳美迪座便器，采用传统工艺釉面烧制后，运用釉面智洁工艺技术对釉面再次烧制，使陶瓷表面形成超越细微层次的超平滑隔离壁，当污物接触到壁的瞬间，离子力层即时发挥作用将其弹出，彻底杜绝了污垢的勃附和黑斑的产生。使产品釉面亮洁光滑，滴水滑落，不沾污物，达到了抗菌和永久光亮清洁的效果。故而是座便器的合适材料。作为既有强度好、耐腐、坚固、易洁等固有特性，也能给人们提供深层的情感体验的陶瓷材料，成为了卫浴产品的最合适的选择。

4. 陶瓷在其他类产品设计中的应用

陶瓷材料有很多优良特性，陶瓷本身具有特殊的力学性能、化学性能以及热、光、电、磁等物理性质，因而在高科技领域得到越来越多的重视。近20年来，随着电子技术、计算技术、能源开发和空间技术的飞速发展，先进陶瓷的应用前景十分广阔；此外，根据陶瓷材料优良的耐高温、抗氧化和耐磨损、耐腐蚀以及高的化学稳定性，又决定了陶瓷作为结构材料的某些特殊应用，尤其是在金属、高分子材料所不能胜任的领域和使用场合。一般把它用在十分严酷的工况条件下（如1000℃以上、高温无润滑、高温带腐蚀、强烈腐蚀磨损等），如超高温领域、超高速切削刀具、特殊耐磨等领域以及其他功能性应用领域，在这些领域陶瓷材料起到了其他材料难以取代的作用。

（1）航空发动机

如图7－41为北京国际航展会上的法国CFM56—5B航空发动机，其使用的为高温陶瓷材料。

现有发动机的工作温度已经很高，再度提高温度只有通过精细的冷却气路设计或加大冷气量，但这些方法的效果遵循递减规律，而只有通过改进材料的工作温度收效最大，因为提高工作温度可提高工作效率、降低油耗并获得更大推力，把节省的、用于冷却的高压空气用于循环也可提高推力和效率。另一方案是减轻重量，可选用比强度、比刚度均大的材料。

针对以上对航空发动机的材料要求来看，

图7-41 法国CFM56—5B航空发动机

图7-42 陶瓷餐刀

目前只有陶瓷材料具有这两方面的潜力。根据陶瓷材料优良的耐高温、抗氧化和耐磨损、耐腐蚀以及高的化学稳定性，决定了陶瓷作为结构材料可以应用在金属、高分子材料所不能胜任的特殊领域和使用场合。陶瓷的强度和刚度高，一般把它用在十分严酷的工况条件如1000℃以上、高温无润滑、高温带腐蚀、强烈腐蚀磨损等情况下是非常合理的。

（2）陶瓷餐刀

如图7–42所示为陶瓷餐刀，其使用的是氧化锆陶瓷材料，是当代高新技术为现代人奉献的又一杰出作品。现有的多数餐刀都是金属制作的，耐磨性一般，砍重物的时候容易缺损。

针对这种情况，陶瓷材料无可厚非成为替代金属的最佳材料。从氧化锆陶瓷的固有特性来看，永不磨损，具有相当高的硬度，耐磨性是金属刀的64倍。不生锈变色，不沾污，容易清洁，非常健康环保。氧化锆陶瓷刀具可耐各种酸碱有机物的腐蚀，在水中热煮几小时，也丝毫没有影响。该刀完全无磁性，且为全致密材料，几乎无孔隙。材料化学性能稳定，不会与食物发生任何反应，能保持食品的原色、原味。另外，此刀具刀刃锋利无比，能削出如纸一样薄的肉片。用于现代厨房时，是其他金属刀无法比拟的。从感性特征上来看，刀具的色泽圆润、洁白，表现出玉的质感，平添高贵享受。故餐刀和陶瓷材料互相适合的。

图7–43 氮化硅陶瓷轴承

图7–44 陶瓷手表

陶瓷餐刀充分体现出新世纪、新材料的绿色环保概念。

（3）氮化硅轴承

如图7–43为CERBEC公司制造的氮化硅轴承。所采用的材料为氮化硅陶瓷。轴承的主要的作用应该是支撑承重的，要求材料的硬度和耐压性能要高。

工业陶瓷——情理之中：氮化硅陶瓷属于结构陶瓷中的一类，是陶瓷中具有高硬度、极佳的耐磨损性能和压缩性能的材料之一。氮化硅硬度仅次于六方氮化硅晶体和金钢石，是地球上硬度最高的三种材料之一。并且氮化硅也具有极强的抗压能力，测量出来它可以承受的标准压力是每平方英寸能忍受400万磅的压力，可以粗略地换算一下是相当于用一根直径为1英寸的绳子去拉50辆汽车。而且氮化硅呈深灰色或黑色，具有镜面般光洁的表面。氮化硅的这些特性使其成为制作轴承最合适的材料。

（4）陶瓷手表

如图7–44所示为陶瓷手表，使用的材料是氧化锆陶瓷。一般手表制造使用的是金、铜或者钢这些常规原材料，在这里却选择的是陶瓷材料，这种超前材料与手表产品的相适性在哪里呢？

对于手表而言，现代环保的呼声越来越

高，超坚硬、永不磨损是陶瓷手表制造商所追求的目标。世界上第一块永不磨损的手表是雷达公司生产出来的。氧化锆陶瓷也是结构陶瓷的一种。从陶瓷的固有特性来看，氧化锆是一种使用较为普遍的高性能结构陶瓷原料。它具有的极佳的断裂韧度及强度、超耐磨性、超硬、化学稳定性极佳、耐高温、致密、低导热性（是氧化铝的20%）等特性使其更易抵抗破裂。

利用结构陶瓷硬度高、耐磨等优秀特性生产的结构陶瓷手表，不会划伤、永不褪色，结构陶瓷材料抛光后所特有的半透明质感，更能彰显手表的价值与品位。现在由多家著名公司所推出的永不磨损型“锆宝石片表”，都是采用结构陶瓷材料制造的。因材施用，现在用结构陶瓷材料制造表链、表壳在民用领域的应用非常广泛。

氧化锆的颗粒较细小，这样使得由它制成的表面涂层更为圆润，制造出美观的手表并且恒久美观，被选为手表的制作材料非常适合。

陶瓷日用品

CHAPTER EIGHT
木质材料的设计表现力

[本章学习目标与要求]

了解材料的种类、构造，常用工业木材类型及木材的物理特性、感觉特性；掌握木材的工艺特性、结合方式、表面处理工艺；掌握木质材料的设计表现力。

[本章学习重点]

木材的工艺特性、结合方式、表面处理工艺；木材的设计应用。

[本章学习难点]

木材的表面处理技术；木材的设计表现力。

第一节　木质材料概述

木材具有重量轻、强重比高、弹性好、耐冲击、纹理色调丰富美观、加工容易等优点，自古至今都被列为重要的原材料（图8-1）。木材工业由于能源消耗低，污染少，资源有再生性，在国民经济中也占重要地位。现在产品已从原木的初加工品如电杆、坑木、枕木和各种锯材，发展到成材的再加工品如建筑构件、家具、车辆、船舶、文体用品、包装容器等木制品，以至木材的再造加工品即各种人造板、胶合木等，从而使木材工业形成独立的工业体系。

一、木材的种类

木本植物习惯上可分为乔木、灌木和木质藤本三种类型（图8-2）。木材主要来源于乔木树种针叶树材和阔叶树材两大类。杉木及各种松木、云杉和冷杉等是针叶树材；柞木、水曲柳、香樟、檫木及各种桦木、楠木和杨木等是阔叶树材。中国树种很多，因此各地区常用于工程的木材树种亦各异。东北地区主要有红松、落叶松（黄花松）、鱼鳞云杉、红皮云杉、水曲柳；长江流域主要有杉木、马尾松；西南、西北地区主要有冷杉、云杉、铁杉等。

二、木材的构造

木材的树干由树皮、形成层、木质部（即木材）和髓心组成（图8-3）。从树干横截面的木质部上可看到环绕髓心的年轮。每一年轮一般由两部分组成：色浅的部分称早材，是在季节早期所生长，细胞较大，材质较疏；色深的部分称晚材，是在季节晚期所生长，细胞较小，材质较密。有些木材，在树干的中部，颜色较深，称心材；在边部，颜色较浅，称边材。针叶树材主要由管胞、木射线及轴向薄壁组织等组成，排列规则，材质较均匀。阔叶树材主要由导管、木纤维、轴向薄壁组织、木射

图8-1 常见的木质材料

图8-2 乔木（左）、灌木（中）和木质藤本（右）

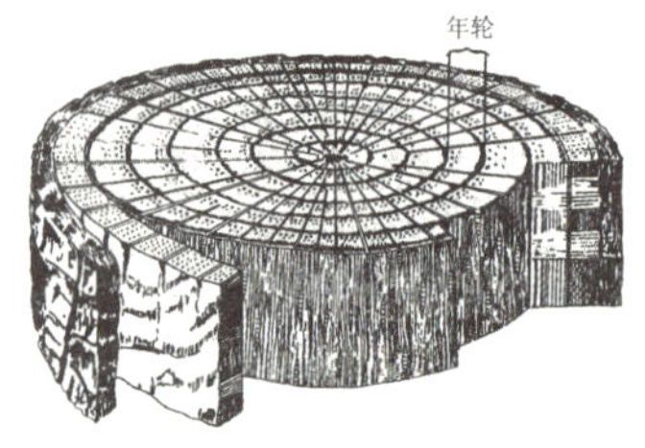

图8-3 木材的构造

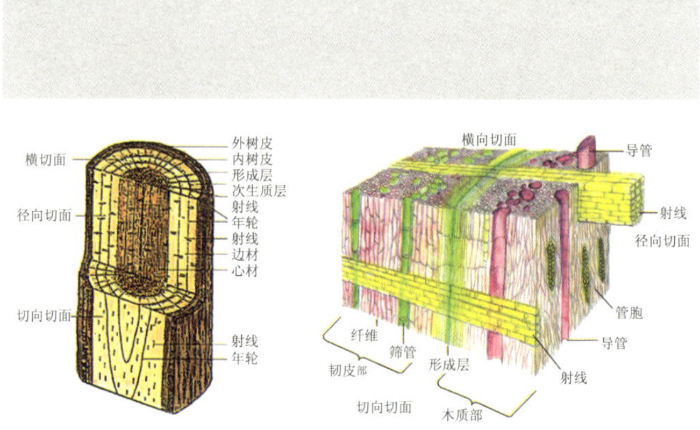

图8-4 木材三个标准切面的构造

线等组成，构造较复杂。由于组成木材的细胞是定向排列，形成顺纹和横纹的差别。横纹又可区别为与木射线一致的径向和与木射线相垂直的弦向。针叶树材一般树干高大，纹理通直，易加工，易干燥，开裂和变形较小，适于作为结构用材。某些阔叶树材，质地坚硬、纹理色泽美观，适于作装修用材。

木材的宏观构造特征是指用肉眼或借助于10倍放大镜所能观察到的木材构造特征。木材构造特征是人们用以识别木材的依据，木材生产、流通、贸易领域中木材检验、鉴定与识别及木材合理加工利用等均有着重要意义。

木材的三切面，从不同的方向锯切木材，可以得到不同的切面。利用各切面上细胞及组织所表现出来的特征，可识别木材和研究木材的性质、用途。要全面、正确地了解木材的细胞或组织所形成的各种构造特征，就必须通过木材的三个切面来观察。树干的三个标准切面是：横切面、径切面和弦切面（图8-4）。

第二节 木材的特性

一、木材的物理特性

从古至今，作为天然资源的木材在自然界蓄积量大，分布广，取材方便，更因其优良的造型特性，一直是最常用的传统材料。木材具有质轻而坚韧，有弹性，色泽悦目，纹理美观，易于加工成型等物理特性，而这些综合特性直接影响着木材的加工方式、产品特点等方面。质轻木材由疏松多孔的纤维素和木质素构成。其密度因树种不同而不同，质轻坚韧、富有弹性，在纵向（生长方向）的强度大，是有效的结构材料，其抗压、抗弯曲强度差。

同树种的木材或同种木材的不同材区，

都有天然悦目的色泽和美丽的花纹。如红松的心材呈淡玫瑰色，边材呈黄白色；杉木的心材呈深红褐色，边材呈淡黄色等（图8-5）。同时，年轮和木纹方向的不同，可以形成各种粗、细、直、曲形状的纹理，经旋切、刨切等多种方法还能截取或拼贴成种类繁多的花纹。

吸湿性木材由许多长管状细胞组成。在一定温度和相对湿度下，当外界气压力发生变化时，木材易向内吸收或向外蒸发水分。由于其吸湿性，对涂料的附着力强，易于着色和涂饰，但容易引起构件尺寸、形状和强度发生变化，出现开裂、扭曲、翘曲等问题。

可塑性木材的细胞壁是以纤维素所组成的纤维丝为骨架，在常规状态下具有非常好的抗变形功能。因此，可以在木材蒸煮之后进行切片，并在热压作用下弯曲成型。

易加工木材易锯、刨、切、打孔和组合加工成型，用胶、钉、榫等方法可以比较容易且牢固地接合。

易燃木材着火点低，容易燃烧。

各向异性木材是具有各向异性的材料，即使是同一树种的木材，因产地生长条件和部位不同，其物理、力学性质差异也很大，使用和加工受到一定限制。

二、木材的感觉特性

《黄帝内经》中描述木材的特性是周遍流行、阳气舒畅，氧气散布，五行的气化也从而显得畅通平和，敷和的气理端正；理顺随，其变动是或曲或直，其生化能使万物兴旺，其属类是草木，其功能是发散，其征兆是温和……其中体现了古人对木材感觉特性的朴素认识。

1. 木材的视觉特性

木材不仅具有质轻、强重比大、传热性小和导电性差等优良特性，而且木材对光有柔和的反射，使得木材呈现出美丽的自然木纹和赏心悦目的颜色等效果，因此人们习惯于用木材装点室内环境，制作室内用具。木材成为室内环境装饰的主要材料，这与木材美好的视觉特性是密不可分的。

木材的视觉特性主要由木材的材色、光泽度、图案纹理等物理量参数以及与人类视觉相关并可定量表征的心理量组成，是多方面因素在人眼中的综合反映。这方面的研究目前尚处于起步阶段。特别是模仿木材视觉特性，制造人造板表面装饰材料，正成为一个新兴行业，对人造板行业的发展有直接的促进作用。

（1）木材的颜色

日常生活中，人们的欣赏品位和艺术追求是不断变化的。室内装饰时，人们除对木材纹

图8-5 具有天然的色泽和花纹的木质玩具

图8-6 具有天然色泽和造型的木家具

理、结构、花纹等特性特别注重外，对木材颜色十分注重，有时近于挑剔。

木材的颜色是由于细胞内含有各种色素、树脂、树胶、单宁及油脂并可能渗透到细胞壁中，致使木材呈现不同的颜色（图8–6）。如云杉为白色；乌木为黑色；香椿、厚皮香、红柳、桃花心木、翻白叶、红豆杉为红色；黄柳、黄胆、野漆、菠萝蜜、黄莲木、桑树为黄色或黄褐色。木材颜色变化很大，一般材色的表征是凭借主观的视觉判断，用词汇定性描述。这很不确切，应该定量用数值表示。

木材颜色（材色）是木材视觉特性中的一个重要特征。色觉是人眼在可见光谱范围内对光辐射的选择性反应，属心理物理现象。它随观察者的心理状态、记忆、观察时间以及观察的环境而有所不同。因此，色觉与光谱组分并不完全对应。严格地说，颜色是难以用仪器测定的。但在特定的标准条件下，正常观察者的色觉与某些物理量之间存在一定的关系。颜色的定量可按1976年国际照明委员会所修改后制定的标准色度系统测量。色度学是物理学方面的一新专门学科，我国已开始木材材色定量表征的研究，刘一星等人在这方面做了不少工作。

木材颜色是反映木材表面视觉特性最为重要的物理量，人们习惯于用颜色的三属性即明度、色调和色饱和度来描述木材的材色。

图8–7 木纹图案和节子

明度表示人眼对物体明暗度的感觉。随着明度值的升高，人们心理中明快、素雅、轻松的感觉增强。明度高的木材，如白桦、鱼鳞云杉、白榉、枫木，使人感到明快、华丽、整洁、高雅和舒畅；明度低的木材如红豆杉、紫檀，使人有深沉、稳重、肃雅之感，说明了材色明度值的改变对心理感觉产生影响。

色调表示区分颜色类别、品种的感觉（如红、橙、黄、绿等）。木纹颜色值与视觉心理量温暖感之间有一定的关系。材色中，暖色调的红、黄、橙黄等色调给人以温暖之感。

色饱和度是表示颜色的纯洁程度和浓淡程度，其数值与一些表示材料品质特性的词联系在一起。色饱和度值高的木材，给人以华丽、刺激之感；色饱和度值低的木材，给人以素雅、质朴和沉静的感觉。

木材的颜色与地理纬度有一定的关系。低纬度地区，颜色偏深木材的树种所占比例高；随着纬度的增加，浅色木材的树种所占比例增大。目前，我国地板市场，实木多来自热带低纬度地区，它们的颜色多变，丰富多彩，绝大多数是偏深色调。

装饰时，人们根据自己的喜爱和文化习惯，选择自己喜爱的木材颜色品种。木材加工上，采用特殊工艺对低价值木材进行调色（如漂白和染色）和改性处理，以满足木制品装饰市场的需求。

（2）木纹图案和节子（图8–7）

木纹（木材表面纹理）是天然生成的图案，它是由生长轮、木射线、轴向薄壁组织等解剖分子相互交织，且因其各向异性而当切削时在不同切面呈现不同图案。人们对其有一种自然的喜爱是有深刻的原因的。通常，木材的横切面上呈现同心圆状花纹，径切面上呈现平行的带荆条形花纹，弦切面上呈现抛物线状花纹。木材表面上这些互不交叉、平行的条形花纹构成的图案，给人以流畅、井然、轻松、自如的感觉，并且木材不同部位的木纹图案呈现着“涨落”周期式变化节律（1/f谱分布形式），暗合人体生物钟涨落节律（如α脑波的涨落、心动周期的变化也为1/f谱分布形式），给人以多变、起伏、生命运动的感觉，充分体现了造型规律中变化与统一的规律。可以说木纹是自然界奉献给人类的美好图案。木纹图案用于室内装饰环境，经久不衰，百看不厌，而工业化时代的一些人工材料产品因为缺少了木材的这种特性，一直无法得到人们的信任和喜爱，其原因就在于此。

节子自然存在于木材表面，是树木生长必不可少的。人类对节子的感觉与其文化背景和追求自然的理念有着直接的联系。总的来说，东方人一般对节子有缺陷、廉价的感觉，西方人则有自然、亲切的感觉。因此，大多数东方人装饰时，选择无疵的面饰材料，总是想法清除材面上的节子，而西方人则设法寻找有节子的表面。有节的面材装饰与房间装饰整体格调有关，不是所有节子都可以给人以美感的。

（3）木材表面光泽与透明涂饰

光泽是由外界光线照射到材料表面引起反射而产生的，反射率与材料表面特性有很大的关系。多孔性木材，其表面无数个微小的细胞切断后就是无数个微小的凹面镜，在光线的照射下，木材具有各向异性的内层反射现象，会产生慢反射或吸收部分光线。这样，不但会使令人眩晕的光线变得柔和，而且凹面镜内反射的光泽有着丝绸表面的视觉效果。人眼感到舒服的反射率为40%~60%。木材对光的反射柔和，符合人眼对光反射率的生理舒服度要求。

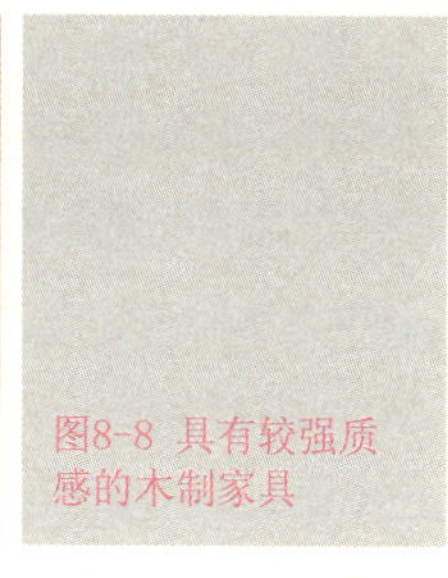

图8-8 具有较强质感的木制家具

可见，木材较柔和的光泽特性源于其独特的微观构造。目前市场上不断出现的木材的仿制品，仍代替不了木材真实的表面效果，这与仿制品缺乏木材真实的光泽有直接的关系。

光泽度大小与对物体光滑、软硬、冷暖的感觉有一定的相关性。光泽高、光滑的木材，硬、冷的感觉强；光泽度曲线平滑，温暖感就强一些。可见，温暖感不仅与颜色有关，而且与光泽度有关。

为了增强木制品装饰效果和耐用，木制品涂饰是必要的。透明涂饰可提高光泽度，使光滑感增强，但同时也会引起其他方面的变化。由于清漆本身都不同程度地带有颜色，涂在木材表面会使木材颜色变深，阔叶树材的变化幅度高于针叶树材。另外，涂饰可提高阔叶树材颜色的对比度，使木纹有漂浮感，并使木材的华丽、光滑、寒冷、沉静等感觉增强。

涂饰对木材具有一定的保护和装饰效果，不透明涂饰会掩盖木材的视觉效果，而透明涂饰则可提高木材的光泽度，使光滑感增强；增强木材纹理的对比度，使纹理线条表现得更清晰、更具动感和美感。但同时涂饰也会带来其他一些方面的影响，如涂饰会减弱木材的温暖感，减弱木材表面的柔和光感效果，从而降低了木材的质感，并且由于清漆本身都不同程度地带有颜色，涂在木材表面也会使木材颜色变深。因而，涂饰会使木材的豪华、华丽、光滑、坚硬、寒冷、沉静等感觉增强。

2. 木材的触觉特性

人类与室内木质装饰材料、家具、器具和日常用具的表面等接触，有特别亲切的感觉，包括冷暖感、粗滑感、软硬感、干湿感、轻重感以及舒适与不适感等。木材的这些触觉特性使其成为人们非常喜爱的特殊材料。

木材的触觉特性与木材的组织构造，特别是与表面组织构造的表现方式密切相关，不同树种的木材，其触觉特性也不相同。目前，西方一些国家流行的显孔亚光装饰及我国人造板装饰业出现的木材导管孔压槽的装饰材料，不仅有其视觉作用，也有良好的触觉功能。久负盛名的明代家具，其表面一般都采用擦蜡而不涂漆，其道理就在于要保持木材的特殊质感。

（1）木材表面的冷暖感

用手触摸材料表面时，界面间温度的变化会刺激人的感觉器官，使人感到温暖或凉冷。人对材料表面的冷暖感觉主要由材料的导热系数的大小决定。导热系数大的材料，如混凝土构件等呈现凉的触觉，导热系数小的聚苯乙烯泡沫、轻木和软质纤维板，呈温热感。

人对木材的冷暖感觉主要受皮肤—木材界面间的温度、温度变化或热流速度的影响，实际上归根结底受材料的导热系数控制。材料表面上的冷暖感觉和导热系数的对数呈线性关系。由于木材顺纹方向的导热系数一般为横纹方向的2~2.5倍，所以木材的纵切面比横断面的温暖感略强一些。木材导热系数适中，正好符合人类活动的需要，给人的感觉最温暖，这是木材给人触觉上的和谐，这也就是人们喜爱用木质地板铺装地面能显著改善居住环境的重要原因。

图8-9 原味品质木质家具

图8-10 原设计师Brent Comber木质家具

（2）木材表面的粗滑感

木材表面的粗糙度与粗糙感。粗糙感是指在粗糙度刺激作用下人们的触觉，它源于材料表面具有的各种细微形态以及在其表面上滑移时所产生的摩擦力的变化。一般说来，材料的粗滑程度是由其表面上微小的凹凸程度所决定的。木材是由细胞组成的特别管状结构，其断面就赋予木材表面一定的粗糙度。经过刨切或砂磨的木材，其表面也不是完全光滑的，木材组织的类型也刺激人的视觉，因此，触觉和视觉就使人感觉到木材表面具有一定的粗糙度。

木材表面粗糙度，一般用触针法测定。触针针头曲率半径为2~10μm，用最大深度Rmax及均方根粗糙度Rrms来表示。针叶材Rrms和Rmax分别为2.3~5.7μm和21~50μm；阔叶材为1.2~17.8μm和31~262μm。针、阔叶树材之间粗糙感有差异，针叶树材的Rmax比阔叶树材的分布范围窄，因而针叶树材粗糙感的分布范围比阔叶树材的窄，前者为1.4~3.8（心理量），后者为1.1~4.8（心理量）。研究表明木材粗糙度与导管直径有关，含有大导管的木材显示了较高的粗糙度值。对于阔叶树材来说，主要是表面粗糙度对粗糙感起作用，木射线及交错纹理有附加作用。而针叶树材的粗糙感主要源于木材的年轮宽度。

木材表面光滑性与摩擦阻力。用手触摸材料表面时，摩擦阻力大小及其变化是影响表面粗糙度的主要因子。摩擦阻力小的材料其表面感觉光滑。在木质地板上行走，人们的步行感觉平稳，不像其他地面装饰材料滑感强，这与木材表面适度的摩擦力和适度的光滑性有关。

在木材顺纹方向上，针叶材早材与晚材光滑性不同，晚材光滑性好于早材。木材表面的光滑性与摩擦阻力有关，它们均取决于木材表面的解剖构造，如早晚材的交替变化、导管大小与分布类型、交错纹理等。

（3）木材表面的软硬感

不同的木材硬度大小不一，其表面接触感觉到的轻与重、软与硬就不一样。通常多数针叶树材的硬度小于阔叶树材，不同断面的木材，其硬度差异较大。

木材表面的软硬感涉及木质材料的使用性能。漆膜物理性能检测项目中，有漆膜硬度及漆膜抗冲击性试验，这两项指标与木材的硬度有着直接关系。当木材的硬度较高时，漆膜的相对硬度也会提高。例如，桌面经常会出现一些划、压等痕迹，它们的出现既有漆膜硬度较低的原因，也有木材本身强度低的缘故。各种桌面用较硬的阔叶树材较好，地板用材应采用中等偏上的硬度较好，若太硬，人步行感觉也很生硬，舒服感就有点下降。

（4）木材使人的听觉和谐

声波作用在木材表面时，一部分被反射，一部分被木材本身的振动吸收，还有一部分被透过。被反射的占90%，主要是柔和的中低频率声波，而被吸收的则是刺耳的高频率声波。因此，在我们的生活空间中，适当应用木材，可令我们感受到听觉上的和谐。

第三节　常用木材

一、常用工业木材

1. 原木（图8–11）

木材的初级产品分为圆条（除去根、梢、枝的伐倒木）、原木（除去根、梢、枝和树皮并加工成一定长度和直径的木段）、锯材。

图8–11 原木

原木是原条长向按尺寸、形状、质量的标准规定或特殊规定截成一定长度的木段，这个木段称为原木。原木用作建筑用木材、坑木、电柱、枕木、包装、家具、工艺雕刻、船舶、体育器械、文教用品、乐器、装饰、手榴弹柄、枪托等，也可用于加工锯材和胶合板。

锯材又分为板材（宽度为厚度的3倍或3倍以上）和方材（宽度不足厚度3倍）。板材中厚度12~21mm的称为薄板，用于门芯板、隔断、木装修等；厚度25~30mm的称为中板，用于屋面板、装修、地板等；厚度40~60mm的称为厚板，用于门窗。方材中截面积54cm^{2}以下的为小方，用于椽条、隔断木筋、吊顶搁栅；截面积55~100cm^{2}的为中方，用于支搁栅、扶手、檩条；截面积101~225cm^{2}的为大方，用于屋架、檩条；截面积226cm^{2}以上的为特大方，用于木或钢木屋架。

2. 人造木材

人造板材主要有胶合板、纤维板、刨花板、细木工板等。

（1）胶合板（图8–12）

胶合板是由木段旋切成单板或由木方刨切成薄木，再用胶粘剂胶合而成的三层或多层的板状材料，通常用奇数层单板，并使相邻层

图8-12 胶合板　　图8-13 纤维板

图8-14 刨花板

单板的纤维方向互相垂直胶合而成。胶合板是以木材为主要原料生产的，由于其结构的合理性和生产过程中的精细加工，可大体上克服木材的缺陷，大大改善和提高木材的物理力学性能。胶合板生产是充分合理地利用木材、改善木材性能的一个重要方法。胶合板的分类：

一类胶合板为耐气候、耐沸水胶合板，有耐久、耐高温以及能蒸汽处理的优点。

二类胶合板为耐水胶合板，能在冷水中浸渍和短时间热水浸渍。

三类胶合板为耐潮胶合板，能在冷水中短时间浸渍，适于室内常温下使用。用于家具和一般建筑。

四类胶合板为不耐潮胶合板，在室内常态下使用，主要用于一般用途胶合板用材，有椴木、水曲柳、桦木、榆木、杨木等。

胶合板常用于门面、隔断、吊顶、墙裙等室内高级装修。

（2）纤维板（图8–13）

由木质纤维素纤维交织成型并利用其固有胶粘性能制成的人造板。制造过程中可以施加胶粘剂和（或）添加剂。具有材质均匀、纵横强度差小、不易开裂等优点。

纤维板的分类：根据板坯成型工艺分成湿法纤维板、干法纤维板、定向纤维板等；按后期处理方法不同又分普通纤维板和油处理纤维板等；但通常按产品密度分非压缩型和压缩型两大类。非压缩型产品为软质纤维板，密度小于0.4g/cm^3，质轻，空隙率大，有良好的隔热性和吸声性，多用作公共建筑物内部的覆盖材料；经过特殊处理得到孔隙更多的轻质纤维板，具有吸附性能，用于净化空气。压缩型产品有：㈠中密度纤维板，又称半硬质纤维板。密度0.4~0.8g/cm^3，结构均匀，密度和强度适中，有较好的再加工性，产品厚度范围较宽，应用广泛。㈡硬质纤维板，密度大于0.8g/cm^3，产品厚度范围较小，在3~8mm之间，强度较高，多用于建筑 、船舶、车厢、壁板、门板、地板、家具和室内装修等制造业。

（3）刨花板（图8–14）

刨花板是将木材加工过程中的边角料、木屑等切削成一定规格的碎片，经过干燥，拌以胶粘剂、硬化剂、防水剂，在一定的温度下压制而成的一种人造板材。

因为刨花板结构比较均匀，加工性能好，可以根据需要加工成大幅面的板材，是制作不同规格、样式的家具的较好的原材料。制成品刨花板不需要再次干燥，可以直接使用，吸音和隔音性能也很好。但它也有其固有的缺点，因为边缘粗糙，容易吸湿，所以用刨花板制作的家具封边工艺就显得特别重要。另外，由于刨花板容积较大，用它制作的家具，相对于其他板材来说，也比较重。

刨花板分类：

根据用途分：A类刨花板；B类刨花板。

根据刨花板结构分：单层结构刨花板；三层结构刨花板；渐变结构刨花板；定向刨花板；华夫刨花板；模压刨花板。

根据制造方法分：平压刨花板；挤压刨花板。

按所使用的原料分：木材刨花板；甘蔗渣刨花板；亚麻屑刨花板；棉秆刨花板；竹材刨花板等；水泥刨花板；石膏刨花板。

根据表面状况分：(一) 未饰面刨花板：砂光刨花板；未砂光刨花板。(二) 饰面刨花板：浸渍纸饰面刨花板；装饰层压板饰面刨花板；单板饰面刨花板；表面涂饰刨花板；PVC饰面刨花板等。

（4）细木工板（图8–15）

细木工板俗称大芯板，是由两片单板中间胶压拼接木板而成。中间木板是由优质天然的木板方经热处理（即烘干室烘干）以后，加工成一定规格的木条，由拼板机拼接而成。拼接后的木板两面各覆盖两层优质单板，再经冷、热压机胶压后制成。与刨花板和中密度纤维板相比，其天然木材特性更顺应人类自然的要求。它具有质轻、易加工、握钉力好、不变形等优点，是室内装修和高档家具制作的理想材料。

构造：细木工板最外层的单板叫表板，内层单板称中板，板芯层称木芯板，组成木芯板的小木条称为芯条，规定芯条的木纹方向为板材的纵向。

木芯板的主要作用是为板材提供一定的厚度和强度，中板的主要作用是使板材具有足够的横向强度，同时缓冲因木芯板的不平整给板面带来的不良影响，表板除了使板面美观以外，还可以提高板材的纵向强度。

图8–15 细木工板

因为细木工板是特殊的胶合板，所以在生产工艺中也要同时遵循对称原则，以避免板材翘曲变形。作为一种厚板材，细木工板具有普通厚胶合板的美丽外观和相近的强度，但细木工板比厚胶合板质地轻，耗胶少，投资省。

与实木拼板比较，细木工板尺寸稳定，不易变形，有效地克服了木材的各向异性，具有较高的横向强度，由于严格遵守对称组坯原则，有效地避免了板材的翘曲变形。细木工板板面美观，幅面宽大，使用方便。细木工板主要应用于家具制造、门板、壁板和墙板等。

二、新型高科技木材

1. 防火木材

日本京都大学木材研究所研制成一种不怕火木材，其是在抗火材料中添加了无机盐，并把木材先后浸入含有钡离子和磷酸离子的溶液中，使木材内部产生磷酸钡盐的无机层，后洗净晾干。该木材防朽、防白蚁，用这种抗火木材制成的床、家具和墙壁、天花板等，即使房间里地毯着火，也不会被火烧着。

2. 特硬木材

加拿大开发生产的一种比钢还要硬的覆盖木材。该木材是把木材纤维经特殊处理，使纤维相互交结，再把合成树脂覆盖在木材表面，然后经微波处理而成。这种新型木材不弯曲、不开裂、不缩短，可用作屋顶栋梁、门窗、车厢板等。

3. 超级木材

加拿大麦克米兰公司开发出一种用途和钢相同，但价格便宜的超级木材。这种超级木材是将圆木切成板材，再加工成长2~3m的条材，然后用树脂粘合在一起，并用微波进行固化。该超级木材具有传统木材的弹性，抗震性能高，并能取代钢材用于商业和民用建筑。

4. 有色木材

日本大分县林业实验场推出一种有色木材。其是先将红色和青色的盐基性染料装进软管直接注入杉树树干靠近根部的地方，4个月后可采伐解板，这时木材从上到下浑然一色，而且永不褪色，制成的家具，可不需再油漆美化。

5. 复合木材

日本建材行业和化工行业合作开发出一种PVC硬质高发泡材料人造木材，主要原料为聚氯乙烯，并加入适量的耐燃剂，使其具有防火功能。其结构为单性独立发泡体，在发泡体中充满比空气重的惰性气体，使其具有不传导、不传透等特性，可发挥隔热、隔声、防火、耐用等特点。该木材可取代天然木材，用于房屋壁板、隔间板、天花板和其他装饰材料。

6. 陶瓷木材

日本制成的这种陶瓷人造木板，以经高温高压加工而成的高纯度二氧化硅和石灰为主原料，加入塑料和玻璃纤维等材料制成。该木材具有不易燃烧、不变形、不易腐烂、重量轻和易加工等特点，是一种优异的建筑材料。

7. 原子木材

美国研制的这种“原子木材”是将木料和塑胶混合，再经钴60加工处理而制成。由于经塑胶强化后的木材比天然木材的花纹和色泽更为美观，并且容易锯、钉和打磨，用普通木工工具就可对其进行加工。

8. 浇铸木材

日本一家公司研制出一种液体化学木材，它由木屑、环氧树脂、聚氨酯浇铸成型，该木材不需要作精细加工，就具有天然木材一样的木纹和光泽，而且成本比天然木材低。

9. 化学木材

日本东京通用化工公司研制成功一种可注塑成型的化学木材。该木材是用环氧树脂、聚氨酯和添加剂配合而成，在液态时可注塑成型，固化后则形成制品形状。其物理化学特性和技术指标与天然木材一样，同时可锯、刨、钉等加工，成本只有天然木材的25%～30%。

10. 耐温木材

挪威莫尔公司最近研制出一种新的耐高温阻燃木材。该木材是由松木和云杉木经过特殊浸泡加工制成，在1000℃高温下半小时内既不会着火，也不会使火蔓延。

11. 人造木材

英国科研人员开发出一种由聚苯乙烯废塑料制成的人造板材。其是将聚苯乙烯废塑料压碎、加热，再加入固化剂、黏合剂等9种添加剂，制成仿木材制品，其外观、强度及耐用性等均可与松木媲美。

第四节　木材的工艺特性

一、木工工艺的发展

“伐木丁丁，构木为巢”，古人很早就开始了采伐加工木材的历史。《管子·海王》云：“行服连招辇者，必有一斤、一锯、一锥、一凿。”春秋战国以后木工的专门化和木工工具的专用化，推动了木作工艺的推广和提高。《考工记》记载“攻木之工七”，且此时已有“设色”、“刮摩”和“剑木”、“刻

图8-16 明代圈椅

图8-17 明代木质床

木”等工序，可知周代木工已分工很细。从湖南长沙楚墓发掘看来，墓中椁、棺皆用方木榫卯构成，形式有插榫、银锭、赤形三种，木材彼此契合准确，足见当时的榫卯构造已达到相当水平。在同时期的墓葬中，还发现有企口缝和压口缝的拼板，这说明战国时期木作工艺已达到相当高的水平。

秦汉时期，有关木材的加工情况无从可考。据广州秦汉建筑遗址存留下来的柑木（钟鼓架的足）来看，推测是由锯子截断，用铁锛把木劈为方材，用铁凿钻凿成横直交接的空洞。《说文》云：“剞劂，曲刀也”，《甘泉赋》注也提到：“剞，曲刀也，劂，曲凿也”。这证明在汉以前已使用曲刀、曲凿加工木材。

宋代《营造法式》记载木材加工有大木作、小木作、雕作、旋作、锯作等几类工艺，并记载了合理、经济用料的制度。“务在就材充用，勿令将可以充长大用者截断为细小名件。”要求有计划地定料开锯，先取大料，并尽量把锯下的余料充分利用，“勿令失料”，按尺寸整理为其他适合的构件用料。《营造法式》中还讲到了额仿或棺梁与檐柱的卯合方法，以及析条间缝和平板仿间缝的构造法。卯口结合严谨牢靠，既考虑到构造上的力学要求，又考虑到加工简便和安装容易，反映出当时木作工艺的精湛。

到了明清时代，木工制造手工业队伍更加壮大，官办手工业中已明确划分出包括木作和油漆作在内的十种专业工匠。据《明史·食货志》记载，当时在京轮班和住坐的木匠达三万九千九百多名，另外专门锯木工则有九千六百多名。

此时出现了私人经营的木厂，木材加工进一步专业化，流水作业的木工程序也开始产生。《天工开物》记载，明代的木工工具更为多样：斤斧有嵌钢和包钢；钻有蛇头钻、鸡心钻、旋钻和打钻；锯有剖开木料的长锯和截断木料的短锯；刨有制圆桶的椎刨、有做精细木工的起线刨、有可以分层刮削又可以通过刮木使极光的蜈蚣刨；凿有平头凿和凿圆孔的“剜凿”。从工具的丰富性可以看出明朝时木作工艺已取得辉煌成就，相应的清代的木作工艺基本上继承了明代的工艺风格，尤其是在家具制作方面，已没有太大的发展，仅在做工上更加追求华丽、反复，在装饰上极尽雕磨、镶嵌之能事。

二、木材加工的基本方法

1. 锯割

锯割在木材加工中应用最广。锯子包括圆锯片、带锯条、框锯条、钢丝锯条以及链锯（仅作横截用）等，是多刃切削工具。每一齿是一个切削刃，它有前面（齿前）、后面（齿背）和两个侧面。前面和后面的相交线为主刃，前面和两个侧面的相交线为两个侧刃。两齿之间空隙处为齿槽。圆锯切削为回转运动；带锯的工作区段以直线运动进行切削；框锯切削是直线往复运动，进给运动大多数为直线运动。切削方向有纵剖和横截两种，也可用于开槽、制榫。

2. 刨削

切削刀具刨刀与工件作相对直线运动一次完成切削过程。生产上使用刨削机或手工操作的刨子，多用于加工平面或刨出槽口、线角等。机械刨具有曲柄连杆、履带或链条驱动的刨光机、制造木丝的刨木丝机和单板刨切机等。刨削的特点是工件和切削刀具二者之一必须固定安装，与另一件合并完成切削运动和进给运动。多数刨光机系将工件固定，切削工具同时作切削运动和进给运动。刨削方法工作效率低，但加工表面上可避免旋转刀具加工平面时出现的运动学不平度，所以难以用其他切削方法代替。

3. 铣削

切削工具为铣刀，可用以加工平面，成型表面，雕花表面，成型回转体等，以及铣削榫、槽等；还可将木材铣削成工艺木片，将原木削成方材及用于加工毛边板。铣刀刀头根据刀刃相对铣刀刀头轴线位置的不同而分为圆柱形、锥形、端面铣削3种基本形式。铣削用于平面加工时为圆周铣削，由于加工所得表面和刨削加工相似，所以习惯上将圆周铣削加工平面的铣刀、铣床称为刨刀、刨床。铣刀在切削过程中作高速回转运动。除加工成型回转体等零件外，进给大都为直线运动。两者所合成的切削过程运动轨迹为摆线。由此在加工表面上形成波纹状的运动学不平度。圆周铣削有顺铣和逆铣之分，铣削刀具逆着工件进给方向旋转者为逆铣，反之为顺铣。通常压刨床和四面刨床用逆铣，制材削片联合机一般用顺铣。

4. 钻削

钻头围绕自身轴线旋转的切削方式。木材或钻头沿钻头轴线方向作进给运动。根据钻削进给方向相对木材纤维方向的不同，可分为纵向与横向两种。横向钻削的钻头有沉割刀和导向中心，纵向钻削钻头有锥面端部。钻削加工用于钻出方孔、圆孔、盲孔、通孔、开槽以及挖节去疤等。

5. 磨削

切削工具为砂布（纸）和砂轮。每颗砂粒即为一个微小切削刃具。砂布（纸）可制成砂带，也可粘贴在圆盘上或卷绕在辊、轴上成为砂盘或砂辊。砂布（纸）通常以号数表示砂粒的细度，号数越大，砂粒越粗；而砂粒本身的号数所代表的粗细程度与砂布（纸）则相反，号数越大，砂粒越细。砂轮、砂盘、砂辊和磨刷在磨削过程中作旋转运动，砂带以其工作区段作直线运动。砂带或工件都可完成进给工作。用砂轮、砂辊砂削时，木材工件作直线进给运动。磨削是木材加工中的精密加工，可使工件表面获得一定光洁度和平直度，既可加工平面，也可加工曲面，是木材制品表面装饰必不可少的工作之一。磨削过程中常因运动轨迹或磨粒大小的不均等原因，使加工表面上产生波纹或条纹式的磨削痕迹，因此带式或辊式砂光机的砂带和砂辊在工作时都作轴向摆动，以消除磨削痕迹。

6. 车削

工件作旋转运动，刀具作直线进给运动，主要用于加工成型回转体如圆柱形、圆锥形、盘形、球形等的零件。

三、木制品的结合方式

1. 榫结合（图8–18）

木制器物或构件上利用凹凸方式相接处凸出的部分，如榫卯（榫头和卯眼）框架结构两个或两个以上部分的接合处。

榫分为明榫与暗榫，明榫是指制作好家具之后在表面能看到榫头，而暗榫是在家具表面上看不出来的。因为两部件结合后不露榫头，所以也叫闷榫。暗榫的形式多种多样，单就直材角结合而言，就有单闷榫和双闷榫。单闷榫是在横竖材的两头一个做榫头，一个做榫窝。双闷榫是在两个拼头处同时做榫头和榫窝。两接头的榫头一左一右，榫窝亦一左一右，与榫头相反，这样两侧榫头就可以互相插进对方的槽口。

明榫多用在桌案板面的四框和柜子的门框处。明式靠椅和扶手椅的椅背搭脑和扶手的转角处常用暗榫。明榫与暗榫在家具使用及审美上，各有优点及长处。以暗榫相接，不破坏材料的光润感，而明榫能使家具具有自然天成的乡村田野风格。明榫从眼中穿出来与外边平，在外侧面可明显见到榫头，榫头中间还可见到木销的痕迹，其优点是榫头深而实，可在榫头中间加木销，即使木材收缩，榫也不会脱落。弥补了古代加工技术、加工工具和粘合剂的不足。而暗榫比明榫更加美观，可以尽显宫廷家具的高贵和与众不同。缺点是容易产生虚榫，即眼深而榫短，或眼大而榫小，用胶来填塞，影响结合牢度和耐固性。

不同时期明榫与暗榫的使用也多有不同。明式家具中多使用明榫，包括凳、椅、桌、床、柜等。能用明榫的地方皆用明榫并配以破头楔，以达到坚固并维修方便的目的。

2. 胶结合

中国古代典籍中关于木材胶合技艺及胶合制品的记载，首见于《周礼·考工记·弓人》：“六材既聚，巧者和之……胶也者，以为和也。”此处所述六材之一的胶，是动物角胶或皮胶。“以为和也”即用以胶合之意。晋人皇甫谧所著《帝王世纪》中详述了周昭王时代胶船的情况。均说明胶合工艺应用之早。西方国家在1世纪时曾用蛋白质和石灰做木材胶粘剂。1814年，美国有了制骨胶的专利。1872年，A. 拜耳发现苯酚与甲醛能生成树脂。1896年，C.戈德施密特研究了尿素与甲醛的反应。1909年，L.H.巴克兰的热压工艺专利推动了胶合工艺的发展。到20世纪，胶合板、纤维板和刨花板相继制造成功。

图8-18　榫结合结构

图8-19　榫结合家具

（1）胶合机理

木材之间的胶合主要是特性胶合（又称比胶合）和机械胶合。此外也存在化学胶合，但其作用影响较小，在考虑胶合强度时常被略去。木材和胶粘剂都是高分子化合物，高分子之间存在着物理吸引力，即范德华力和氢键力。虽然这些力的单位值小，但分子量大，其总和很可观，由它们形成对胶合强度影响大的特性胶合。又木材是一种多孔物质材料，内有不少液体通道，其体积占木材总体积的25%~85%。液体胶粘剂由于毛细管张力的作用而进入通道后，可随着胶粘剂的固化而形成“胶钉”，将木材接合，称为机械胶合。这时如不克服“胶钉”的阻力，就不能使木材与胶粘剂分开。

（2）胶合工艺

木材胶合主要经历被胶木材的准备、涂（施）胶、组坯、晾置、闭合、加热和后处理等工序。任何木材表面放大看都是不平的。为了获得理想的胶合强度，须使胶粘剂成为液体，完全湿润木材表面；同时，液体状态的胶粘剂所具有的流动性，能使胶粘剂与粗糙不平的木材表面充分接触而形成完整、连续的胶层。胶粘剂湿润木材表面的程度与木材的表面状况、胶粘剂的性质和胶合工艺有关。其中的湿润速度主要取决于胶液的粘度以及胶液与木材表面之间的接触角。因此，根据产品要求正确选用胶粘剂和相应的工艺十分重要。

3. 螺钉结合（图8–20）

螺钉结合是木制品结合的主要方式之一，通常可随意移除或重新嵌紧而不损其效率，亦比钉提供更大的力量，也可重复使用。主要分类包括普通螺丝、自攻螺丝和膨胀螺丝三种。

四、木制品的表面处理技术

中国古代早已使用生漆、桐油涂饰木制品。明代家具除涂饰外，还有了雕刻、镶嵌等装饰技术。20世纪40年代后，酚醛树脂涂料开始在一些国家被采用，以后合成树脂涂料逐渐占主要地位。60年代陆续出现的新颖贴面装饰材料，又为木材表面装饰工艺的进一步发展提供了条件。

现代木材表面装饰方法主要有涂饰、覆贴和机械加工3种。涂饰涉及木材的涂饰性，覆贴涉及木材的胶合性质，而机械加工则涉及木材的切削性质。

1. 涂饰

（1）涂料

涂料主要是由主要成膜物质、次要成膜物质和辅助成膜物质3种成分组成。主要成膜物质即固着剂，是构成涂料的主要成分，它使涂料固着在木材表面而形成漆膜。其原料为油料（干性油、半干性油）、树脂（天然树脂、合成树脂）以及硝化纤维素等。次要成膜物质主要是颜料，又分着色颜料和体质颜料两种，后者大都为白色，仅能使漆膜增加厚度及硬度。颜料主要成膜物质作为粘结剂而附着于木材表面。辅助成膜物质有溶剂、稀释剂、助溶剂、催干剂、增塑剂、固化剂等。不含有次要成膜物质的涂料为透明涂料，也称清漆；加有着色颜料的涂料为不透明涂料，又称色漆（调合漆、磁漆、厚漆）；加有大量体质颜料的涂料为腻子。

（2）涂饰工艺

透明涂饰一般分基材表面处理、涂饰和漆膜修整 3个阶段进行。基材表面处理包括精砂、去木毛、脱脂、脱色、嵌补等工序，要求达到基材表面光洁，无油污粉尘，无切削刀痕及砂痕，含水率以8%~12%为宜，且水分分布均匀。表面光洁度越高，则基材对光线的反射能力和涂饰表面的光泽度越强。涂饰包括染色、填密、涂底漆、涂面漆等工序。漆膜修整包括打磨、抛光等。不同涂料的工艺过程繁简不一。涂饰硝基清漆时，基材染色、填密后要用经过着色的虫胶漆封底，以防面漆渗入木材过多。面漆需涂布多次，每次均需经过干燥和湿砂，使涂层平滑、光亮并达到一定厚度。不

图8–20 螺钉结合

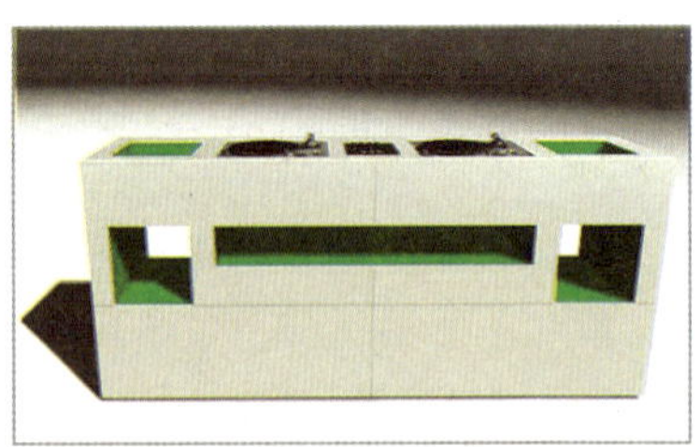

图8–21 表面涂饰处理的木制家具

透明涂饰的工艺较简单，无需脱色、染色、漆膜修整等。涂饰除用手工操作外，也可用机械操作。

（3）模拟木纹

模拟木纹是以涂饰技术为基础，吸收印刷工业和印染工业的技术而形成的工艺。即用涂刷、丝网漏印、胶辊印刷等方法在木材表面形成模拟珍贵树种的木纹。制作木纹前，木材表面的处理方法和不透明涂饰的基底处理方法相同。

（4）涂层干燥

自然干燥最为简便，常用于无有害挥发气体的树脂清漆、水性涂料和快干涂料。用热空气干燥的干燥速度较快，但涂层表面结膜会使下层溶剂气化后难以逸出，从而产生外孔、开裂等缺陷。使用红外线、远红外线辐射干燥，可使涂层表面和内部同时加热，干燥速度快于热空气干燥。远红外线对涂层穿透力强，加热效率比红外线高，但如照射距离不同，可引起涂饰工件加热不均。紫外线干燥通常只需数十秒到数分钟，仅适用于光敏涂料。不论采用何种干燥方法，都须注意及时排除挥发气体，以免影响干燥速度和引起火灾。不同涂料干燥时的温度应控制在相应的范围内，如天然漆以40℃左右为宜，油性漆最高温度可达105℃。在干燥环境中，湿度应与木材平衡含水率相适应，以免由于木材收缩率与涂层收缩率不同而使漆膜剥落或龟裂。

（5）木材的涂饰性

表现为木材涂饰施工的难易及在同样工艺条件下涂饰效果的优劣。它因树种而异，具体的制约因子有木材结构、纹理、色泽、含水率、内含物等。如松树、杉木等针叶材纹理不美观，生长轮结构特殊，影响表面平整性，不宜用透明涂饰；核桃木、花梨木等阔叶材则宜用透明涂层以充分显现其优美花纹。对管孔较粗的泡桐、水曲柳等用柔光或无光工艺能取得较好的装饰效果。某些树种的木材还需经过处理以改善其涂饰性，如含松脂的针叶材表面应以碱液清洗去脂；含单宁酚基物质的阔叶材常在其表面先涂一层封闭底漆，使木材表面与涂面层隔开；色调深浅不均的木材须先脱色等。

2. 覆贴

可用于木材及其制品表面覆贴的方法和材料很多，其中历史最久、应用最广的是单板和薄木贴面。单板由木材经旋切、半圆旋切、刨切等制成，幅面较大、花纹美观。厚度小于1mm的单板称薄木，小于0.5mm者为微薄木，都可用于家具生产或室内装潢工程，以及其他木材制品的表面装饰。除天然薄木外，对某些纹理色调比较单调的木材（如针叶材等）还可通过组合薄木、集合薄木和染色薄木等方法加以人工改制，使纹理多变，色调丰富，不仅可模拟美观的天然花纹，还可组拼成天然木材所没有的纹理。其他贴面材料还有三聚氰胺装饰板、树脂浸渍装饰纸、非浸渍装饰纸、塑料薄膜、金属箔材等，主要用于人造板表面覆贴，少量用于木材制品的装饰。

覆贴工艺有以下3种：㈠单板（或微薄木）贴面。它是将优质木材（红木、柚木、桃花心木等）经过旋切、刨切或裂切等方法制成厚度一般为0.25~0.5mm的单板，进行干燥，拼接拼花，然后再用胶粘剂贴在人造板材上。这是很受欢迎的一种天然木纹高级产品，质量优良，但生产机械化程度较差，耗费人工多，成本高。人造板表面贴了单板以后，能增加强度。单板贴面所用的胶粘剂有：酚醛树脂胶、苯酚－间苯二酚甲醛树脂胶、三聚氰胺树脂胶、三聚氰胺－尿素树脂胶、脲醛树脂胶、聚醋酸乙烯酯乳胶以及乙烯－醋酸乙烯共聚树脂胶等。㈡纸张贴面。使用装饰纸或预制的贴面纸卷通过辊压粘贴在人造板材上。工艺分干法和湿法两种。干法辊压贴面采用预先浸胶、表面涂漆干燥好的贴面纸卷，因此在基材表面上不需施胶，工序比较简单。湿法辊压贴面直接采用木纹纸，在基材上要经过辊筒涂胶预干，再将纸贴合于基材上，最后进行表面涂漆。此法操作简单，成本低。胶粘剂为聚醋酸乙烯酯乳胶，表面漆为氨基醇酸树脂、丙烯酸树脂。纸张贴面对强度没有改进，但能给人造板增加刚性和尺寸稳定性。贴面材料除装饰纸以外，还可用塑料薄膜、纤维织物等。㈢胶膜纸（包括装饰板）贴面。用作人造板贴面的低压胶膜纸有聚酯树脂、三聚氰胺树脂、鸟粪胺树脂以及邻苯二甲酸二丙烯酯树脂浸渍的装饰花纹纸；按用途不同有时配以覆盖纸或芯层纸，以热压法粘贴于人造板表面。加压的方法有平压法和立压法。胶膜纸贴面人造板的表面物理特性，随胶膜纸的树脂浸渍量、浸渍用原纸的定量和质量以及贴面施工工艺条件而异。高压三聚氰胺装饰板贴面，是世界上大量应用的一种人造板表面装饰方法。它的特点是表面硬度高，耐磨、耐热、耐化学药剂，光稳定性好。

3. 机械加工

机械加工即用切削工具或模具对木材制品表面进行装饰性加工，是传统手工雕花方法的机械化。常用的方法有铣沟、刨槽、钻孔、压纹等。一定距离的平行沟槽，多用于建筑物、船舶和车辆内壁的表面装饰，起增加表面阴影及隐蔽拼缝作用。木材表面钻孔有盲孔、半盲孔、穿孔等形式，孔距按声学驻波原理排列，可以增强吸音效果；也可按各种图案花纹排列，以增加美观。此外，还可用铣削或模压方法制成具有立体效果的浮雕图案等。不论用何种机械加工方法，最后都需用适当涂料作终饰加工。

第五节　木材在设计中的表现力

木材是传统的设计材料，自古以来就被用来制作家具和生活器具。由于它是一种天然的材料，所以也是最富有人情味的材料。天然的纹理和色泽具有很高的美学价值，但木材也有一些不可避免的缺点，比如节疤、裂纹、易弄污等，也影响了木材的使用效果。所以，为了达到好的效果，需要对木材进行表面处理来达到满意的设计效果。

从工业设计出发，表面处理的目的首先是美化产品的外观，也即按产品设计的要求调整其表面的色彩、亮度和肌理等。因此，材料本身具有的外观不符合设计要求时，必须采用适当的表面处理方法进行调整，以满足产品设计的要求。

木材表面处理分类：

1. 表面基础加工处理

（1）砂磨

定义：用木砂纸在木材表面进行顺木纹方向的来回研磨的工艺。

效果：去除在木加工过程中由于锯、削、刨时将木纤维切割断裂而残留在木材表面上的木刺，使木材表面更平滑。

方法：机械砂磨（利用机器进行抛光、擦亮）、手工砂磨（利用砂纸）。

（2）脱色

定义：用具有氧化还原作用的化学药剂对木材进行漂白处理。

效果：使木材表面的色泽获得基本的统一。

常用的脱色剂：双氧水、次氯酸钠、过氧化钠。

（3）填孔

定义：将填孔料嵌填于木材表面的裂缝、钉眼、虫眼等部位的工艺。

效果：使木料表面平整。

（4）染色

定义：为了得到纹理优美、颜色均匀的木质表面，木制品一般需要染色。

方法：木材的染色一般可分为水色染色和酒色染色两种。

设计案例设计说明：

产品名称：笛子

制造商：樊迪知制作

设计说明：关于竹笛的制作问题，在我国历史上曾有不少记载，早在公元前两千多年，黄帝命伐竹斩而为十二筒，后来还有荀氏、丘仲、刘和、刘秀等等造笛之说。在制作过程中将竹皮削去，将竹节打通，用细砂纸将内壁通刷干净，以便发音畅通，使气流振动统一，音色纯正。最后，在笛身上缠上丝线圈，涂上生漆，保护笛子以免干裂，或磨光，上蜡漆，两头接骨等以作装饰。有的笛子外表刻有山水、花草、鸟兽、虫鱼或诗文等图饰，工艺精细，音色优美动听。

产品名称：“螳螂”可调节桌

设计师：阿尔伯托·列沃雷（阿根廷）

设计说明：这张桌子实用性强，机动性能好，设计讲究，形状奇特，令人想起与它同名的昆虫。倾斜的支架，能垂直升降，使圆盘桌面保持水平。桌面可以用不锈钢，也可以用与底部一样的由铬染成黑色的高级木材，或者涂成樱桃木色。

产品名称：干酪磨碎机

设计公司：阿列西公司

设计说明：这件产品使用的是梨木。梨木具有美丽柔和的色彩，经过砂磨和抛光处理后，显露出柔和的光泽，与金属的高反光形成了一种对比，同时也增加了质感。该产品虽然是很平常的家庭用具，但是经过精细的表面处理，显得极为精致。

图8-22 图8-23

图8-24 图8-25

图8-26 图8-27

产品名称：捷豹汽车内饰板

设计公司：捷豹汽车

设计说明：汽车的豪华与品位常常能从它的内饰上体现出来。这辆捷豹X型汽车的内饰采用了胡桃木这种能够体现奢华的木料。经过精细抛光处理的内饰板显得格外光滑，非常漂亮，让人有想要触摸一下的冲动，很好地诠释了捷豹品牌的豪华与品质。

产品名称：悬壁套椅

设计师：彼得·斯特曼

设计说明：这是使用榉木胶合板制作的椅子。胶合板的制作过程本身就需要进行砂磨和刨光，以保证表面的平滑。光滑的胶合板在涂上黑漆之后，在光线的照射下呈现出了亚光的效果，给人感觉比较细腻。

产品名称：NXT套椅

设计师：皮特·卡朋

设计说明：这把椅子也是用胶合板制作

的。为了使制作出来的胶合板颜色均匀一致，用漂白剂对木料进行了脱色处理。可以看到，这把椅子的色彩成淡淡的奶白色，给人干净舒适的感觉。

产品名称：“双爱”床具

设计师：克里斯托弗·博舍

设计说明：由坚硬的山毛榉木做成，经过脱色的木料使得床具的整体色彩协调、柔和。

产品名称：滑板

设计说明：用来做滑板的枫木有着漂亮的纹理，染色工艺可以强调这一特点，增加其装饰性，不仅突出了表面的纹理，而且使整个木料的色彩更加一致。

产品名称：Mobiado Professional Executive Model手机

设计说明：这款手机采用了珍贵的可可波罗木和洪都拉斯紫檀木，表面经过了精细的打磨。这款产品不仅在材料的应用上出奇制胜，也显示出了精湛的木材加工技术。

2. 表面被覆处理

（1）涂饰

定义：是用涂敷这一方法把涂料涂覆到产品或物体的表面上，并通过产生物理或化学的变化，使涂料的被覆层转变为具有一定附着力和机械强度的涂膜。产品的涂饰也称为产品的涂装或产品的油漆。

效果：涂饰的功效就是使涂料的潜在功能转变成为实际的功能，使工业产品能得到预期的保护和装饰效果，以及某些特殊的效能。

方法：透明涂饰（用于木纹漂亮、底材平整的木制品）、不透明涂饰（采用具有遮盖力的彩色涂料和油漆）。

（2）覆贴

定义：将面饰材料通过粘合剂粘贴在木制品表面而成为一体的一种装饰方法。

效果：增加外观装饰效果，满足消费者的使用要求和审美要求。

常用的覆贴材料：PVC膜、人造革、木纹纸、薄木等。

（3）化学镀

定义：化学镀是指在没有外加电流的条件下，利用处于同一溶液中的金属盐和还原剂可在具有催化活性的基体表面上进行自催化氧化还原反应的原理，在基体表面形成金属或合金镀层的一种表面处理技术，亦称为不通电镀或自催化镀。木材主要是镀铜或金。

效果：不仅能够使木材具备电磁屏蔽性能，而且由于铜和金的镀膜色泽，能够显示木制品华丽的装饰性，增加木制品的附加值。

设计案例设计说明：

产品名称：“安特”圆桌

设计师：马克·哈里森（新西兰）

设计说明：这款桌子造型别致，看上去像只飞碟。其所有的部件只靠四个螺钉连接在一起。桌面采用澳大利亚本地的木材制成 。表面涂以环氧树脂。造型比较简单，却很时髦。这款桌子的产量较小。

产品名称：“Arqua”桌

图8-28

图8-29

图8-30

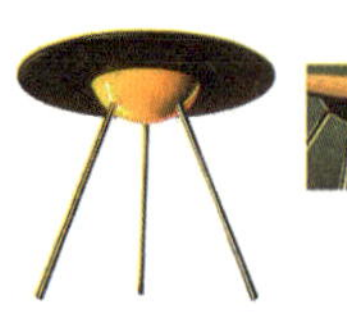

图8-31

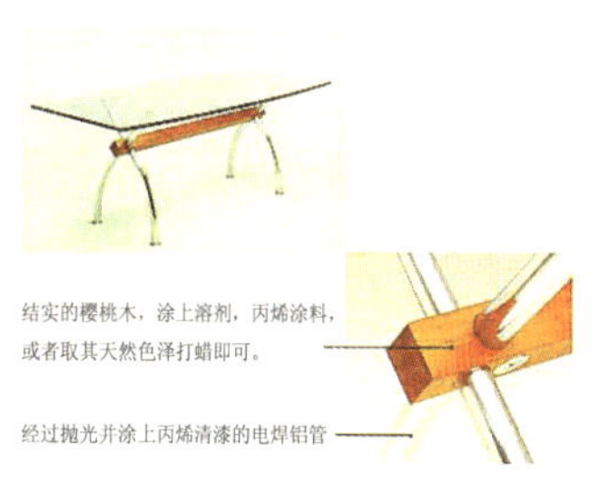

图8-32

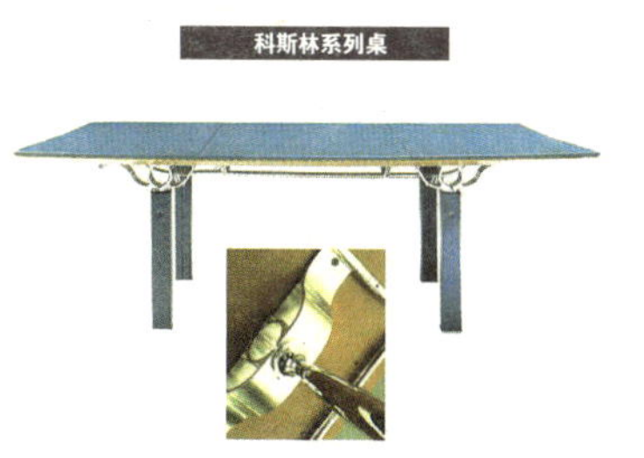

图8-33

图8-34

设计师：卡洛·比木比，保罗·拉莫里（意大利）

设计说明：这是以简制繁的范例。这张风格不俗的桌子，由插入木孔的管状支架支撑。结实的樱桃木，涂上溶剂、丙烯涂料，或者取其天然色泽打蜡即可。在视觉上给人以清新和淡雅的感觉。用户安装时，使用圆筒拉杆工艺将管状桌腿固定，桌子牢固结实。

产品名称：科斯林系列桌

设计师：路加·斯喀切蒂（意大利）

设计说明：这是一款行政办公桌或者是会议桌。 这一构思卓越的系列桌配有多种零配件、组件以及设备。可以组成不同的造型。桌面用梨木或桃木贴面，有的喷了清漆，形式多样。基于后现代的构想，该款设计的审美反映了古典风貌。

产品名称：伦敦尼斯顿的斯里——斯瓦米纳雷扬寺庙的镀金木头

设计说明：大家不要被该产品的表面所迷惑，那其实是一块木头，同时也说明了表面处理工艺的厉害之处。该木头采用了电镀技术。电镀技术可以提升表面装饰效果，增强防腐性能，增强导电性，保护材料，避免电磁以及无线电频率辐射。不过主要是用于金属镀层。通过这种手段，产品的价值通常是成倍增长。

产品名称：“红蓝椅”

设计师：里特维德（荷兰）

图8-35

图8-36

设计说明：这张椅子在设计历史上可以说是留下了一笔的。从功能上说，这把椅子是不舒服的，但是通过展示，它证明了产品的最终形式取决于结构。椅子的靠背为红色，坐垫为蓝色，木条全漆成黑色，木条的端面全漆成黄色。它的与众不同的现代形式，终于摆脱了传统风格家具的影响，成为独立的现代主义趋势的预言。因此，集中体现了风格派哲学精神和美学追求的"红蓝椅"成为现代主义在形式探索上的一个非常重要的里程碑性的作品，对于整个现代主义设计运动产生了深刻的影响。

产品名称：书架

设计师：索特萨斯（意大利）

设计说明：这件作品集中体现了“孟菲斯”开放的设计观。色彩艳丽、造型奇特，渗透出一种显见的波普风格，受到战后成长起来的青年一代的喜爱。力图破除设计中的一切固有模式，以表达丰富多样的情趣。以物美价廉的木质材料为主，造型别出心裁，色彩上更以夸张、对比为特色，喜用明快、亮丽的色彩如

图8-37

明黄、粉绿、桃红等。这样的设计似乎在向我们暗示：设计的功能并不是绝对的，而是具有可塑性的，它是产品与生活之间的一种可能的关系。而且，功能不仅是物质上的，也是精神上的、文化上的。产品不仅要有使用价值，更要表达一种文化内涵，使之成为特定文化系统的隐喻。

产品名称：彩绘云凤纹樽（漆器）

年代：西汉

设计说明：这是西汉时期的一个以薄木为胎的漆樽，是一种酒具。漆器是古代人们日常生活中应用十分广泛的物品，早在我国的原始社会时期就已经开始使用漆器了。最早的漆器是以木为胎，再加以漆饰的。由于漆有耐酸碱、耐热、防腐的特性，因此可以很好地保护木质的器具。

木材有着良好的加工性能，易于造型，同时它又有着美丽的纹理色彩和清新的香气，在人性化设计、情感化设计日益受到人们重视的今天，木材的这些特点得到了充分的发挥，应用的范围扩展到了高科技产品的领域。随着人们对自然的回归和向往，使得对木材的需求不断增加。正因为人们需要木材，所以肯定会有更为先进的表面处理工艺出现，使得这一天然材料得到更深入的挖掘，在产品设计上有更出色的表现。

第九章

CHAPTER NINE
玻璃材料的设计表现力

[本章学习目标与要求]

了解玻璃材料的发展历史、种类、特性及生产工艺；掌握玻璃材料的表面处理工艺及其设计表现力。

[本章学习重点]

玻璃材料的加工工艺、成型工艺；
玻璃材料的表面处理工艺；
玻璃材料的设计表现力。

[本章学习难点]

玻璃材料的设计表现力。

第一节　玻璃材料概述

一、玻璃的发展历史

玻璃是一种较为透明的液体物质，在熔融时形成连续网络结构，冷却过程中粘度逐渐增大，并硬化成不结晶的硅酸盐类非金属材料。普通玻璃化学氧化物的组成（$Na_2O \cdot CaO \cdot 6SiO_2$），主要成分是二氧化硅。广泛应用于建筑物，用来隔风透光。（图9-1）

玻璃最初由火山喷出的酸性岩凝固而得。约公元前3700年前，古埃及人已制出玻璃装饰品和简单的玻璃器皿，当时只有有色玻璃，约公元前1000年前，中国制造出无色玻璃。公元12世纪，出现了商品玻璃，并开始成为工业材料。18世纪，为适应研制望远镜的需要，制出光学玻璃。1873年，比利时首先制出平板玻璃。1906年，美国制出平板玻璃引上机。此后，随着玻璃生产的工业化和规模化，各种用途和各种性能的玻璃相继问世。现代，玻璃已成为日常生活、生产和科学技术领域的重要材料。

3000多年前，一艘欧洲腓尼基人的商船，满载着晶体矿物“天然苏打”，航行在地中海沿岸的贝鲁斯河上。由于海水落潮，商船搁浅了。

于是船员们纷纷登上沙滩。有的船员还抬

图9-1 常见的玻璃材料

来大锅，搬来木柴，并用几块“天然苏打”作为大锅的支架，在沙滩上做起饭来。

船员们吃完饭，潮水开始上涨了。他们正准备收拾一下登船继续航行时，突然有人高喊：“大家快来看啊，锅下面的沙地上有一些晶莹明亮、闪闪发光的东西！”

船员们把这些闪烁光芒的东西，带到船上仔细研究起来。他们发现，这些亮晶晶的东西上粘有一些石英砂和融化的天然苏打。原来，这些闪光的东西，是他们做饭时用来做锅的支架的天然苏打，在火焰的作用下，与沙滩上的石英砂发生化学反应而产生的晶体，这就是最早的玻璃。后来腓尼基人把石英砂和天然苏打和在一起，然后用一种特制的炉子熔化，制成玻璃球，使腓尼基人发了一笔大财。

大约在4世纪，罗马人开始把玻璃应用在门窗上。到1291年，意大利的玻璃制造技术已经非常发达。

1688年，一名叫纳夫的人发明了制作大块玻璃的工艺，从此，玻璃成了普通的物品。我们现在使用的玻璃是由石英砂、纯碱、长石及石灰石经高温制成的。熔体在冷却过程中黏度逐渐增大而得的不结晶的固体材料，性脆而透明。有石英玻璃、硅酸盐玻璃、钠钙玻璃、氟化物玻璃等。通常指硅酸盐玻璃，以石英砂、纯碱、长石及石灰石等为原料，经混合、高温熔融、匀化后，加工成型，再经退火而得。广泛用于建筑、日用、医疗、化学、电子、仪表、核工程等领域。（图9-2）

图9-2 常见的玻璃杯

二、玻璃的种类

玻璃主要分为平板玻璃和特种玻璃。平板玻璃主要分为三种，即引上法平板玻璃（分有槽、无槽两种）、平拉法平板玻璃和浮法玻璃。浮法玻璃由于厚度均匀、上下表面平整平行，再加上劳动生产率高及利于管理等方面的因素影响，使其正成为玻璃制造方式的主流。而特种玻璃则品种众多，下面进行简单介绍。

1. 普通平板玻璃

（1）3~4厘玻璃，毫米（mm）在日常中也称为厘。我们所说的3厘玻璃，就是指厚度3mm的玻璃。这种规格的玻璃主要用于画框表面。

（2）5~6厘玻璃，主要用于外墙窗户、门扇等小面积透光造型等等。

（3）7~9厘玻璃，主要用于室内屏风等较大面积但又有框架保护的造型之中。

（4）9~10厘玻璃，可用于室内大面积隔断、栏杆等装修项目。

（5）11~12厘玻璃，可用于地弹簧玻璃门和一些活动人流较大的隔断之中。

（6）15厘以上玻璃，一般市面上销售较少，往往需要订货，主要用于较大面积的地弹簧玻璃门外墙整块玻璃墙面。

2. 其他玻璃

其他玻璃一说，只是笔者在分类时相对于平板玻璃而言，并非业内正式分类。主要有：

（1）钢化玻璃。它是普通平板玻璃经过

图9-3 可爱的磨砂玻璃灯具

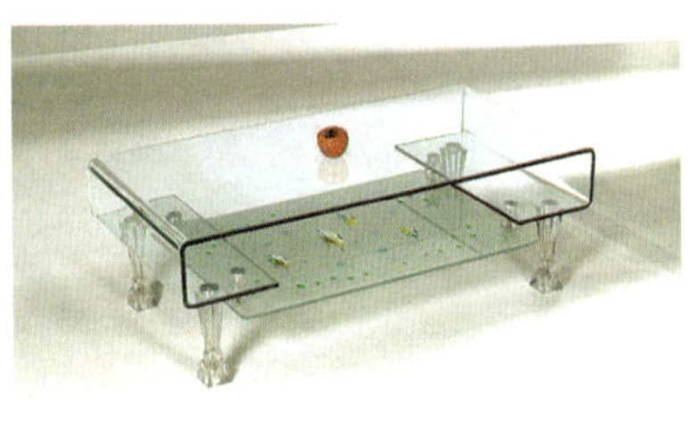
图9-4 热弯玻璃茶几

图9-5 玻璃砖

再加工处理而成的一种预应力玻璃。钢化玻璃相对于普通平板玻璃来说，具有两大特征：

①前者强度是后者的数倍，抗拉度是后者的3倍以上，抗冲击是后者的5倍以上；

②钢化玻璃不容易破碎，即使破碎也会以无锐角的颗粒形式碎裂，对人体伤害大大降低。

（2）磨砂玻璃。它也是在普通平板玻璃上面再磨砂加工而成。一般厚度多在9厘以下，以5~6厘厚度居多。

（3）喷砂玻璃。性能基本上与磨砂玻璃相似，不同的是改磨砂为喷砂。由于两者视觉上类同，很多业主，甚至装修专业人员都把它们混为一谈。（图9-3）

（4）压花玻璃。是采用压延方法制造的一种平板玻璃。其最大的特点是透光不透明，多使用于洗手间等装修区域。

（5）夹丝玻璃。是采用压延方法，将金属丝或金属网嵌于玻璃板内制成的一种抗冲击平板玻璃，受撞击时只会形成辐射状裂纹而不致于坠下伤人。故多用于高层楼宇和震荡性强的厂房。

（6）中空玻璃。多采用胶接法将两块玻璃保持一定间隔，间隔中是干燥的空气，周边再用密封材料密封而成，主要用于有隔音要求的装修工程之中。

（7）夹层玻璃。夹层玻璃一般由两片普通平板玻璃（也可以是钢化玻璃或其他特殊玻璃）和玻璃之间的有机胶合层构成。当受到破坏时，碎片仍粘附在胶层上，避免了碎片飞溅对人体的伤害。多用于有安全要求的装修项目。

（8）防弹玻璃。实际上就是夹层玻璃的一种，只是构成的玻璃多采用强度较高的钢化玻璃，而且夹层的数量也相对较多。多采用于银行或者豪宅等对安全要求非常高的装修工程之中。

（9）热弯玻璃。由平板玻璃加热软化在模具中成型，再经退火制成的曲面玻璃。（图9-4）

（10）玻璃砖。玻璃砖的制作工艺基本和平板玻璃一样，不同的是成型方法。其中间为干燥的空气。多用于装饰性项目或者有保温要求的透光造型之中。（图9-5）

三、玻璃材料的特性

玻璃具一系列独特的性质，例如良好的透光性、化学稳定性、出色的加工性能等。另外，制造玻璃所用的原料，在地壳上分布很广，蕴藏量极为丰富，成本较低。如今，玻璃已经成为现代人们日常生活、生产发展、科学研究中不可缺少的一类产品，且它的应用范围随着科技的发展还在日益扩大。

玻璃的基本性能有如下几方面：

1.. 强度

玻璃抗拉强度较弱，抗压强度较强，且抗

图9-6 玻璃灯具

压强度约为抗拉强度的若干倍，玻璃和陶瓷一样，也是脆性材料。

2. 硬度

玻璃的硬度较高，比一般金属硬，不能用普通刀具进行切割。根据玻璃的硬度可以选择磨料、磨具或其他的加工方法。

3. 光学特性

玻璃是一种高度透明的物质，具有光学常数、光谱特性等一系列重要光学性质。如普通平板玻璃，能透过可见光线的80%~90%，紫外线大部分不能透过，但红外线可轻易透过。（图9-6）

4. 电学性能

常温下玻璃是电的不良导体，但当温度升高时，玻璃的导电性迅速提高，熔融状态时变为导电体。

5. 热性质

玻璃是热的不良导体，一般承受不了温度的急剧变化。

6. 化学稳定性

玻璃的化学性质比较稳定，耐酸腐蚀性较高，而耐碱腐蚀性较差。玻璃长期受大气和雨水的侵蚀，会在表面产生磨损，失去表面的光泽。尤其一些光学玻璃仪器易受到周围介质的作用，破坏玻璃的透光性，在使用和保存中应加以注意。

第二节　玻璃产品的生产工艺

玻璃产品的成型工艺主要是指将熔融的玻璃液加工成具有一定形状、尺寸的玻璃制品需要经过一系列的加工过程，包括成型加工和二次加工。有时为了保证玻璃产品的强度和热稳定性等特性，还需对玻璃产品进行淬火、回火等热处理。概括起来，玻璃产品的生产过程主要包括“原料的选择与制备”、“玻璃的熔制”、“玻璃的成型”、“玻璃的二次加工”、“玻璃的表面处理”五个步骤。

一、原料的选择与配合料的制备

玻璃原料是指用于制备玻璃配合料的各种物质。根据用量和作用的不同，玻璃原料分为主要原料和辅助原料两类。主要原料是指往玻璃中引入各种组成氧化物的原料，它们决定了玻璃制品的物理化学性质。辅助原料是使玻璃获得某些必要的性质和加速熔制过程的原料。玻璃原料的选择是玻璃制品生产中的一个主要环节。采用何种原料作为主要成分，要根据玻璃的组成、性质要求、原料来源、价格与供求的可靠性等因素综合考虑。

1. 原料的选择

（1）主要原料

石英砂。石英砂又称硅砂，其主要成分是石英，它是石英岩、长石和其他岩石受水和二氧化碳以及温度变化等作用，逐渐分解风化生成。

硼酸、硼砂及含硼矿物。硼酸、硼砂及含硼矿物是指向玻璃中引入B_2O_3（三氧化二硼）的主要原料。B_2O_3在低温时可提高玻璃的粘度，在高温时则会使玻璃的粘度降低，所以含B_2O_3较高的玻璃，成型的温度范围较窄。B_2O_3还起助熔剂的作用，加速玻璃的澄清和降低玻璃的结晶能力。

长石、瓷土、蜡石。长石、瓷土、蜡石是指向玻璃中引入Al_2O_3（三氧化二铝）的主要原料。Al_2O_3能降低玻璃的结晶倾向，提高玻璃的化学稳定性、热稳定性、机械强度、硬度和折射率，减轻玻璃对耐火材料的侵蚀，并有助于氟化物的乳浊。

纯碱、芒硝。纯碱、芒硝是指向玻璃中引入碱金属氧化物Na_2O（氧化钠）的主要原料。Na_2O是玻璃良好的助熔剂，可以降低玻璃粘度，使其易于熔融和成型。

方解石、石灰石、白云石。方解石、石灰石、白云石是指向玻璃中引入CaO（氧化钙）的主要原料。CaO在玻璃中主要起稳定剂的作用，含量较高时，能使玻璃的结晶化倾向增大，而易使玻璃发脆。在一般玻璃中，CaO的含量不超过12. 5%。

硫酸钡、碳酸钡。硫酸钡、碳酸钡是指向玻璃中引入BaO（氧化钡）的主要原料。含BaO的玻璃吸收辐射线能力较强，常用于制作高级器皿玻璃、光学玻璃、防辐射玻璃等。

铅化合物。铅化合物是指向玻璃中引入PbO（氧化铅）的主要原料。PbO能增加玻璃的密度，提高玻璃折射率，使玻璃制品具有特殊的光泽和良好的电性能。铅玻璃高温时粘度低，熔制温度低，易于澄清，硬度小，易于研磨抛光。

（2）辅助原料

澄清剂。澄清剂是指在玻璃配合料或玻璃熔体中，加入一种高温时自身能够汽化或分解放出气体，以促进排除玻璃中气泡的物质。常用的澄清剂有白砒、三氧化二锑、硝酸盐、硫酸盐、氟化物、氯化物、氧化铈、铁盐等。

着色剂。玻璃的着色剂是指能够使玻璃着色的物质。着色剂的作用是使玻璃对光线产生选择性吸收，而显出一定的颜色。根据着色剂在玻璃中呈现的状态不同，分为离子着色剂、胶态着色剂和硫硒化物着色剂三类。

脱色剂。脱色剂是为了提高普通玻璃的透明度，在玻璃熔制时向配合料中加入的物质，以去除玻璃原料中含有的铁、铬、钒等化合物和有机物的有害杂质。

乳浊剂。乳浊剂是指能使玻璃制品对光线产生不透明的乳浊状态的添加物。

助熔剂。助熔剂是指能促使玻璃在熔制过程中加速反应的添加物。

2. 配合料的制备

配合料的质量对玻璃制品的产量和质量有较大影响。虽然不同的玻璃制品有不同的要求，但在配合料的制备上还是有相同之处，具体如下：

第一，在颗粒组成上，构成配合料的各种原料均由一定的颗粒组成，它直接影响配合料的均匀度、熔制速度和玻璃液的均匀度。

第二，在水分上，在配合料中加入一定量的水是必要的，湿物料比干物料有利于减少粉尘、防止分层、提高熔制速度和混合均匀度等。

第三，在气体的含量上，为加速玻璃的熔制，要求配合料有一定的气体比是必要的，它们在受热分解后所逸出的气体对配合料和玻璃液的搅拌作用有利于硅酸盐形成和玻璃均化。

对钠钙玻璃而言，配合料中的气体比例在15%~20%最为适宜。配合料均匀度的优劣将影响玻璃制品的产量和质量，所以均匀度良好

图9-7 玻璃器皿

的配合料是熔制均匀玻璃液的前提。大部分原料都必须经过破碎、粉碎、筛分，而后经称量、混合制成配合料。

二、玻璃的熔制

将配合料经过高温加热形成均匀的、无气泡的（即把气泡、条纹和结石等减少到容许限度），并符合成型要求的玻璃液的过程，称为玻璃的熔制。玻璃熔制是玻璃生产中很重要的环节，大致可分为五个阶段：硅酸盐形成、玻璃形成、澄清、均化和冷却。这五个阶段各有特点，分述如下：

1. 硅酸盐形成

配合料各成份在加热过程中经过一系列的物理变化和化学变化，生成由硅酸盐和二氧化硅组成的不透明烧结物。这一反应基本是在固体状态下进行的。制造普通钠钙硅酸盐玻璃时，硅酸盐形成在800℃~900℃时基本结束。

2. 玻璃的形成

烧结物连续加热时即开始熔融。易熔的低共熔混合物首先开始熔化，在熔化的同时硅酸盐和剩余的二氧化硅也发生互溶。到这一阶段结束时，烧结物变成了透明体。然而此时的玻璃液在化学组成和性质上并不均匀，且含有大量气泡和条纹。熔制普通玻璃时，玻璃的形成在1200℃~1250℃时完成。

3. 澄清

玻璃液继续加热，粘度继续降低，并放出气态混杂物，去除可见气泡的过程，称为澄清。熔制普通玻璃时，澄清在1400℃~1500℃时结束。

图9-8 玻璃容器

4. 均化

玻璃液长时间处于高温下，其化学组成逐渐趋向均一，即由于扩散的作用，使玻璃中条纹、结石消除到允许限度，变成均一体，称为均化。熔制普通玻璃时，均化可在低于澄清的温度下完成。

5. 冷却

经澄清均化后将玻璃液的温度降低200℃~300℃，以便使玻璃液具有成型所必需的粘度，这一过程称为冷却。

在熔融的玻璃液制得之后，需要通过成型工艺对其进行外形塑造。

三、玻璃的加工工艺

成型后的玻璃需要继续对其进行加工，包括热处理和二次加工。

1. 玻璃的热处理

玻璃制品在生产中，由于要经受激烈和不均匀的温度变化，导致制品内部产生热应力。结构变化的不均匀及热应力的存在会降低制品的强度和热稳定性，很可能在成型后的冷却、存放和机械加工过程中自行破裂；制品内部结构变化的不均匀性，又可能造成玻璃制品光学性质的不均匀。因此，玻璃制品成型后，一般都要经过热处理。

玻璃制品的热处理，一般包括退火和淬火两种工艺。

（1）退火

退火就是消除或减小玻璃制品中热应力的热处理过程。光学玻璃和某些特种玻璃制品，对退火的要求十分严格，必须要通过退火使玻璃结构均匀，以达到要求的光学性能，这种退火称为精密退火。薄壁制品（灯泡等）和玻璃纤维在成型后，由于热应力很小，除适当地控制冷却速度外一般不再进行退火。

为了消除玻璃中的永久应力，必须将玻璃加热到低于玻璃转变温度附近的某一温度进行保温均热，以消除玻璃各部分的温度梯度，使应力松弛。这个选定的保温均热温度，称为退火温度。玻璃在退火温度下，由于薪度较大，应力虽然能够松弛，但不会发生可测得的变形。玻璃的最高退火温度是指在此温度下经过3分钟保温可消除95%的应力，一般相当于退火点的温度，也叫退火上限温度；最低退火温度是指在此温度下经3分钟保温只能消除5%的应力，也叫退火下限温度。最高退火温度至最低退火温度之间称为退火温度范围。玻璃制品的退火工艺过程包括加热、保温、慢冷及快冷四个阶段。

（2）淬火

淬火就是使玻璃表面形成一个有规律的、分布均匀的压力层，以提高玻璃制品的机械强度和热稳定性。在淬火的过程中玻璃的内层和表面层将产生很大的温度梯度，由此引起的应力由于玻璃的粘滞流动而被松弛，所以造成了有温度梯度而无应力的状态。冷却到最后，温度梯度逐渐消除，松弛的应力即转化为永久应力，这样造成了玻璃表面均匀分布的压应力层。

这种内应力的大小与制品的厚度、冷却速度及玻璃的膨胀系数有关。因此认为薄玻璃和具有低膨胀系数的玻璃较难淬火。淬火薄玻璃制品时，结构因素起主要作用；淬火厚玻璃制品时，则是机械因素起主要作用。

淬火玻璃同一般玻璃比较，其抗弯强度、抗冲击强度以及热稳定性等都有很大的提高。

2. 玻璃制品的二次加工

成型后的玻璃制品，除极少数能直接符合要求外（如瓶罐等），大多数还需进一步加工，以得到符合要求的制品。经过二次加工可以改善玻璃制品的表面性质、外观质量和外观效果。玻璃制品的二次加工可分为冷加工和热加工。

图9-9 玻璃果盘

图9-10 玻璃果盘

（1）玻璃制品的冷加工

冷加工是指在常温下通过机械方法来改变玻璃制品的外形和表面状态所进行的工艺过程。冷加工的基本方法包括研磨、抛光、切割、磨边、喷砂、钻孔和刻花等。

研磨。研磨是为了磨除玻璃制品的表面缺陷或成型后残存的凸出部分，使制品获得所要求的形状、尺寸和平整度。

抛光。抛光是用抛光材料消除玻璃表面在研磨后仍残存的凹凸层和裂纹，以获得光滑、平整的表面。

切割。切割是用金刚石或硬质合金刀具划割玻璃表面并使之在划痕处断开的加工过程。

磨边。磨边是磨除玻璃边缘棱角和粗糙截面的方法。

喷砂。喷砂是通过喷枪用压缩空气将磨料喷射到玻璃表面以形成花纹图案或文字的加工方法。

钻孔。钻孔是利用硬质合金钻头、钻石钻头或超声波等方法对玻璃制品进行打孔。

刻花。刻花是用砂轮等工具在玻璃制品表面刻磨图案的加工方法。目前刻花主要有两种方法，即手工刻花与机器刻花。手工刻花是用

图9-11 玻璃装饰器皿

一把垂直的金刚钻轮进行加工，需要长年练就的加工玻璃的熟练技术。机器刻花可以生产粗糙的、灰色的、磨砂的表面，并在这个表面上再加工抛光成光滑的表面。机器刻花主要用于加工镜子，它可以使镜子增加细节，但在透明玻璃上的效果并不是很明显。

（2）玻璃制品的热加工

有很多形状复杂和要求特殊的玻璃制品，需要通过热加工进行最后成型。此外，热加工还用来改善制品的性能和外观质量。热加工的方法主要包括：火焰切割、火抛光、钻孔、锋利边缘的烧口、灯烧等。灯烧更多地被用作进行小批量玻璃加工。在一般的手工造型步骤之前，还包含一个局部加热过程。因为火焰可以对准特定的部分，玻璃制造者能够进行精确控制，而这一点在吹制加工中是很难做到的。这种工艺适合于科学仪器、装饰用雕像、温度计、油酱瓶、珠子、花卉装饰等的生产。

四、常用玻璃产品成型工艺

1879年托马斯·爱迪生发明了灯泡，但却无法立即投入实际使用。原因是缺少一种不但能够经受灯丝热量，而且要满足低成本和大规模生产要求的玻璃。后来出现了带式吹泡机，使用高速线型流水线进行生产，将制作玻璃灯泡的效率从1分钟2个提高到1分钟2000个，灯泡因而传遍全世界。

从以上这个案例我们不难发现材料和工艺的发展是互相促进，密不可分的，先进的玻璃工艺推动着玻璃工业的发展，新的玻璃材料也促进玻璃工艺的进步，大量美观精致的玻璃制品层出不穷。

玻璃的成型，是熔融的玻璃液转变为具有固定几何形状制品的过程。玻璃的成型方法可以分为两类：热塑成型和冷成型。后者包括物理成型（研磨和抛光等）和化学成型（高硅氧的微孔玻璃等）。通常把冷成型归属到玻璃的冷加工中，玻璃的成型通常是指热塑成型。在成型时玻璃液除作机械运动外，还同周围介质进行连续的热传递。由于冷却和硬化，玻璃首先由粘性液态转变为可塑态，然后再转变成脆性固体。因此，玻璃的成型过程是极其复杂的多种性质不同作用的综合。

在生产中，玻璃制品的成型过程和其他塑性材料相同，分为成型和定型两个阶段。在第一阶段中使材料具有制品所需的外形，常采用普通的成型方法，例如在模子中吹制与压制等。在第二阶段中要固定已成型的外形。在制品的成型和定型过程中最有意义的是玻璃液的粘弹性（温度、表面张力和弹性性能）和热学特性（传热系数、比热容、热膨胀系数、玻璃液的透光系数、辐射系数和热交换系数）。玻璃液的滞流运动和它在塑性变形过程中的力学特性决定了玻璃液的每一质点在外力作用下的位移特点。玻璃液在成型过程中的热学特性决定了其热交换及其强度，并与周围的冷却介质有关。

常见的玻璃成型方法有：压制成型、吹制成型、拉制成型和压延成型等。不同的玻璃产品成型的方法不尽相同，下面按照不同玻璃产品类型介绍一些玻璃的成型方法。

1. 平板玻璃的成型方法

平板玻璃成型方法主要有：垂直法（垂

直引上和垂直引下）、浮法、拉制法、压延法等。

（1）垂直法成型。垂直引上包括槽垂直引上、无槽垂直引上和对辊法三种。

有槽法生产的特点是：玻璃液经槽口成型、水包冷却、机腔退火而成原板，原板经切割而成原片。原板的板根是窗玻璃成型的基础，原板的两个边子是原板成片的前提，原板的拉伸力是改板的根据，而玻璃液的粘度与表面张力是成型的基本性质。因此，玻璃性质、板根的成型、边子的成型、原板的拉伸力是窗玻璃成型原理的四个组成部分。

对辊法是在改进有槽法缺点的基础上发展起来的。有槽法生产平板玻璃有如下缺点：第一，由于成型温度和析晶温度相近，在槽唇上会产生析晶现象，由此而产生波筋（光学变形）；第二，由于玻璃液对槽唇的浸蚀需定期更换槽砖；第三，因打炉常使原板表面产生开口泡。对辊法在一定程度上改善了有槽法在槽唇上出现析晶的缺点。对辊法中，对辊以每天1~5mm的圆周速度把析晶带出板根，而在另一边的玻璃熔化液中熔化，这样槽唇始终保持无析晶状态。

（2）浮法玻璃成型。浮法玻璃成型是在锡槽中进行的，即熔融玻璃从池窑中连续流入并漂浮在相对密度大的锡液表面上，进入成型室（一般成型室宽数米，长数十米，底部充满熔融液态金属锡），在重力和表面张力的作用下，玻璃液在锡液面上铺开、摊平成型。再经过一系列的处理，得到上下表面平整、互相平行、厚度均匀的优质平板玻璃，最后从成型室另一端拉出冷却。一开始，玻璃加热并保持在1000℃左右，再注入熔化槽里。玻璃沿着熔化槽冷却以后就形成了玻璃带，保持在600℃。然后玻璃以200℃的温度从滚筒流出。从这里开始，玻璃被切割成片并且包裹起来。目前，几乎所有的平板玻璃都是采用浮法成型工艺生产的。

（3）拉制成型。拉制成型是利用机械的拉引力将玻璃熔体拉制成产品，分为垂直拉制和水平拉制，其主要用于加工平板玻璃、玻璃管、玻璃纤维等。这种方法在制造过程中较难控制厚度的精确度和均匀度。

（4）压延成型。压延成型是利用金属辊的滚动将玻璃熔体压制成板状制品，主要用于生产压花玻璃、夹丝玻璃。压花玻璃同普通玻璃相比理化性能基本相同，只是在光学上透光不透明，可使光线柔和，具有保护隐私的作用和一定的装饰效果。

2. 玻璃细珠的成型方法

玻璃细珠具有许多独特的优点，如均匀度、反射特性、化学惰性、硬度、透明度等，它已广泛用于航空、交通、化工、电影、冶金、机械、医疗等领域。玻璃细珠的用途不同，其化学成分也各不相同，常用的分为钠钙玻璃、硼硅玻璃、含铅玻璃、含镁玻璃、高硅氧玻璃等。

生产玻璃细珠主要有粉末法和溶液法两种。粉末法成型的基本原理是将玻璃粉碎成要求的颗粒，经过筛分，在一定温度下通过均匀加热区，使玻璃颗粒熔融，在表面张力的作用下形成细珠。粉末法的优点是能制造硬质玻璃珠，珠径易控制，得珠率高；缺点是生产周期长、产量低、成本高、热耗大。溶液法成型的基本原理是用高速气流将玻璃液吹散成纤维状玻璃，在表面张力的作用下收缩成细珠。溶液法的优点是成本低、产量高等；主要缺点是珠径不易控制，有纤维或棉状杂质，或带尾巴状细珠等。

3. 空心玻璃的成型方法

工业革命以前空心玻璃的成型方法主要是手工成型，到19世纪末随着技术的发展进入了半机械化时期，近几十年来又由机械化进展为成型过程的自动化，使空心玻璃的产量和质量有了大幅度的提高。

（1）手工成型。手工成型到目前为止仍不失为一个重要的成型方法，大多用于生产高级器皿、艺术玻璃以及形状复杂且需求量不大的制品。手工成型主要有吹制、压制、拉制和自由成型等。

手工吹制是一种古老的成型方法，用以制造空心产品，如水杯、器皿、瓶、罐、灯泡等。手工吹制借助铁制吹管，一端蘸取玻璃液（挑料），另一端为吹嘴，挑料后在滚料板上滚匀、吹气，形成玻璃料泡，而后在模具中吹制成半制品，出模、修饰并经退火而成制品。

图9-12 玻璃香水瓶

图9-13 吹制成型各种玻璃瓶

手工拉制常用来生产玻璃管、玻璃棒等。它用普通方法由吹管进行挑料和滚料并吹制成大料泡。在此同时，用另一铁棒沾上扁平玻璃块粘于大料泡的另一端上，在不断地拉伸、吹气、旋转过程中而成玻璃管。

自由成型是指不用模具而用钳子、剪子、镊子、夹板等将玻璃液经多次反复的加热、粘料、修饰、贴料而成制品。例如，工艺美术玻璃就是用这种成型方法制成。

（2）机械吹制成型。吹制成型是先将玻璃薪料压制成雏形型块，再将压缩气体吹入热熔融的玻璃型块中，吹胀使之成为中空制品（图9-12，图9-13）。这样的加工方法用于加工瓶、罐等形状的器皿。吹制成型适合大规模生产。至于像药瓶这样的小瓶子，一个24小时工作的机器一天可以生产90万件。

在半机械化成型发展过程中，当解决了机械供料后，玻璃成型才全面进入机械化成型时期。根据成型机的不同有几种机械供料方法：滴料供料、真空吸料和液流供料等。机械成型的方法根据不同的产品有不同的方法。

机械吹制法与手工吹制的区别在于前者采用的是滴料供料和压缩空气。玻璃液由熔窑的溢流口流出，经供料机切成设定重量和形状的料滴，在初型膜中吹成或压成初型，再转入成型膜中吹制成型，即所谓的压吹法或吹一吹法成型。

压吹法，在初模中进行压制使口部成型，而后转入成型模中进行吹制成型。

吹一吹法，在初模中进行第一次吹制使口部成型并吹成雏形，而后转入成型模中进行第二次吹制而成制品。

4. 碟盘状玻璃的成型方法

碟盘状玻璃产品的成型方式一般采用的是

压制成型。压制成型是在模具中加入玻璃熔料后加压而成型。一般用于加工容易脱模的造型，如较为扁平的盘碟和形状规整的玻璃砖。

压制成型又分为手工压制和机械压制两种。手工压制是半机械化的成型方法，主要是由实心铁杆挑料并经剪料后，将玻璃滴落入铁模中，最后靠冲头的挤压力在模具中成型。这种成型方法常用于生产烟缸等厚壁制品。

机械压制法与人工压制法的区别在于机械压制法采用滴料供料和自动压机成型。压制法有如下一些特点：工艺简单，尺寸准确，制品外表面可带有花纹，但压制品表面有模缝、不光滑等。压制法不能用于生产内腔上小下大，内壁有花纹，薄长的空心制品。

五、玻璃产品成型新工艺

除传统玻璃成型工艺外，下面介绍几种玻璃成型的新工艺。

1．离心成型法。离心成型法是指池窑底部流液口流出的玻璃液流进离心盘，在离心盘的侧壁上开有4000~6000个孔眼，在离心盘的高速旋转下，玻璃液因离心力的作用由孔眼甩出而成细丝，它经高温高速的燃气吹制而成纤维棉，之后若喷以合成树脂或沥青则成为硬质热绝缘材料。

2．喷水切割和凹陷。喷水切割和凹陷这两种工艺应用于菲亚姆公司在1987年制造的幽灵椅的生产上，当即成为一种标志。加热后的玻璃平面会呈现一种随意的流质形态。另外，凹陷玻璃也具有很多迷人的特性，把它加热后晾在模子上，玻璃面就会改变形状。这种厚度特别的玻璃很坚硬，能够被加工成新的形状和结构。这种工艺适合于杂志架、桌子、椅子、餐具及其他任何使用平面玻璃的产品。

3．窑烧玻璃。每块玻璃都可以通过工艺的变化表现新特性。平滑圆润的抛光玻璃可以

图9-14 一次成型玻璃茶几

图9-15 玻璃桌

图9-16 水滴状玻璃花瓶

扭曲，产生沉重或是有趣的褶皱。要达到这种效果就必须要用到模具和加热工艺。

窑烧玻璃的工艺是把浮法玻璃放到不易熔化的模具上，以此来产生褶皱和花纹。由于可以产生大范围的表面效果，窑烧玻璃正成为当代建筑和内部装潢中越来越普遍使用的材料。根据所需纹理和效果的不同，普通的浮法玻璃可以放置在陶瓷、沙、石膏或者混凝土制的模具上。加热以后，玻璃就获得了模具的纹理和形状，然后再慢慢冷却和退火。由于玻璃的厚度和大小存在差异，这一过程大概需要12小时到1周的时间。

第三节　玻璃产品的表面处理工艺

一、表面处理工艺的选择原则

通过表面工艺的处理，既可使相同材料具有不同的质感（同材异质感），又可使不同材料获得相同的质感（异材同质感）。例如，同一玻璃材质采用研磨、喷砂、抛光、蚀刻等处理使玻璃形成花纹和图案，通过透明与不透明

的对比，给人以柔和、含蓄、实在的感觉。可以说表面处理工艺的应用，不仅提高了产品质量，而且丰富了产品外观效果。不同的工艺处理会达到不同的效果，那么如何从众多的表面工艺中选择相对合适的工艺呢，可以遵循以下几方面原则。

1. 形态的时代感（图9–17）

产品的选择只有在提供了新材料、新工艺、新技术的基础上才可能反映出产品的时代性。产品的装饰工艺会反映时代的科学技术水平。

2. 求简的单纯性

现代工业产品的时代特色是产品形态的设计简洁单纯。因此在选择装饰工艺时，必须经过充分的提炼、概括，删繁就简，以清新的时代面貌展现产品单纯性的美观。

3. 功能的合理性

表面处理不仅是为了使产品美观，在许多方面还会体现功能的合理性。在体现功能合理性上应该做到表面处理工艺突出产品功能的主体部分，强调功能的正确使用要求，根据功能对操作的不同影响来选择适当的处理方法。

4. 情感的审美性

人在生活中追求美的感觉，它与人的主观因素如想象力、修养、爱好分不开。同时，情感的审美性也离不开生活，离不开对象，而又由于人、时代、地域、环境等因素而产生差异。满足人的情感需求审美性，是选择装饰工艺的又一原则。

图9-17 水滴状玻璃花插

图9-18 彩饰玻璃杯

5. 产品档次的经济性

由于消费层次的差异，产品分为高中低不同档次。在对产品选择表面处理工艺时，必须考虑到产品档次的经济性，以求得产品的合理装饰，使生产获得理想的经济效益。高档产品应对产品外观进行多侧面表面处理，增强其精美感、现代感和贵重感；中档产品一般选用一两种最新的表面处理工艺，恰到好处地体现表面处理的现代感；而低档产品应尽量少使用表面处理，以获得生产的经济效益。

6. 环境保护

在表面处理工艺选择中，同样应考虑环境保护的因素。无机非金属材料的生产需要耗费的能源较大，产生的工业废渣也较多，给环境带来污染。如何选择适合的工艺减少废料、废气的排放是值得思考的。近年来开发研制的一些表面处理技术充分考虑了环境保护的因素。例如，粉末涂料是一种不含有机溶剂的固体粉末，其材料利用率几乎为100%，成膜均匀光滑，耐磨性好，而且能耗低，废物处理少，基本消除了对环境的污染。

二、玻璃表面处理工艺

玻璃的表面处理工艺包括玻璃制品光滑面与散光面的形成（如器皿玻璃的化学刻蚀、灯泡的毛蚀、玻璃化学抛光等）、表面着色和表面涂层（如镜子镀银、表面导电）等等。

1. 玻璃彩饰

玻璃彩饰是利用彩色釉料对玻璃制品进行装饰的过程（图9–18）。常见的彩饰方法有：描绘、喷花、贴花和印花等。彩饰方法可单独采用，也可组合采用。

描绘是按图案设计要求用笔将釉料涂绘在

图9-19 玻璃蚀刻

图9-20 玻璃镀银

图9-21 装饰玻璃薄膜

制品表面。

喷花是将图案花样制成镂空型版紧贴在制品表面，用喷枪将釉料喷到制品上。

贴花是先用彩色釉料将图案印刷在特殊纸上或薄膜上制成花纸，然后将花纸贴到制品表面。

印花是采用丝网印刷方式用釉料将花纹图案印在制品表面。

所有玻璃制品在彩饰后都需要进行彩烧，才能使釉料牢固地熔附在玻璃表面，并使色釉平滑、光亮、鲜艳，且经久耐用。

2. 玻璃蚀刻（图9–19）

玻璃蚀刻是一种利用氢氟酸的腐蚀作用，使玻璃获得不透明毛面的方法。工艺的步骤是首先在玻璃表面涂覆石蜡、松节油等作为保护层并在表面刻绘图案，再用氢氟酸溶液腐蚀刻绘所露出的部分。蚀刻程度可通过调节酸液浓度和腐蚀所用的时间来控制，蚀刻完毕后除去保护层就可以达到效果了。这种方法一般多用于玻璃仪器的刻度和标字，玻璃器皿和平板玻璃的装饰等。

3. 玻璃镀银（图9–20）

玻璃镀银会产生一种镜面反光效果。制作的工艺是先将玻璃吹入一个模具来制作外形，然后再将它放到另一个模具中，来制作内部形状。而后将硝酸银溶液经玻璃物品被切开的小口倒入内腔。经过几分钟，镀银会沉淀到玻璃的表面，然后把溶液倒掉。一旦这种镀银覆盖物干了，还会继续暴露在空气中并逐渐被腐蚀掉。为了避免这种情况发生，就用胶水将一层镜面用薄膜粘在最外面，形成一层密封膜。

传统的玻璃产品要采用几种涂层来防止银被腐蚀。通过一系列的实验，设计师用清漆来保护镜子花瓶和镜子灯罩的表面。这种工艺适用于科学仪器、保温瓶内胆、镜子、珠宝的设计生产。

4. 装饰薄膜（图9–21）

塑性装饰薄膜可以改变橱窗及建筑玻璃的外观。这种薄膜可以使用酸蚀刻来刻绘图案，也可着色或制成镜面效果。从不同的角度看，有时会非常清楚，有时又会产生朦胧的效果。

这种薄膜产品最主要的优点是它们既可以增添玻璃上的装饰，也可清除玻璃上的装饰或是根据需要进行隔断。薄膜可以直接在现场进行安装，也可以随时移除或者更换。因外形可随意切割成型，设计师的才能得以自由发挥。这种薄膜产品并不只局限于装饰性应用，也用于建筑物上采集太阳热能，它还具有防碎裂功能，主要应用在橱窗、办公隔断、家具、门等的制作上。

第四节　玻璃在设计中的表现力

一、玻璃在中国古代产品中的表现力

玻璃在我国古代又称为“琳琅”、“琉琳”、“琉璃”、“颇黎”等，以后使用“琉璃”一词较为普遍。相比陶瓷的辉煌发展史，玻璃在中国的发展并没有陶瓷的长，且玻璃的制造工艺有相当部分来自于西方波斯和罗马，而后被古人吸收借鉴，并形成中国自己的风格。根据考古资料，中国最早的玻璃器出现于春秋末期。河南、湖北等地出土的玻璃珠（俗称蜻蜓眼）、镶嵌的玻璃块都属于春秋末期。战国时期玻璃器有所增多，增加了许多新品种，如玻璃璧、玻璃印、玻璃剑饰、玻璃蝉等，器形大多仿制当时流行的玉器造型。

到了西汉，西方的罗马与波斯等国的玻璃已大量传入我国，玻璃器的数量品种都有所增加。值得注意的是，西汉已开始制造玻璃器皿，如河北满城汉墓出土的两件玻璃耳杯和一件玻璃盘。耳杯是汉代典型的一种器皿造型，而这几件玻璃器皿又都属于铅钡玻璃，制作方法与当时大量生产的玻璃璧、玻璃带钩相似，采用铸造成型法。

三国两晋南北朝的玻璃器皿（图9–22），数量较之前又有增多。其中较著名的是河北定县北魏塔基石函出土的七件玻璃器皿。这几件玻璃器皿从造型来看都属于我国的传统式样，而在制作工艺上都采用了无模自由吹制的成型方法，瓶口的内沿被卷成圆唇，缠贴玻璃条为圈足。当时我国的工匠对这种先进的成型工艺掌握还不熟练，使得玻璃器皿的造型简单且不规整，玻璃含有密集的气泡，与同时期的西亚、罗马的玻璃产品相比有较大的差距。由于吹制成型是古代罗马玻璃的传统技术，因而可以看出北朝时在输入西方玻璃的同时，也输入了西方的玻璃制造技术。

隋代时，何稠为开发玻璃产品作出过重要贡献。何稠，字桂林。隋开皇年间曾任御府监、太府丞等官职。何稠作为一名政府官员，又是一名设计全才。他为了烧制玻璃，曾到江西景德镇采办烧造绿瓷的瓷土，在提高了烧造的温度后，以烧绿瓷的方法烧造玻璃获得了成功。陕西西安隋李静训墓，出土了浅绿色的玻璃瓶等一批玻璃器，玻璃瓶高为12.3cm，是古代妇女盛香的器具，造型圆滑精致，是照何稠烧绿瓷之法制作出来的玻璃器。（图9–23）

我国古代玻璃器的设计和生产，以小型装饰品居多，实用的玻璃器皿很少，远不能与陶瓷器相提并论，与西方古代的玻璃器皿相比较也很逊色。这一方面是因为我国古代玻璃是以铅玻璃为主，影响了实用玻璃的发展。另一方面，我国古代瓷器生产有着十分悠久的历史，

图9–22　北魏玻璃容器

图9–23　古代玻璃器皿

不论是使用性能、制作工艺还是成本价格都要远远胜于玻璃。从东汉末期以后，瓷器已逐渐深入到我国人民的日常生活中，成为生活的必需品，这就使实用玻璃器皿在我国古代的发展缺少推动力和市场需求。

二、玻璃材料在国外古代产品中的设计表现力

我国古代的一些玻璃制作工艺有相当一部分是从西方输入的，说明古代国外的玻璃制作工艺比我国的成熟，应用范围也较广泛。古埃及、古罗马、古波斯都是古代玻璃工艺高度发达的地区，我们可以从它们身上了解古代国外玻璃工艺是如何发展的。

1. 古埃及玻璃工艺

迄今为止，最古老的玻璃材料和制品皆发现于埃及。古埃及人制作玻璃的历史大约可上溯至王朝时代（公元前3000年）。古代埃及人创造出玻璃“沙芯法”技术和玻璃的着色技术，促进了玻璃技术的发展。

（1）玻璃“沙芯法”的技术

作为玻璃工艺的发祥地，古埃及玻璃“沙芯法”的发明掀起了人类历史上第一个以玻璃材质为造型语言的浪潮，是对人类文明史的一大贡献。“沙芯法”技术是首先将混有黏土及沙质的粗糙物质做成容器的内部形态，并由金属棒的一端撑起来，再浸入装有选作底色用的玻璃溶液的“坩埚”中旋转，使之附上一层厚度相同的玻璃层。在这种附着的玻璃外壳尚未冷却之际，便贴上保持半流动状态的、拉长的各种色彩的长条形状的玻璃层。进而使用可刻画的工具重新在容器的表面上进行刻画，形成独特的波状纹样。待容器外表光滑冷却之后，再把颗粒状的内部沙土从容器中掏取出来。现藏于大英博物馆的“玻璃鱼形器”，是一件能代表古代埃及玻璃“沙芯法”工艺水准的佳作，

图9-24 彩色玻璃

图9-25 罗马时期玻璃器

其艺术效果和工艺技巧均达到了相当的高度。值得一提的是，鱼的鳍部及尾巴等细节部分的制作，都是在加热的过程中进行的。由此可见，古代埃及人在玻璃工艺的制作方法和加工手段上于当时已经处于相当领先的地步。

（2）玻璃的着色技术（图9-24）

最早的玻璃着色的技术出现在古代埃及的新王朝时期。起初只有从铜上面提取的色料，有蓝、绿效果，之后又逐渐发展为加入白、黄、红等鲜艳明亮的色彩。由于蓝色效果较为稳定，经常被使用，故而当时的玻璃装饰风格多以大面积的蓝色色调为主，辅以少许其他色调的纹饰。有了着色技术之后，古埃及玻璃制品的纹样皆以强烈的对比色构成，形成连续的波状装饰带，给人以强烈的视觉冲击力，清新活泼、亮丽典雅，并为后人改进工艺提供了参考。

2. 古罗马玻璃工艺（图9-25）

玻璃在古罗马时期同样有着辉煌的成就，单就吹制技术的发明就大大提高了玻璃造型的多样性。另外在玻璃的装饰工艺方面也有许多创新的方法。

（1）玻璃的吹制技术

公元前1世纪，古罗马人发明了铁管吹制玻璃的技术，完全打破了玻璃成型工艺的传统模式，大大推进了玻璃艺术的发展，从而使玻

璃材料艺术的造型走向无所束缚的新纪元。玻璃的吹制技术是利用玻璃在一定的温度范围内具有可塑性的特点，使用中空的铁棍从炉中挑出熔融的玻璃料，人在铁棍的一端吹气，另一端按需要适当转动来吹造各种造型的玻璃器皿，这时可以通过剪刀等工具来塑型，也可以使用模具。吹制技术通常需要几个人合作完成。一般作为日用品的玻璃器采用充气法制作是相当适合的，可以做出各种各样的造型。制造技术的发展，使玻璃产品的制造更方便、更便宜。从整体来看，这时期的玻璃艺术以单纯的造型和简洁的装饰占主导地位。玻璃器的把手、台座等都是另行加工制作，然后加热并熔接于器皿上的。有时也有将扭曲状的玻璃像浮雕那样贴于器物的表面，呈现出另一种新鲜的感受。

（2）玻璃的装饰技术

公元1世纪后，随着玻璃熔融技术、吹制技术的提高，玻璃原料成分比例配方的调整，玻璃逐渐带有透明性质，即使加入颜色，仍有晶莹透亮的感觉。古罗马人赋予透明玻璃五光十色的色彩与多变的造型，同时以多种技法进行装饰，包括冷加工装饰和夹金箔玻璃装饰法等。冷加工装饰法是在冷却后的玻璃器表面进行装饰的方法，实质是将低于玻璃器本体温度溶解的粉状玻璃用笔来描绘图案，然后置入窑内烧制完成。古罗马的“迪亚特莱塔”式玻璃就是一种在玻璃上进行后期冷加工的透雕玻璃，这种装饰风格一直影响着后期玻璃的表现。夹金箔玻璃装饰法是在古罗马后期时被应用的。制作中，在杯底上用金箔贴出人像纹饰，并在细部以线条装饰，将这种金箔装饰夹在两层玻璃之间，产生奇特效果，其中著名的“家族肖像”（3至4世纪，意大利布雷西亚基督教美术馆）较为典型。

（3）古波斯玻璃工艺

古波斯的玻璃工艺也很著名，其玻璃制品均以装饰的精致豪华和质地的优良著称。这尤其反映在大量的玻璃灯具上。这些灯具多为清真寺专用的油灯，造型十分独特，款式受到同时代金属制品款式的影响，一般皆为敞口束腰、大腹小足的造型，富于线条变化和节奏感。玻璃器壁通体都以彩绘及镀金的手法进行装饰，纹样以文字纹为主，有时也兼以植物形象进行装饰，呈现出精美繁丽的效果。这种以多种材料进行综合制作和装饰的风格，代表了古波斯玻璃工艺的典型品种，其独特的风格是在其他区域和宗教的艺术中难以见到的。

三、玻璃在现代设计中的表现力

玻璃物品晶莹光洁的表面、均匀的光影过渡，给人一种神秘、浪漫的感觉，它散发着一种宁静致远、纯粹的味道，这些都是其形态美在设计中的表现。从玻璃材料的独特性来看，在设计中玻璃材料的设计主要表现为产品的虚实美、光影美、意象美、时空美和趣味美。

1. 玻璃的虚实美

“虚”是内部的、深层的、间接的、抽象的、精神的，“实”是外部的、表层的、直接的、形象的、物质的，抽象支配着具体，无形掌握着有形。在玻璃产品的设计中，虚与实互生互存，相互依赖，相互衬托，构成一个不可分割的整体。

从老子开始，道家就把世界区分成有形和无形的两种。以“有形”、“强烈”的感觉，来认识感知“无形”、“微妙”的感觉。有形的东西仅仅是表面的、现存的，它永远不会像无形的东西那样广阔，因为无形包围着有形，并在某种程度上超越了有形。就玻璃材料而言，是让无形的“情感”在静止的、有形的玻璃物料中流动、融化的设计形式。但这无形的

"情感"并不是我们通常所理解的内容，它不仅来自于人们对生活的感悟，也来自于一种纯粹的审美情感。

古希腊哲学家赫拉克利特早就说过，"看不见的和谐比看得见的和谐更美"，"无"绝不只是一个反面概念，而是充满了积极意义，代表着那种不拘于形迹，忘形忘质，超越有限的形质，进入一种无限自由的境界。玻璃材料所体现出来的虚灵之美是一种特殊的审美效应，一种极致的美学境界，一种物境的幻化。在使用玻璃材料进行设计时，从一切与形式目标相偏离的事物中分离出来，由有形而达到无形，带来一种纯美学的愉悦，达到一种极端的纯粹性。

一般来说，玻璃，特别是透明玻璃，常常与其他的材料如钢、铝、石材、玻璃面砖等组合运用，其中玻璃以光泽、透明度等特性为"虚"，形成明显的虚实对比，并通过不同的点、线、面的组合形成设计造型艺术的千变万化，丰富了设计的造型语言。如图9-26所示，是设计师Claus Jensen与Henrik Holbaek设计的作品"微笑的碗"，相信大多数人在看到这个产品的第一眼就会喜欢它。空心的玻璃器皿，开了一个"微笑的嘴"，空心部分和上面都可以放一些小零食，如糖果、开心果、瓜子等。一个小的设计细节，却使这个产品时尚和实用一举两得，产品虚实得当，开口的位置与大小恰到好处。

2. 玻璃的光影美

光与影本身就是一种特殊性质的互动形式，光产生影，影反映光。玻璃材料通过光影的运动产生了一个朦胧的中介状态的空间，共同创造了形，光影是玻璃的灵魂。

光，一种能引起视觉的电磁波，它既是波长又是粒子，玻璃材料的特质只有在光的作用下才能被视觉感知。当光线进入玻璃材料，像潮水似地弥漫时，光与色、空间与实体、斜面与平面，通过透射、折射、反射等物理特性奇妙地交错在一起，给人一种纯粹形式的审美愉悦。"光"是整合其他元素的力量，是玻璃材料中富有生命力的流动语言；是玻璃材料中表情达意无声而可视的乐曲；光以自身特有的技巧和潜能营造光语，使玻璃空间变得富有诗意的境界和充实。

光之于空间，犹如声音之于时间，最善于表现其生命力。玻璃艺术动态空间形式的实现，重在光影造型语言及语言关系的设计。

光本身是缺乏意义的，只有在影的衬垫下，光才体现出它的价值。影是光的缺失，影虽虚幻，恰能达意。影是暗，光是明，光与影，其实揭示了一种相互依存的关系，它们同

图9-26 微笑的碗 设计：Claus Jensen & Henrik Holbaek

图9-27 国家大剧院内景——光与影的互动 设计：保罗·安德鲁

时间与空间一样，同样是不能分割的。正如黑格尔所说：“在与对象发生关系之中，光显示出来的不再是单纯的光，而是本身已经特殊具体化的明与暗、光与影”。如图9-27所示为法国著名设计师保罗・安德鲁（Paul Andreu）设计的“蛋壳”形建筑国家大剧院。该建筑占地面积11.89万平方米，总建筑面积21.75万平方米（包括地下车库近4.66万平方米），主体建筑为独特的壳体造型，高46.68米，地下最深32.50米，周长达600余米。壳体表面由18398块钛金属板和1226块超白玻璃巧妙拼接，营造出舞台帷幕徐徐拉开的视觉效果。此设计造型新颖、前卫，构思独特，是传统与现代、浪漫与现实的结合，构建了一个光与影的梦幻世界。

在玻璃材料运用中，光和影创作出一种特殊视觉效果的抽象形式，打破了正常幻象，促成知觉反应的发展，形成一股强有力的性质，使观者的眼睛或头脑里发生错视和幻觉。光和影追求形与色的纯粹感觉，排斥了一切自然再现，结合了科学知识的一种近似视觉心理试验的艺术，它将人们的目光引向视觉观感的视觉肌理本身，折射出玻璃材质所特有的形态美感。

3. 玻璃的意象美

意象（image）也叫心象（或表象）（mental imagery），它是指当前不存在的物体或事件的一种知识表征。意象代表着一定的物体或事件，传递着它们的信息，具有鲜明的感性特征。玻璃材料的意象美主要是通过玻璃材料的基本特性——透明性体现出来的。

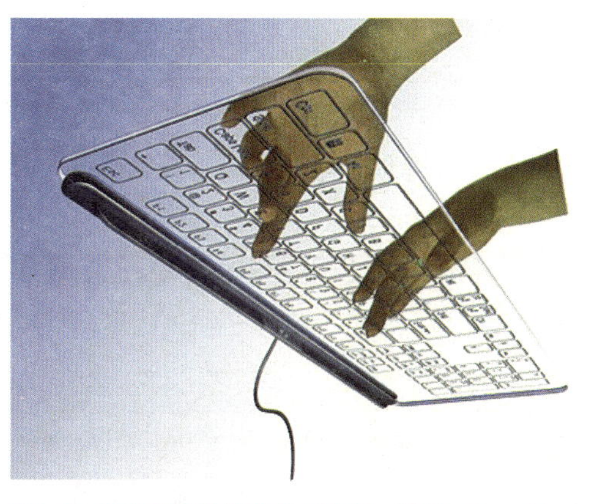

图9-28 晶莹剔透的超薄玻璃键盘 设计：Kong Fanwen（韩）

玻璃的透明性极具特征，是其他材料无法与之媲美的特殊而可贵的品格。纯净无瑕的透明视觉意象，不仅传递给人洁净、细致、晶莹的审美感受，也传达出一种纯洁、坦荡、无私品质同构的人格。透明的材质特征令人遐想万千，可进行任何的比喻和想象，也构成了其他材料无法仿效的情调和感觉。

玻璃是冷峻坚硬的材料，由于透明和折光而有流光溢彩的表象。玻璃本身是沉重固实的，但由于透明而似有若无。玻璃既有机械规整的工业社会性格，也有自然朴厚、温馨可人的风貌，以透明为主的材质感就是玻璃的魅力，它使玻璃有着丰富的表现空间。玻璃的透明性是极具特征的个性，它所强调的是一个完全不同于传统视觉观感的空间概念，提供了其他材料载体所不具备的无限空间，也是玻璃设计师有意识地提供给使用者的特殊视点。透明的材质特征激发各种比喻和想象，创造出一种漂浮于不确定的空气般的虚空中的构成，并作为一种面的消隐方式。如图9-28所示为韩国Kong Fanwen设计的世界上最薄且晶莹剔透的玻璃材质键盘。该产品无论外观还是使用性能，都不失为一款上佳的桌面操作极品，它的键盘不仅具有摄影功能，还具有防水功能。

“透明不仅是一种物质状态，也是一种新的视觉属性，它暗示一种更广泛的空间秩序。透明性意味着同时感知不同的空间位置。在连续的运动中的空间不仅后退，而是变化不定”。对于玻璃产品来说，透明性的意义不仅在于维度的增加，还在于结构体系的简化及消解。在现代玻璃材料设计实践中，设计者逐步尝试着用玻璃将结构体系面化、体化作为一种面的消隐方式，形成一个动态的结构体系，而非固定的、死板的结构体系，这是现代玻璃材料应用的一个重大进步。

玻璃的意象美学效果除来源于它的透明性，还来源于它的折光效果。光传播到玻璃界面时，除一部分光被反射回原介质外，另一部分光按新的传播方向进入另一介质而形成折射光束，玻璃的这种折射线路一经改变，将夸大或缩小原来的物象，形成一种特殊的审美视角。几乎所有的玻璃产品，都将透明与折光当作一种重要的形式语言。它们本身很少有意象，或者说没有意象，但对于一位关注于按照材料的本性来使用，并善于运用这些材质特性的设计师来说，透明与折光组合成为形式的时候就有了特殊的意象。

4. 玻璃的时空美

在哲学上，“时间”与“空间”一起构成运动着的物质存在的两种基本形式。时间，是指物质运动过程的持续性和顺序性。空间，是指物质存在的广延性。

玻璃的时空美可以在现代玻璃艺术作品中找到例证，在现代玻璃艺术的虚幻空间中，浸渍着流动的时间意识，凸显在关注状态的“历时性”游观里，它要求化“静”观为“动”照。流动的视线形成，节奏化的运动行为，并融化外在空间节律为内心时间的律动，从而使现代玻璃作品成为了一种“时间品味方式”。

玻璃材质的作品是一个从内部观看的体量，它创造了一个通过物质运动形式来计量的时间意象。这个物质又完全由各种实在的物体和有确定形状的空气体量组成，但它并不是转瞬即逝的，而是定格在玻璃艺术内部空间的，是可视的、可感知的。如图9-29所示，是由玻璃艺术大师Tom Patti 构思制作的玻璃艺术作品“蓝色的水平线”，该作品由铅玻璃材料制成，采用了融合、铸造、研磨、抛光等工序。可以从作品中检视时间的形成和流动，时间成为了内感的纯形式，成为了玻璃艺术的重要构成部分，它不再是一种单纯的线性顺时时间，而是一种时间的螺旋，一种所有瞬间的强化。玻璃艺术将这种强化给予了每一瞬间，并敞开了永恒的可能性。这种永恒是时间的瞬时爆发，是每一断裂时刻的生成与消逝，是时间自身无目的的自我消耗，我们以能动的方式肯定这种生成与消逝，促成时间在玻璃艺术内部空间的纯粹流动。

图9-29 蓝色的水平线　设计：Tom Patti

玻璃作品中的虚幻空间并非“无有”，而是人脑中由知觉、表象等构筑的区别于外部客观世界而依赖于形式主体存在的纯精神空间和有意味的空间，它由虚空构成，是诸元素之间的相互穿插、渗透、叠加、变异，是无限的、抽象的。它总是处于运动和变化之中，随着时间实现了多层次空间艺术感知能力和与其空间感知能力相应的空间造型艺术形式。玻璃艺术家用不同的“形式原理”表现这种无限性，追求空间的无限性。如图9-30所示，美国玻璃艺术大师史蒂文·温伯格设计制作的作品“贯穿立方体（Trans To Cube）”，作者运用有色、半透明玻璃组合，使作品产生上下悬浮的视觉感受，体现了作者以玻璃为载体，对空间的探索思路。在玻璃作品中，“空间”是一种很难描述的概念，它的特点是模糊、透明和有深度，但它并非是凝固静态的，而是熔铸了时间意味的生化不已的时空同体，是宇宙生命的绵延生气贯注于其间，使之幻化成为灵动的生命空间、无为而变的虚幻空间，传达一个处在沉静中运动的清晰和稳定的观念。

时间和空间已经不是一种引带关系，一种先后关系，而是一种共生。它们互为表里，互为依存，时间是空间中的时间，因此显现出秩序；空间是时间中的空间，因此显现出韵律。时间意象和虚幻空间，作为“内在性之形式”存在于玻璃作品的形式宣言之中，成为玻璃创作的重要理念，它引导着玻璃形式的构思和创造。

5. 玻璃的趣味美

所谓趣味，在《辞海》中有两种解释，一是意味。如《水经注·江水二》写道：“绝山多怪柏，悬泉瀑布，飞懒其间，清容竣茂，良多趣味。”叶适在《水心题跋·跋刘克逊诗》写道：“怪伟伏平易之中，趣味在言语之外。”均是意味之意。二是一种美学名词，一种鉴赏能力。分析和鉴赏美的能力，特别是对于设计艺术作品，欣赏后加以鉴别和批评的能力。本文所讨论的玻璃的趣味性是指玻璃产品形态所展现出来的意味。

玻璃产品形态的趣味性是指玻璃产品的形态及与形态相关的故事能够吸引消费者，同消费者产生一定的共鸣，创造快乐愉悦的审美体验的产品。形态的趣味性并非在形态上标新立异，刻意去追求造型的与众不同，而是造型上自然、大方，在平淡中给人全新的审美感受，给人提供一种造型设计中的可能性。如图9-31所示的玻璃器皿，该产品造型饱满、圆润，给人一种视觉上的审美舒适感。在整个造型上该器皿并没有独特之处，但在蓝色玻璃材质的衬托下，其圆润的形态给人一种视觉上的与众不同的美感。

任何一种产品形态都带有时代和文化气息。玻璃产品由于其自身材质的特点，在熔制过程中常常出现突破常理的偶然效果，能够展现其丰富独特性、个性化的品质。趣味性的产品具有轻松、幽默、愉悦的特点，给人亲切、可爱、充满情趣和活力的心理感受，成为人与工具和谐亲近的纽带。设计师力求通过玻璃材质的现代感和材料美，来追求产品形态表达的情感性，是人们在玻璃设计中对材料自然属性的肯定，同时也是对人自身丰富灵性的肯定，从而在喧嚣纷杂的现实世界中找到一份自我宽慰。

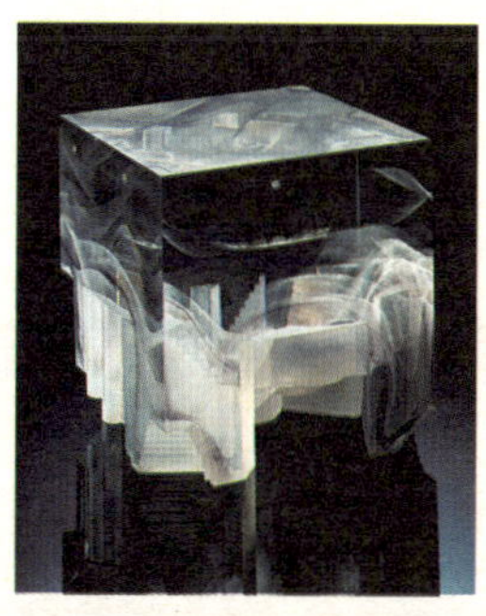

图9-30 “贯穿立方体（Trans To Cube）” 设计：史蒂文·温伯格（美）

图9-31 玻璃器皿　图片来源：红点设计获奖作品

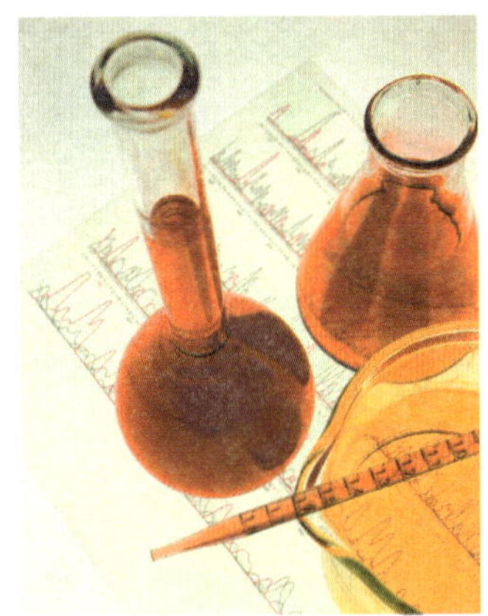

第十章

CHAPTER TEN
新材料的设计表现力

[本章学习目标与要求]

了解新材料的概念、类型、特点；了解形状记忆材料、纳米材料、复合材料、光学材料、新塑胶材料的特点。

[本章学习重点]

新材料的发展趋势与应用。

[本章学习难点]

新材料的设计应用。

新材料是指那些新出现或正在发展中、有别于传统材料而且具有传统材料所不具备的优异性能和特殊功能的材料。它不一定是一个全新的品种，传统材料经过改造而具备了新的性能也应该视作新材料。新材料种类繁多，包括先进陶瓷材料、电性材料、磁性材料、超导材料、光学材料、新能源材料、生物医用材料、生态环境材料、形状记忆材料、软物质材料、复合材料、纳米材料等。根据工业设计学科的特点，本章仅选取其中较为重要的新材料展开论述。

第一节　生态环境材料

一、生态环境材料的概念

生态环境材料是指同时具有令人满意的使用性能和优良的环境协调性，或者能够改善环境的材料（图10－1）。其中环境协调性指的是对资源和能源消耗少、对环境污染小和循环再生利用率高。生态环境材料从其制造、使用、废弃直至再生利用的整个寿命循环周期中，都必须具有与环境的协调共存性。因此，生态环境材料实质上是赋予传统结构材料、功能材料以特别优异的环境协调性的材料，它是由材料工作者在环境意识指

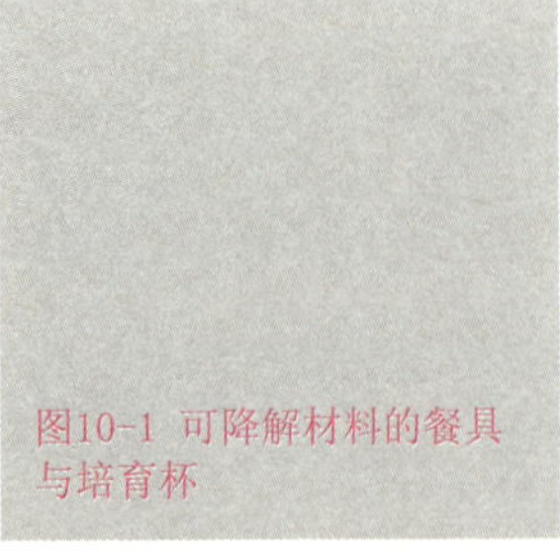

图10-1 可降解材料的餐具与培育杯

导下，或开发新型材料，或改进、改造传统材料所获得的。生态环境材料并不是一种排它的新体系，实际上任何一种材料只要经过改造达到节约资源并与环境协调共存的要求，它就应被视为生态环境材料。

二、生态环境材料与工艺的分类

生态环境材料可以分为如下几类：

根据相关的研究和对生态环境材料的要求，可将生态环境材料的特征分为以下五类：

（1）节约能源和资源；

（2）可重复使用或者循环再生；

（3）化学稳定性与生物安全性；

（4）对有毒、有害材料的替代；

（5）环境清洁、治理功能。

生态环境材料的合成与加工工艺（也称作绿色工艺），根据其特征，可分为能源节约工艺、资源节约工艺、降低污染的加工技术和净化环境的加工技术。（图10-2）

三、常见生态环境材料

1. 金属生态环境材料

以往针对不同的用途开发不同的材料，使材料的种类一直在增加。由于在再生循环过程中将种类繁多的材料混杂在一起，使废料的再生循环利用就变得非常困难。因此，从提高金属材料的再生循环性能出发，金属制品的全部零部件由单一合金系来制造最为理想，而且合金系中组元越少，其再生循环性能越好。因此出现了通用合金和简单合金的概念。

（1）通用合金

通用合金就是使用合金元素种类最少，且能满足各种用途要求的标准合金系。这种合金系具有材料的通用特性，如耐热性、耐腐蚀性和高强度等。合金在具体用途中的性能要求则可以通过调整合金成分配比来达到。

由有限数量的组元构成，且可通过改变成分配比在大范围内改变性能的合金系主要有以下几种：

Fe-Cr-Ni钢（inconel）：它是通过改变铁（Fe）、铬（Cr）和镍（Ni）的相对含量，生产出从铁素体钢到不锈钢的一系列钢种，其组织和性能可以在很大范围内发生变化。（图10-3）

Ti合金：它是改变钛（Ti）、铝（Al）和钒（V）的相对含量，可使合金的组织与性能发生很大的变化。钛合金具有优异的性能，是

表10-1 生态环境材料分类表

生态环境材料	分类	相关产品
环境相容材料	纯天然材料	木材、竹材、石材
	仿生材料	人工骨、人工关节和脏器
	绿色包装材料	绿色包装袋、包装容器
	生态建材	无毒装饰材料、环境相容性材料
可降解材料		生物降解塑料、可降解无机磷酸盐
可再循环制备和使用的材料		再生纸、再生塑料、再生橡胶、再生金属、再循环利用混凝土等
环境工程材料	环境修复材料	治理大气污染的吸附、吸收、催化转换材料；治理水污染的沉淀、中和、氯化还原材料
	环境净化材料	分离、消毒、杀菌材料，替代氟利昂的制冷剂材料
	环境替代材料	工业和民用的无机磷化学品材料，用竹、木等替代那些环境负荷较大的结构材料

图10-2 富士通可降解材料笔记本电脑

图10-3 Fe-Cr-Ni合金设备

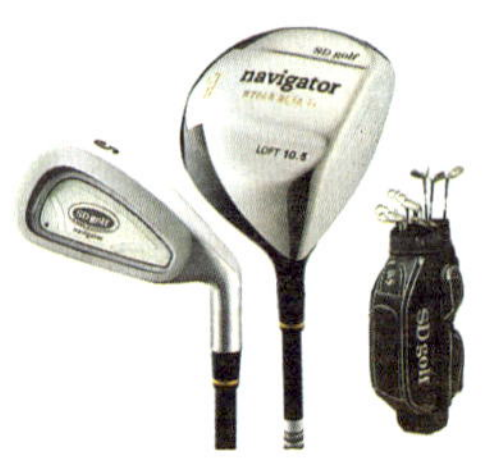

图10-4 Ti合金高尔夫球杆

图10-5 再生聚丙烯材料

21世纪大力发展的材料。钛合金的性能随成分不同可在很大范围内变化，通过调整成分配比有可能开发出性能更优异、附加值更高的钛合金。（图10-4）

（2）简单合金

简单合金是指组元组成简单的合金系。简单合金的成分在设计上有以下特点：

①合金组元简单，再生循环过程中易于分类选择。

②原则上不加入目前尚不能用精炼方法去除的元素。

③尽量不使用环境协调性不好的合金元素。

2. 常用高分子生态环境材料与工艺

（1）常用高分子生态环境材料

再生聚氯乙烯（PVC）：聚氯乙烯废塑料可以直接通过物理方法制成再生聚氯乙烯，也可以采用化学技术回收资源，所以当再生聚氯乙烯的次数太多，其性能已经不能够符合使用的要求时，还可以用化学技术回收单体或者石油物质，不过这种回收方式会耗费较大的能量。

再生聚丙烯（PP）：聚丙烯废塑料与聚氯乙烯废塑料相比具有更好的环境协调性。聚丙烯由于不含氯、硫及重金属，而且聚丙烯废塑料处理后的物理化学性能几乎没有变化，因此可直接再生利用。（图10-5）

再生聚苯乙烯（PS）：聚苯乙烯废塑料在废弃后分子结构仍然保持完好，具有良好的物理和化学性能，因此很容易回收利用，是一种具有较好的环境协调性的材料。

再生聚对苯二甲酸乙二醇酯（PET）：聚对苯二甲酸乙二醇酯回收工艺过程主要包括破碎、气流分选、清洗和水浮选、原料利用等。因为可以再生利用，聚对苯二甲酸乙二醇酯也被认为是一种生态环境材料。

再生ABS：丙烯腈—丁二烯—苯乙烯共聚物（ABS）的回收处理比较容易。首先粉碎丙烯腈—丁二烯—苯乙烯共聚物废塑料制成粉碎塑料，从塑料碎片中分离出金属和非所需塑料以得到单独塑料，然后分析该单独塑料的材质组成，然后将该单独塑料共混得到所需的再生ABS塑料。

再生橡胶：意大利一些材料公司将废旧的橡胶产品回收后制成再生橡胶，并制成多种产品。

（2）新型可降解塑料

根据降解塑料化学结构发生改变的机制不同，可将降解塑料分为光降解塑料、光—生物降解塑料、生物降解塑料（图10-6）以及可溶性塑料四大类。目前已经商品化的可降解材料主要有以下两种：

Novon：诺弗恩（Novon）是一种天然聚合物降解材料，它是以马铃薯、玉米、小麦和大米淀粉为主要成分，添加生物降解助剂制成。可采用注塑、挤出和吹塑等成型工艺加工。其制品的强度和外观都与普通塑料制品相当。诺弗恩几乎完全采用天然聚合物制成，可以完全降解，不会残留化学有毒物质。

Mater-Bi：纯热塑性淀粉存在吸湿性高、制品尺寸稳定性差以及加工过程中抗热性弱等缺点，因此限制了它的使用范围。为此，往往需要在热塑性淀粉中添加可生物降解的合成高聚物，制成热塑性淀粉/聚合物合金，主要目的在于改善热塑性淀粉的稳定性，或改善其力学性能，或提高其可加工性。目前已商品化的热塑性淀粉/可降解合成高聚合共混物是马特比（Mater-Bi）。由诺弗门特（Novamont）公司生产的这种材料的主要成分包括热塑性淀粉、天然添加剂以及其他可生物降解的合成材料。（图10-7）

图10-6 生物降解塑料图钉

图10-7 马特比（Mater-Bi）材料

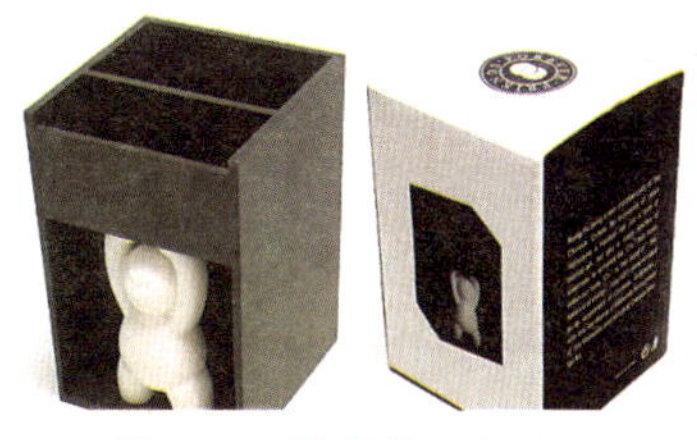

图10-8 功夫笔筒（塑胶）

四、常见生态环境材料的工艺

1. 常见金属材料的生态化改造工艺

目前金属材料的生态化改造主要强调在保持金属材料的加工性能和使用性能基本不变化或有所提高的前提下，尽量使金属材料的加工过程消耗较低的资源和能源，排放较少的三废（废气、废水、废渣），并且在废弃之后易于分解、回收与再生。

（1）熔融还原炼铁工艺

熔融还原炼铁工艺是近年已趋成熟的新型炼铁方法和前沿技术。它工艺流程短、投资省、成本低、污染少。相比传统的高炉炼铁工艺来讲，熔融还原炼铁工艺是一种比较环保的炼铁工艺。

（2）喷射成型

喷射成型是一种紧凑型的粉末冶金流程。它可大幅度节约能源，降低环境负荷，比粉末冶金降低生产成本40%以上。

（3）无铅软焊技术

无铅软焊技术使用了Sn-Ag-Cu代替锡铅钎料（Sn37Pb），去除了传统焊接技术中铅对环境的影响。

2. 常见无机非金属生态环境材料工艺

无机非金属材料的使用性能和环境协调性矛盾十分突出。无机非金属材料生态环境材料工艺主要有以下两种：

（1）水热热压

水热反应法是一种合成人工晶体的方法。目前，水热法广泛用于制备超细粉体。水热热压是在水热法基础上发展起来的，在水热反应的同时施加机械压力，能够使材料在低温（<300℃）下固结致密化，具有低能耗、无污染的特点。

（2）陶瓷可切削技术

通过巧妙的微观结构设计，能够将优良的力学性能和可切削性统一起来，是未来开发可切削无机非金属材料的重要方向。

3. 塑胶与有机复合材料的可再生循环工艺（图10-8）

（1）塑胶的可再生循环工艺

塑胶的再生循环技术大致可以分为两类：一类是将回收废旧塑胶作为原材料使用；另

图10-9 塑胶光纤

一类是将回收的废旧塑胶分解成单体，然后重新合成新塑胶。前一类技术称为材料再生循环法，后一类技术称为化学再生循环法。

材料再生循环法：材料再生循环法是在塑胶功能丧失之前，将废塑胶作为原料多次再生循环使用的方法。在实际再生循环过程中，由于杂质混入及加工过程的影响，塑胶的某些性能不可避免地要退化。因此，经材料再生循环法制成的再生塑胶，存在一个降级使用的问题。即由新原料合成的新塑胶首先用于制造性能较高的制品，回收塑胶作为原料时，一般用于制造性能要求次之的制品；而再次回收的塑胶作为原料的，则只能用来制造性能要求较低的制品……一直到不能再循环利用为止。例如，由石油原料合成的聚乙烯可用来制造电线绝缘材料；用回收的废聚乙烯作原料时，可以制造电线保护套管及型材；它再次回收利用时可用来制造室内装修材料等。通过改变各种树脂的混合比例，可以开发出能够满足各种性能要求的通用聚合物合金（塑料合金）及其相容剂，这类塑胶即使在再生循环时相互混合，其再生循环后性能变化也不会大，从而可以扩大再生循环塑胶的应用范围。（图10–9）

由于将回收的废塑胶直接作为原料使用，材料再生循环法比化学再生循环法更经济，因而它是塑胶再生利用的主要途径。

材料再生循环法中的典型实例是汽车保险杠的再生循环利用。废旧汽车保险杠回收后，经清除涂料膜、底漆和粉碎细化后可以重新作为制造汽车保险杠的原料。目前，日产公司研制的用有机溶剂分解和剥离漆层的技术、丰田公司研制的水热法水解涂层膜的技术、富士重工业研究所研制的清除涂层膜和粉碎废塑料的技术都已接近实用阶段。这些技术一旦成熟并推广应用，废旧保险杠就可以作为制造新保险杠的原料得到充分的再生循环利用。

化学再生循环法：化学再生循环法是将回收废塑胶作为资源，以石油或单体形式利用。将回收废塑料通过水解或解聚，分解成原始材料的单体或低聚物，然后重新合成为塑胶初级产品，或者返回到石油状态以便再生利用。例如，在前述的材料再生循环法中，对于已多次再生循环过的塑胶，由于功能降低而不能再进行材料再生循环时，则适合采用化学再生循环法处理。

（2）有机复合材料的可再生循环工艺

目前正在积极研制的一种称为塑料合金的高聚物复合材料，它将两种以上的高聚物混合，做成具有新功能的材料。如将液晶聚合物（LCP）和工程塑料复合，制成兼备质轻、高强度特点，且易于再生循环的材料，则有可能取代纤维增强塑料。

五、常见生态环境材料的应用

通用合金与简单合金的性能优异，应用范围较为广泛，适用于制作家具、日用器皿、数码产品外壳、航天飞机等。

再生塑料的性能一般不如以前，所以适用于生产对性能要求不高的产品，比如户外运动衣物、地毯、饮料与食品包装等。

与再生塑料一样，再生橡胶也存在降级使用的问题。再生橡胶一般用来生产对性能要求不高的产品，比如鼠标垫、钱包、道路减速器、路标、运动赛道等。

图10-10 玉米塑料杯子

图10-11 水葫芦家具

图10-12 环保餐具

图10-13 MOUSE PAD RECYCLE鼠标垫

图10-14 LG MP3播放器

可降解塑料一般不含对人体有害的化学物质，而且具有优良的环境协调性，适用于生产与人体紧密接触的产品和用后即弃的一次性产品，比如餐具、饮水器具、食品包装容器或薄膜制品。

1. 玉米塑料杯子

美国Nature Works LLC公司采用自己研究开发的玉米塑料设计了一系列日常生活用品（图10–10），这些产品与传统塑料制品相比，具有良好的环境协调性。

2. 水葫芦家具

每年入秋以后，一种俗称水葫芦的水生植物疯狂地肆虐我国南方的江河湖泊。水葫芦过多会覆盖水面，堵塞河道，影响航运，阻碍灌溉，影响水底生物的生长，降低水产品产量，因而带来很大的生态和社会危害性。近年来，北京和上海的一些家具公司和设计师将水葫芦“变废为宝”，联手设计开发了一系列水葫芦家具和饰品。（图10–11）

3. Weidmann环保餐具

Weidmann环保餐具是埃米莉诺·古德伊（Emiliano Godoy）和依瑞卡·汉森（Erika Hanson）采用MAPLEX材料设计的一系列产品。（图10–12）

4. MOUSE PAD RECYCLE鼠标垫

近年来，随着机动车的增多，出现了大量废弃的橡胶轮胎，一些厂家将其回收制成再生橡胶，但再生橡胶的性能往往会退化，因此只能够降级使用，而鼠标垫相比轮胎，不需要承担强大的压力与摩擦，因此能够使用再生橡胶制造。如图10–13，在“意大利再制造”展览会上，某厂家展出的由100%的再生橡胶制成的MOUSE PAD RECYCLE鼠标垫。

5. LG mp3 Player

韩国LG电子公司生产的一款MP3获得了2006年IF材料大奖，因为其采用微型镀铬技术与无铅软焊技术。（图10–14）

第二节　形状记忆材料

形状记忆材料是能感知外界环境变化，并响应这种变化，从而回复到其预先设定形状的材料。形状记忆材料主要包括形状记忆合金、形状记忆聚氨酯等。

一、形状记忆合金的性质（图10-15）

形状记忆合金由于其特殊的组织结构，具有形状记忆效应，当给它施加外力使之变形后，取消外力并改变到合适的温度，它能够恢复到原来的体积和状态。一般的形状记忆合金可恢复的应变量达到7%~8%，比一般金属材料高得多（但比形状记忆聚合物的变形量要小得多），对一般金属而言，这样的变形量早就发生永久变形了。已发现的形状记忆合金主要有以下三类：镍钛系形状记忆合金、铜基形状记忆合金和铁基形状记忆合金。

二、形状记忆聚氨酯的性质

形状记忆聚氨酯的热收缩温度主要受软段玻璃化温度、结晶融化温度以及硬段和软段比例的影响，因此，选用不同的软段以及软硬段比可以合成出具有不同响应温度（-30℃~70℃）的形状记忆聚氨酯。

形状记忆聚氨酯形变回复量大，形变回复温度比较容易控制在常温附近，形变回复速度一般也非常快，而且其成本较低、易加工。

三、形状记忆材料的应用

形状记忆合金目前最主要的应用在航空领域，如飞机上用的管接头、人造卫星天线以及日常用耳机。（图10-16）

形状记忆合金管接头的制造方法是：先在转变温度之上，把合金管接头按要求尺寸加工，使其内径比所需连接管子的外径小4%左右；然后，在转变温度下将管接头的直径扩大，使其内径比所需连接管子的外径稍大（约4%），并将要连接的管子插入接头；当管子处于工作状态时，温度回升至转变温度以上，记忆合金形状发生变化，管接头自动收缩，其内径变小，回复到当初加工时的尺寸，就把两根管子紧紧地连到一起了。形状记忆人造卫星天线一般由Ti_2Ni合金制成，这种合金的形变回复量非常大，在形变温度之上将其加工成抛物面形状，然后冷却生成马氏体，此类马氏体非常容易变形，然后将天线折叠并揉成团放入卫星中（因为抛物面占的体积太大不便于放置）。当卫星进入轨道，通过加热使团状合金丝温度高于77℃（该材料的转变温度）后，它就会发生逆相变而完全展开，其形状回复为原来的抛物面。（图10-17）

由于形状记忆合金具有特殊性能，在日常产品设计中它主要适用于以下几种场合：

1. 适用于生产智能传感器件。如形状记忆合金制成的温度传感元件，广泛用于住宅暖气装置、温室窗户、冰箱控制机构、防火门报警装置、汽车风扇冷化器和离合器等。

2. 适用于生产不需要太大形变回复的矫形、保形产品。如形状记忆合金可制造牙齿的矫正器、塑身衣物等。将形状记忆金属的记忆温度调到体温范围，用它生产妇女文胸托垫，平时柔软如丝，戴上后遇体温就会挺起来提供

图10-15 形状记忆合金勺子

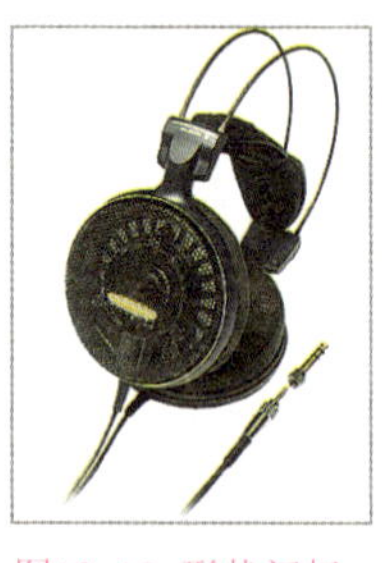

图10-16 形状记忆合金耳机

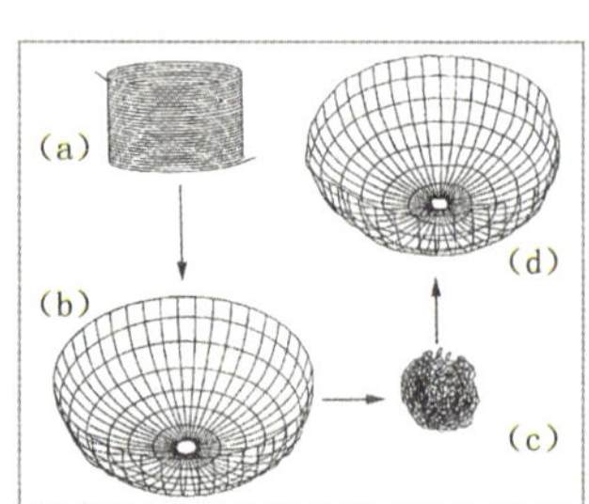

图10-17 形状记忆人造卫星天线

支撑。

形状记忆聚氨酯的性质在许多方面比形状记忆合金更为优异，比如形变回复量大、加工成型更容易，它主要应用于以下几种场合：

1. 适用于生产在高温下弹性模量较小而在低温下弹性模量较大的制品。如小型发动机上与阻气阀相连的启动杆，在环境温度比较低的时候，启动杆的刚度较高，可控制其关闭阻气阀；而当环境温度比较高的时候，启动杆就被软化，控制力就达不到阻气阀，阻气阀处于打开状态。这样，发动机就在各种气温下都能够启动。

2. 适用于生产使用过程中易变形、易受损的制品，比如衣领、垫肩、领带、腰带、坐垫、汽车保险杠、运动保护器械等。它们在使用过程中受损变形后，只需经加热处理，便可恢复原状，继续使用。

3. 适用于生产各种矫形、保形用品，且其价格一般比形状记忆合金更低。如牙科矫形器、骨科矫形器、绷带、文胸托垫、塑身衣服等。可以先将形状记忆聚氨酯制成所希望的形状，然后再将其二次成型为易使用的形状，使用时只需加热便能够恢复原状，从而达到矫形与保形的效果。

第三节　纳米材料

一、纳米材料的共性

纳米材料是指在三维空间中至少有一维处于纳米尺度范围或由它们作为基本单元构成的材料。纳米材料具有如下性质：

1. 荷叶自洁效应

荷叶叶面具有特殊的超微纳米结构，这种结构使其体现出极强的疏水性，洒落在叶面上的水会由于表面张力而自动聚集成水珠，水珠滚动时就把叶面上的灰尘吸附滚出叶面，使叶面总能够保持洁净，这就是“荷叶自洁效应”。科学家对这种现象进行研究发现，尺寸远大于超微纳米结构的灰尘、雨水等落到叶面之后，只能与叶面上的凸顶形成的点接触，雨点在自身的表面张力作用下形成珠状，水珠在滚动中吸附灰尘，并滚出叶面，这就是“荷叶自洁效应”的原理。（图10-18）

2. 小尺寸效应

当超细微粒的尺寸与光波波长、德布罗意波长以及超导态的相干长度或透射深度等物理特征尺寸相当或更小时，导致声、光、电磁、热力学等特性呈现新的小尺寸效应。

3. 量子尺寸效应

当粒子尺寸下降到某一值时，金属费米能级附近的电子能级由准连续变为离散能级的现象，以及纳米半导体微粒存在不连续的最高被占据分子轨道和最低轨道能级，而使能隙变宽的现象均称为量子尺寸效应。

4. 宏观量子隧道效应

微观粒子具有贯穿势垒的能力称为隧道效应。近年来，人们发现了一些宏观量，例如微颗粒的磁化强度，量子相干器件中的磁通量等也具有隧道效应，称为宏观的量子隧道效应。

二、各具特色的纳米材料

1. 纳米塑料（图10-19）

纳米塑料是指金属、非金属和有机填充物

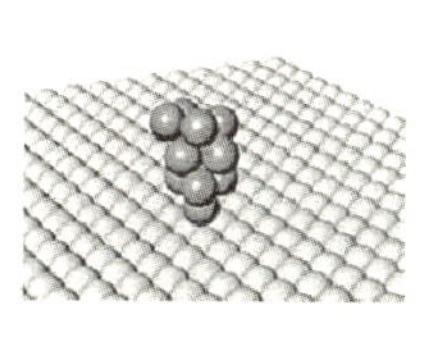

图10-18 荷叶自洁效应

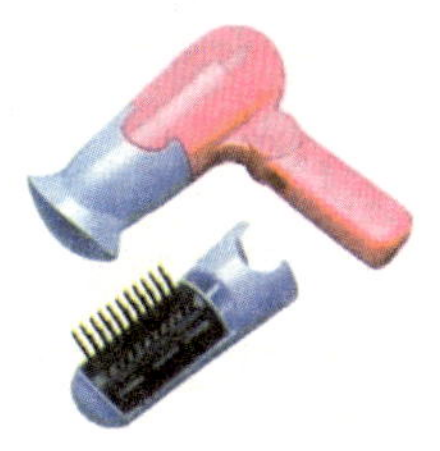

图10-19 纳米塑料日用品

图10-20 纳米陶瓷材料

图10-21 纳米材料赛车

图10-22 复合材料

以纳米尺寸分散于树脂基体中形成的树脂纳米复合材料。纳米塑料具有一般工程塑料所不具备的优异性能，具体如下：高强度和高耐热性、高阻透性和阻燃自熄性、阻隔性能、高模量、抗菌、除味、防腐、抗老化、抗紫外线和低吸水性等。

纳米塑料还可进一步用于玻纤增强和普通矿物增强等改性尼龙。纳米尼龙具有优异的力学性能和高强耐热性能。

聚丙烯纳米复合材料刚性高、质轻、低温下力学强度基本不降低、收缩率更小和低温韧性更佳。它已成功地应用在汽车的上车踏板和汽车外饰件方面。

2. 纳米陶瓷（图10-20）

纳米陶瓷是指显微结构具有纳米数量级水平的陶瓷材料。纳米陶瓷晶粒细化，有助于晶间的滑移，从而导致了超塑性；材料中的气孔和其他缺陷尺寸减小，可获得少缺陷甚至无缺陷的陶瓷，其力学性能更好。

3. 纳米金属

纳米金属是一种直径在0.1微米以下，只有电子显微镜才能看清它的细微金属粉末。它呈黑色，熔点低、烧结温度低、强度高。

三、纳米材料的应用

纳米材料由于具有特殊的性能，在产品设计中应用前景非常广泛。

（1）纳米塑料适用于制作各种高档次的经久耐用的电子通讯、办公用品、运输、机械等产品，还适用于制造电冰箱、空调外壳里的抗菌除味材料，电子电器、运动休闲及日常用品（渔网渔绳纤维、球拍用纤维、不消毒啤酒瓶）等。

（2）纳米陶瓷适用于制造人造骨骼、陶瓷刀具、陶瓷滚动轴承、压电打火机等。

（3）纳米材料与合成纤维树脂的复合材料，经过抽丝、织布，适用于制作杀菌、除霉、除臭和抗紫外线辐射的服装。

（4）纳米金属适用于生产隐形飞机、隐形军舰和机械加工的耐磨板等。

2005年欧洲自行车设计大赛（EUROBIKE AWARD 2005）的金奖产品（图10-21），该产品由瑞士洛兹公司（NOSE）设计，瑞士自行车生产商BMC生产。它是世界上第一辆所有框架均采用管状纳米碳分子纤维构成的自行车。这种材料比以前任何碳纤维材料的强度更大，它的比强度是铝的几百倍，比传统的碳纤维材料也高好几倍。

第四节　复合材料

一、复合材料的共性

由于复合材料能集中和发挥组分材料的优点，并能实现最佳结构设计，所以具有许多优越的特性。（图10-22）

1. 材料结构的可设计性

材料结构的可设计性给设计师提供较大的自由，产品设计师可预先设定造型与结构，然后材料工程师根据需求设计材料，通过组分材料的选择与配比，不同的部位和方向上选择各自适当的纤维和基体，就能够得到满足性能要求的复合材料。

2. 结构整体性能高

材料结构的整体性能高，可大量节省连接件和零部件的数量，从而缩短加工周期、降低成本。

3. 抗疲劳性能好

复合材料制品耐疲劳性能高于金属材料，可以在长期交变荷载条件下工作。

4. 破坏安全性好

复合材料的产品遭遇破坏时，不会像金属或陶瓷等传统材料那样突然破坏，而会经历基体损伤、开裂、界面脱胶、部分纤维首先断裂，其他纤维仍承受一定荷载，因而可以消除突发性破坏带来的灾难。

5. 成型工艺简单、灵活

复合材料可以采用模具一次成型制造各种构件，也可以采用模压、缠绕、喷射、拉挤、手糊成型等方法生产各种产品。它同时可以适应艺术和形象构体的需要，如用于制作各种艺术形象、雕塑作品等。

二、复合材料的种类

1. 玻璃纤维复合材料（图10-23）

（1）玻璃钢

玻璃钢有热塑性玻璃钢和热固性玻璃钢两种。

热塑性玻璃钢：热塑性玻璃钢是以玻璃纤维为增强剂和以热塑性树脂为粘结剂制成的复合材料。它的比强度较高，化学稳定性好，电绝缘性能也较好。

热固性玻璃钢：热固性玻璃钢是以玻璃纤维为增强剂和以热固性树脂为粘和剂制成的复合材料。它不足之处较明显，主要是弹性模量和比模量低，只有结构钢的1/5～1/10，刚性较差，不耐高温，目前一般还只在300℃以下使用。它是一种各向异性材料，具有明显的方向性，层间强度较低，而沿经向的强度高。此外，它还有易老化和产生蠕变等缺点。

（2）玻璃纤维织物复合材料

芬兰毕洛宁（piiroinen）公司开发了一种新的玻璃纤维复合材料，它是一种在浇注工艺流程中将纺织物嵌入玻璃纤维形成的材料。这种材料强度高，容易成型为自由曲面，纹理漂亮而且可设计。

2. 碳纤维复合材料（图10-24）

碳纤维复合材料最初是应宇航及航空等尖端科技的需要而产生的，现在它更广泛用于制造体育用具、化工机械及医疗设备等。碳纤维的强度比铜大，比重比铝还小，是一种理想的增强材料，可用来增强塑料、金属和陶瓷等。

碳纤维树脂复合材料：碳纤维树脂复合材料的比重比铝轻、强度比钢高、弹性模比铝合金和钢大，疲劳强度高，冲击韧性好，化学稳定性高，摩擦系数小，导热性好。同时，耐水和耐潮湿，受X光线辐射时强度和模量不变化。碳纤维树脂复合材料的不足之处是碳纤维

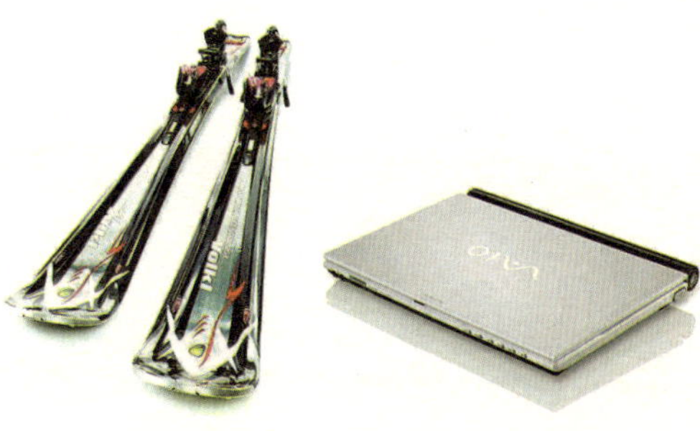

图10-23 玻璃纤维复合材料滑雪板

图10-24 碳纤维复合材料的索尼笔记本

与树脂的粘结力不够大，各向异性强度较高，耐高温性能差等。

碳纤维金属复合材料：碳在高温下易发生化学反应，因此目前主要用熔点较低的金属或合金制作碳纤维金属复合材料。碳纤维金属复合材料即使处于接近金属熔点的温度，仍然保持很好的强度和弹性模量。用碳纤维和铝锡合金制成的复合材料，是一种减摩性能比铝锡合金更优越、强度更高的材料。

碳纤维陶瓷复合材料：经过碳纤维增强的陶瓷，无论在抗机械冲击性，还是在抗热冲击性方面，都有了极大的提高，这在很大程度上克服了陶瓷的脆性，同时又保持了陶瓷原有的许多优异性能。

3. ElekTex（智能传导织物）

英国ElekSen公司生产的一种名叫ElekTex的不含电线的传导织物复合材料，它由传导纤维和普通织物构成，能够准确地感知方位和压力。ElekTex厚度可以薄至1毫米以下，并能够感受X，Y，Z三个坐标轴方向上接受的刺激，并向控制微处理器发送电子脉冲，脉冲随后被转换成各种电子设备所能解读的数字命令，因而能够准确执行传导功能（图10-25）。同时，它又结合了普通纤维柔软灵活的特点，它可以洗涤、可延展，耐久、防水、重量轻、成本低廉，可以大量生产。

4. Sailcloth复合材料

由聚乙烯的衍生品制成的用于帆船的帆布Sailcloth，是一种根据航行的需求进行碾压、上涂层等工艺制成的复合材料，经过碾压的帆布提高了结构的强度，也延长了产品的生命周期。（图10-26）

5. Antimine

Antimine是由杜邦公司生产的一种高强纤维Kevlar与凝胶聚氨酯复合而成。它具有Kevlar的高强度和凝胶聚氨酯的优良的弹性和延展性。

6. B-clear材料

B-clear由铝蜂窝夹芯板夹在玻璃或碳酸聚锆表层中组成的复合材料，具有色彩缤纷的光影效果。

三、复合材料的应用

复合材料根据其组分的不同，具有不同的性质，其应用范围也各有不同。

1. 玻璃钢的应用

热塑性玻璃钢根据组分不同，其应用场合也不同，具体如下：

（1）玻璃纤维增强尼龙刚度高、强度高、减摩性好，适用于制造大型制品，如洗衣机的皮带轮、电器罩壳以及耐热容器等，也适于制造电工部件和汽车上的仪表盘、前后灯等。

（2）玻璃纤维增强苯乙烯类树脂强度高、韧性好，适用于制造汽车内饰制品、收音机壳体、磁带录音机底盘、照相机壳、空气调节器叶片等部件。

FLAKES椅子：芬兰毕洛宁公司采用一种

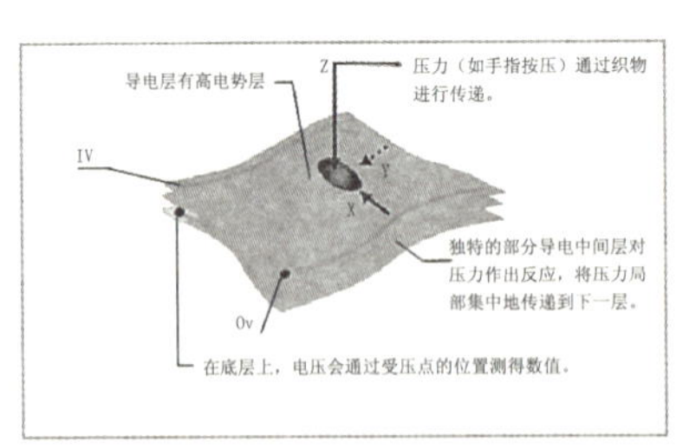

图10-25 传导织物复合材料ElekTex

图10-26 Sailcloth复合材料背包

图10-27 FLAKES系列椅子

图10-28 IBM T23笔记本电脑

新的玻璃纤维复合材料设计的FLAKES系列椅子。（图10-27）

（3）玻璃纤维增强聚丙烯的强度高、耐热性好、抗蠕变性能好、耐水性优良，适用于制造干燥器壳体、电风扇、空调设备、洗衣机、台灯、音箱等制品。

（4）玻璃纤维增强聚碳酸酯复合材料尺寸稳定，热膨胀系数小并耐冲击，适用于制造电器开关、冷却器等。

热固性玻璃钢在产品设计中应用也非常广泛，主要适用于以下几种场合：

（1）在宇航和航空领域，适用于制作飞机雷达罩等部件。

（2）在制造船艇领域，适用于制作小型快艇和帆船以及船艇上的建筑、配件或各种船装件等。

（3）在车辆制造领域，适用于制造机动车车身、座椅及其他配件。

（4）在家用电器领域，适用于制造要求刚性好耐热性好的电热器、电风扇、空调设备、洗衣机、音箱等制品。

（5）在石油、化工领域，适用于制造要求防腐蚀的器件，如各种格栅、贮罐、容器、管道、反应釜、运输槽车、排气烟道、冷却塔、酸洗槽、风机叶片等设备。

（6）此外，热固性玻璃钢还适用于制造护罩类制品、假肢、网球拍、风琴外壳、雕塑、工艺品、家具、门窗、卫生间套件等。

2. 玻璃纤维织物复合材料的应用

玻璃纤维织物复合材料由于具有特殊的视觉效果，适用于制作时尚家具、工艺品、空间装饰等。

3. 碳纤维复合材料的应用

碳纤维复合材料的性质也因为组分的不同而呈现出很大的差异，以下根据前文描述的各种碳纤维复合材料性质归纳其各自适用的场合。

碳纤维树脂复合材料适用于制造宇宙飞行器的外层材料，人造卫星和火箭的机架、壳体、天线构架，也适用于制造各种机器中的齿轮、轴承等受载磨损零件，活塞、密封圈等受摩擦件以及化工零件和容器等。

碳纤维金属复合材料适用于制造高档轴承。

碳纤维陶瓷复合材料适用于制造刀具、滑动构件、发动机制件、能源构件等。

IBM T23笔记本电脑：IBM T23笔记本电脑表面采用碳纤维材料制成。（图10-28）

4. ElekTex的应用

ElekTex适用于制造电子设备的键盘、保健器械、玩具、运动服饰等。

KeyCase键盘：KeyCase键盘所采用的材料是ElekTex传导织物复合材料，这种材料由传

导纤维和普通织物构成。（图10–29）

5. Sailcloth的应用

Sailcloth适用于制造帆船、冲浪器械等。

6. Antimine的应用

Antimine适用于制造防护器具、防护服等，即使处于瓦斯爆炸的状态之下，也具有保护的效果。

7. B－clear的应用

B－clear适用于制造需要特殊效果的隔墙、屏风、地板、门和家具。

陶瓷复合材料卷笔刀：德国Bremen市的Keramische Werkstoffe and Bauteile公司生产的高性能陶瓷复合材料卷笔刀改变了人们的传统观念。这是设计与材料的一次完美合作。新材料的优势被发挥得淋漓尽致。这款卷笔刀获得了2006年IF材料大奖。（图10–30）

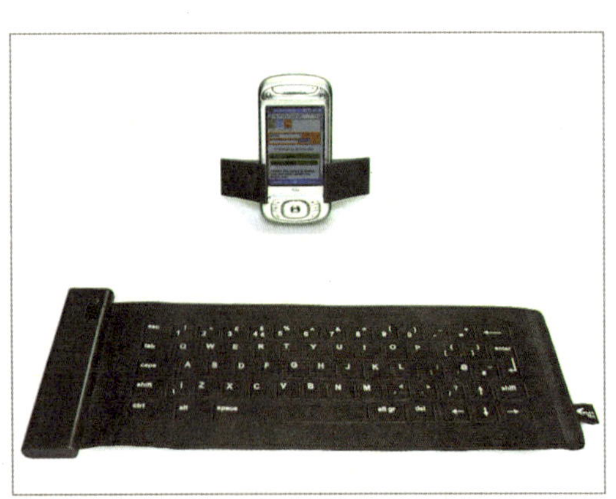

图10-29 KeyCase键盘

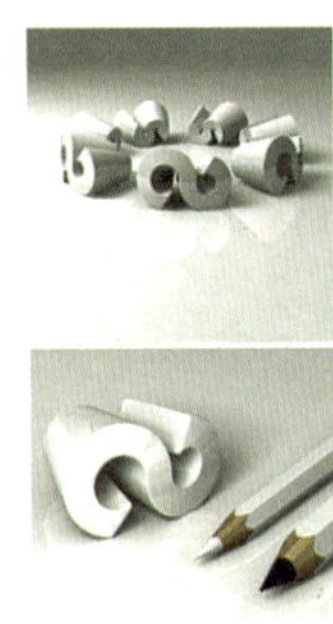

图10-30 陶瓷复合材料卷笔刀

图10-31 LightFader地板

第五节　光学材料

光学材料在外场（力、声、热、电、磁、光等）的作用下，其光学性质会发生变化。

光学材料种类较多，以下仅介绍其中几种较为典型的材料。

1. 光色玻璃

光色玻璃是光学材料中比较重要的一种。光色玻璃的性能可根据需要进行调节。改变光色玻璃中卤素离子的种类和含量，就可以调节光色玻璃由透明变暗所需的辐照光的波长范围。光色玻璃适用于制造防晒建筑玻璃、变色太阳镜等。

2. 导体瓷砖

导体瓷砖是最近被发明的一种发光砖，当有实体接近它时，它会发出光晕，产生半透明的光环，具有十分特别的视觉效果。它适用于需要特殊效果的场合，如特效开关、文化墙、舞台等。

3. 光线互动材料

光线互动材料是最近开发出的一种材料，当受压时，受压面会产生能保持一段时间并逐渐衰减的光亮。这种材料与传统材料不同之处在于，它能够对压力给予回应。这种光线互动材料适用于制造娱乐环境用的地板，如舞台地板、游戏场所地板等。

LightFader地板：LightFader是利用一种光线互动材料制成的地板。当人走在地板上的时候，会留下一串光亮逐渐衰减的“脚印”。（图10－31）

第六节　新塑胶材料

1. 凝胶聚氨酯

凝胶聚氨酯具有极其优异的弹性和延展性，其耐撕裂强度优于一般橡胶，耐油、耐磨、耐化学腐蚀，薪结性好，吸震能力强。凝胶聚氨酯具有良好的触感，可用于制作与人体紧密接触的产品，如牙刷、扶手、耳机等。

2. 合成氯丁橡胶

合成氯丁橡胶的抗拉伸强度高，耐光、耐热、耐老化性、耐油性都比天然橡胶要优异许多。合成氯丁橡胶还具有优异的抗燃性、化学稳定性以及良好的耐水性。合成氯丁橡胶的缺点是电绝缘性能较差，耐寒性能较差，其生胶在贮存时不够稳定。氯丁橡胶适用于制作运输皮带和传动带，制造耐油胶管、耐化学腐蚀的设备以及需要高弹性的产品。

3. 新塑胶的应用

（1）Hearo耳机

Hearo是一副新设计的耳机，耳罩由凝胶聚氨酯制成。（图10-32）

（2）OXO GoodGrips削皮器

OXO GoodGrips公司设计的削皮器，手柄采用了一种新的氯丁橡胶材料Santoprene制成。（图10-33）

（3）韩国三星Syncmaster 732N/932B显示器

韩国三星电子公司生产的Syncmaster732N/932B显示器，创新地使用了一种新的橡胶材料作连接结构，获得2007年IF材料大奖。（图10-34）

图10-32 Hearo耳机

图10-33 OXO GoodGrips削皮器

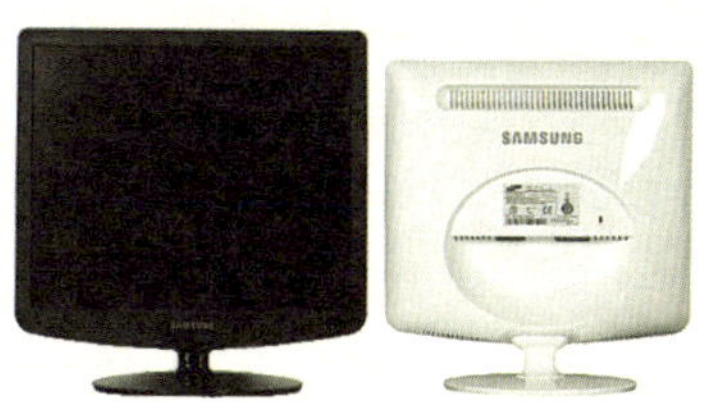

图10-34 三星Syncmaster 732N/932B显示器

参考文献

[1] 张福昌．感悟设计．北京：中国青年出版社，2004

[2] 刘文金．当代家具设计理论研究．北京：中国林业出版社，2007

[3] 柳冠中．事理学论纲．长沙：中南大学出版社，2006

[4] 郑建启．材料工艺学．湖北：湖北美术出版社，2003

[5] 江湘云．设计材料及加工工艺．北京：北京理工大学出版社，2003

[6] 程能林．产品造型材料与工艺．北京：北京理工大学出版社，1991

[7] (美)司马贺著．人工科学．上海：上海科技教育出版社，2004

[8] 戴吾三．考工记图说．济南：山东画报出版社，2003

[9] (英)克里斯·莱夫特瑞．欧美工业设计5大材料顶尖创意——金属．上海：上海人民美术出版社，2004

[10] (英)克里斯·莱夫特瑞．欧美工业设计5大材料顶尖创意——玻璃．上海：上海人民美术出版社，2004

[11] (英)克里斯·莱夫特瑞．欧美工业设计5大材料顶尖创意——陶瓷．上海：上海人民美术出版社，2004

[12] (英)克里斯·莱夫特瑞．欧美工业设计5大材料顶尖创意——塑料．上海：上海人民美术出版社，2004

[13] (英)克里斯·莱夫特瑞．欧美工业设计5大材料顶尖创意——木材．上海：上海人民美术出版社，2004

[14] 邱松．造型设计基础．北京：清华大学出版社，2005

[15] 高岩．工业设计材料与表面处理．北京：国防工业出版社，2005

[16] 杭间．手艺的思想．济南：山东画报出版社，2001．

[17] 朱光明．形状记忆聚合物及其应用．北京：化学工业出版社，2002

[18] 李砚祖．造物之美．北京：中国人民大学出版社，2003

[19] 刘丽红．产品设计工程基础．上海：上海人民美术出版社

[20] 陈心懋．综合绘画——材料与媒介．上海：上海书画出版社，2005

[21] 张锡．产品造型设计材料与工艺．北京：化学工业出版社，2004

[22] 王峰著．设计材料基础．上海：上海人民美术出版社，2006

[23] 赵占西．产品造型设计材料与工艺．北京：机械工业出版社，2008

[24] 桂元龙，徐向荣编著．工业设计材料与加工工艺．北京：北京理工大学出版社，2007

[25] 王珠珍，陈镶明．综合材料的艺术表现．上海：上海大学出版社，2005

[26] 袁维忠．材料实验．南京：江苏美术出版社，2004

[27] 夏巨湛．塑料成型工艺．北京：机械工业出版社，2005

[28] 何宇声．复合材料（玻璃钢）与工业设计（美学、艺术及工业设计理念的运用）．化学工业出版社，2005

[29] 刘玉强．木材料及其应用．北京：化学工业出版社，2005